U0396174

·广东省重点出版物·

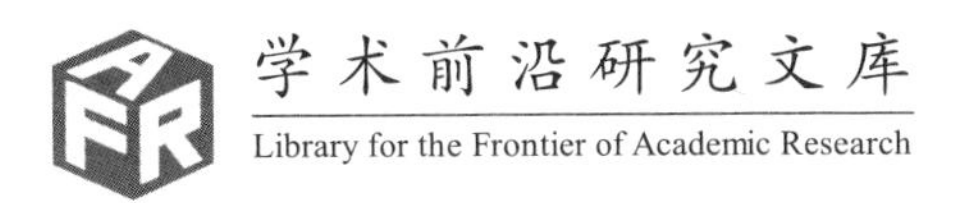

葡萄球菌生物被膜的分子机制研究

Study on the Molecular Mechanism of Staphylococcal Biofilms

徐振波 ◎ 著

·广州·

图书在版编目(CIP)数据

葡萄球菌生物被膜的分子机制研究/徐振波著.—广州:华南理工大学出版社,2018.6

(学术前沿研究文库)

ISBN 978-7-5623-5407-9

Ⅰ.①葡…　Ⅱ.①徐…　Ⅲ.①葡萄球菌-包膜-分子机制-研究　Ⅳ.①Q556

中国版本图书馆CIP数据核字(2017)第300931号

葡萄球菌生物被膜的分子机制研究

徐振波　著

出 版 人: 卢家明

出版发行: 华南理工大学出版社

(广州五山华南理工大学17号楼,邮编510640)

http://www.scutpress.com.cn　E-mail:scutc13@scut.edu.cn

营销部电话:020-87113487　87111048(传真)

策划编辑: 袁　泽

责任编辑: 王荷英　袁　泽

印 刷 者: 广州星河印刷有限公司

开　　本: 787mm×1092mm　1/16　**印张:** 15　**字数:** 327千

版　　次: 2018年6月第1版　2018年6月第1次印刷

定　　价: 68.00元

学术前沿研究文库

编审委员会

前　言

食品工业是关系国计民生的生命产业，也是一个国家经济发展水平和人民生活质量的重要标志，而其中，食品安全问题越来越引起国家和社会的关注。在食品安全领域的众多问题中，食源性疾病的发病率居各类疾病总发病率的前列，成为最突出的卫生问题之一。由微生物引起的安全问题，成为多种食源性疾病的主因，其范畴和影响都是一个不断扩大的全球性公共卫生问题。传统的食品微生物安全问题集中于由致病微生物引起的细菌性食物中毒，但随着对食品安全认识的加深和范畴的扩展，由于抗生素在动物食品中的滥用而引起食源性微生物的耐药性，以及微生物通过改变生长方式形成生物被膜从而逃逸常规灭菌消毒处理造成食品污染等，均属于重要的食品微生物安全问题。

本书基于食品工业领域中的微生物安全问题，以食源致病性微生物葡萄球菌为对象，研究其流行状况（包括毒素及耐药基因分布），对菌种进行检测和鉴定，并开发建立新型快速鉴定方法。通过研究葡萄球菌的基因组岛和整合子系统，分析其耐药分子机制及其与表型的相关性，考察葡萄球菌生物被膜黏附与脱落的基因调控行为，从而前瞻性地提出消除由葡萄球菌在食品加工及糖加工领域引起的安全隐患的可能方法。主要研究内容和结果如下：

（1）建立一种能同时对葡萄球菌及甲氧西林耐药因子 *mecA* 进行检测与鉴定的多重 PCR 体系；同时应用该方法于 262 株葡萄球菌，对其进行金葡菌鉴定及甲氧西林耐药因子的检测。结果表明，262 株葡萄球菌包括 209 株金葡菌和 53 株凝固酶阴性葡萄球菌，均为甲氧西林耐药，检出率达 100%。而对 262 株葡萄球菌进行常见 4 种毒素基因的检测，结果显示，262 株葡萄球菌均不携带 4 种毒素基因。可见，目前流行的葡萄球菌以耐药性为显著的特点，而致毒性则不常见。

（2）基于LAMP快速检测技术，建立针对葡萄球菌及其关键耐药因子的快速检测体系，为进一步对葡萄球菌进行全面性监控提供技术方法的支持。针对葡萄球菌属16S rRNA、*femA*和*mecA*基因分别设计LAMP引物，建立和优化了环介导恒温核酸扩增体系，成功实现对MRSA、MSSA、MRCNS和MSCNS的快速检测。通过检测41株对照菌株验证LAMP反应的高特异性，同时反应最低检出限可达10 CFU/reaction细菌量和100 fg模板DNA，比PCR反应灵敏度高10～1000倍；LAMP反应快速、耗时少，从模板DNA提取至结果判断，仅需60～80 min；反应过程简便稳定，对模板DNA的要求较低，采用粗提方法即可；不需要精密的温度循环装置，普通水浴锅或其他有稳定热源的装置即可实现，使反应更简便；反应实用性强，应用于118株葡萄球菌的检测，16S rRNA、*femA*和*mecA*基因灵敏度分别达100%、98.5%和92.3%。

（3）通过对葡萄球菌耐药表型和分子机理的研究，包括传统基因组岛SCC*mec*和新型整合子系统，为了解及追踪潜在“超级细菌”之一的葡萄球菌耐药性的发展和进化提供科学依据，对262株葡萄球菌的耐药表型以及基因组岛和整合子系统两种耐药分子机制进行了研究与分析。262株葡萄球菌中多重耐药性占82.1%（215/262），其中9、27和211株分别携带Ⅰ、Ⅱ和Ⅲ型基因组岛SCC*mec*，另有15株无法分型；262株葡萄球菌中122株携带第一类整合子，包括4种不同的耐药基因盒。在传统基因组岛SCC*mec*和新型整合子系统等耐药机制作用下，耐药性成为葡萄球菌最显著的特征，多重耐药性进一步增强，严重威胁未来人类的生存。

（4）为了解葡萄球菌的传播渠道与侵袭途径、基因来源与克隆起源，以及基因组进化与流行变迁，对葡萄球菌进行指纹图谱分析并且深入地解析其基因组背景。通过对29株MRSA进行指纹图谱及遗传相似性分析，结果显示葡萄球菌可能的侵袭途径包括通过空气和接触进行人与人之间的传播或通过繁殖于各种表面进行人与环境之间的传播；通过对209株MRSA和23株MRCNS进行指纹图谱分析，结果显示整合子在MRCNS中为多克隆来源，以耐药基因的横向水平转移为主，在MRSA中则多为寡克隆来源，但同时存在耐药基因的横向水平转移和纵向垂直传播；对46株MRSA进行多位点序列分型，对22株MRSA进行表面蛋白A基因和凝固酶基因分型，结果显示目前流行的金葡菌与中国台湾、香港地区以及除日本和韩国外的大多数亚洲国家（包括新加坡、印尼、泰国等）的多个地区流行的菌株基因组背景相同，该流行菌株在巴西、葡萄牙和维也纳等国家和地区也是主要的流行类型，其进化与迁移途径有待进一步研究。

（5）对257株金葡菌生物被膜形成总量进行结晶紫染色法定量检测，其中75.1%（193/257）、22.6%（58/257）与2.3%（6/257）的菌株分别可形成少量、中等量与大量生物被膜。对其代谢活性进行XTT染色法定量检测，其中77.0%（198/257）、17.9%（46/257）与5.1%（13/257）的菌株生物被膜代谢活性分别为一般、中等以及强。其中，57.2%（167/257）的菌株形成的生物被膜的代谢活性和形成总量处于同一水平，两种方法的相关性为65%。进一步结合金葡菌基因组背景显示，携带Ⅱ型SCC*mec*的菌株其生物被膜形成能力较其他型别强。

（6）对262株金葡菌生物被膜相关基因进行研究发现，初始黏附阶段附着基因*atl*携带率高达98.1%，而*icaA*、*icaD*和*icaBC*基因携带率分别为90.1%、93.1%和94.7%，其中81.7%的菌株同时携带*icaA*、*icaD*和*icaBC*，说明多数金葡菌在生物被膜形成过程中具备可合成并分泌PIA的能力。成熟阶段聚集效应基因*aap*携带率为87.0%，而分化调控基因*agr*携带率则为84.4%。结果显示，金葡菌在生物被膜形成过程中具有初始黏附、细胞间粘连和聚集能力。

（7）对9株金葡菌生物被膜形成情况进行研究发现，在0～14 d，被膜形成总量不断增加，最后趋于不变，而在0～16 h，生物被膜代谢活性逐渐升高，24 h之后均开始逐渐降低，至7～14 d趋于稳定不变状态。说明金葡菌生物被膜的黏附期为0～8 h，发展期为16～48 h，成熟及分化期为 3 ～14 d。结合菌株基因型与表型发现，*atl* 基因在生物被膜黏附初期发挥重要作用，*ica* 基因和 *aap* 基因在生物被膜形成发展中期、成熟期发挥重要作用，*agr* 基因在生物被膜脱落分化期发挥一定作用，同时生物被膜的形成受多种基因和因素共同影响。最适宜金葡菌生物被膜形成的是温度为 37℃、pH 为 7 左右的中性环境，低于 100% 的 TSB 配比会抑制金葡菌生物被膜的形成，低浓度葡萄糖与高浓度盐会促进金葡菌生物被膜的形成。

（8）对于不同成熟度以及不同生物被膜形成能力的菌株，在热加工条件下对金葡菌生物被膜中 CML 生成规律进行研究发现，CML 生成量随生物被膜培养时间的延长而增加，在被膜形成早期（0 ～24 h）增长较慢，在被膜形成中期（24 ～48h）增长较快；同时，具有不同生物被膜形成能力的菌株中，CML 生成量存在差异。结果表明，食源性致病菌生物被膜在热加工条件下能生成潜在化学危害物 CML，其生成量受被膜成熟度和菌株的被膜形成能力所影响。

编　者

2017 年 9 月

目　录

1 食品中的微生物安全

1.1 食品安全概述

食品工业是我国重要的支柱产业之一，2015 年食品工业总产值超 12 万亿元人民币，占国民经济总量的十分之一以上。然而随着食品工业的发展，食品安全问题也随之增多，同时也越来越引起国家和社会的关注。2008 年“三聚氰胺”事件后，2009 年全国两会将食品安全问题定为焦点话题，同期全国人大常委会通过《食品安全法》，而 2015 年新修订通过的《食品安全法》被称为“史上最严”的食品安全法，更显示了食品安全的严重性与重要性，食品安全问题已成为最需关注的热点问题之一。

世界卫生组织(World Health Organization，WHO)对食品安全的定义是，食品无毒、无害，符合应有的营养要求，对人体健康不造成任何急性、亚急性或者慢性危害。在学科上，食品安全则是一个探讨如何在食品加工、存储、销售等过程中确保食品卫生及食用安全、降低疾病隐患、防范食物中毒的专业领域。在食品安全专业领域中，致病性微生物、食源性疾病、食品安全是密切相关的内容。食品安全问题贯穿于从农场到餐桌(farm to table)的整个过程。从农场获取的食品原料开始，特别是植物性食品原料，容易受到环境(如土壤)中的微生物污染；随后，在食品加工和保存过程中，富含营养的食品以及环境因素等亦容易为微生物生长提供适宜条件。因此，微生物的污染同样贯穿从农场到餐桌的整个过程。食用被微生物污染的食物，可致人体患上食源性疾病。

食源性疾病是指通过摄食而进入人体的有毒、有害物质(包括生物性病原体以及各类添加剂)所造成的疾病，一般可分为感染性和中毒性，包括常见的食物中毒、肠道传染病、人畜共患传染病、寄生虫病以及化学性有毒、有害物质所引起的疾病。其中，微生物感染是引起食源性疾病的主因，居食源性疾病的首位。据统计，美国每年发生食源性疾病 4780 万例，法国 75 万例，澳大利亚 540 万例，其范围和影响在不断扩大，因此，致病性微生物的食品安全性问题是食品安全专业领域的重要研究内容之一。

1.2 葡萄球菌食物中毒及其流行病学特点

1.2.1 葡萄球菌细菌性食物中毒

食物中毒是指人体因食用了含有致病性微生物及其毒素、化学性有害物质的食物而出现的非传染性的中毒，分为化学性食物中毒与微生物性食物中毒，后者又根据致病微生物类群不同，分为细菌性食物中毒和真菌性食物中毒。

由细菌污染引起的食源性疾病是影响人类公共健康的常见疾病之一。每年食源性病原体导致1400万人患病，60 000人住院，1800人死亡[1]。其中，由葡萄球菌引起的食物中毒事件占多数，成为食品安全领域的重点课题之一，突出的代表是金黄色葡萄球菌(*Staphylococcus aureus*，简称金葡菌)[2~4]。

葡萄球菌直径为0.5～0.8 μm，多无荚膜，在显微镜下可见其呈葡萄串状排列(图1－1)。金葡菌为革兰氏阳性菌的代表，具有很强的环境适应性，可耐受70℃的温度1 h或80℃的温度30 min而不被杀死，可在冷冻食物中生存，可在质量分数为15%的氯化钠溶液和体积分数为40%的胆汁溶液中生长，故此菌可在多种食物中存活。葡萄球菌分布广泛，遍布空气、水、灰尘等公共环境中，在人体主要寄生于鼻前庭黏膜、腹股沟、会阴部和新生儿脐带残端等部位，偶尔也寄生于口咽部、皮肤、肠道及阴道口等，50%以上健康人的皮肤上都有葡萄球菌的存在，30%～80%的人为该病原菌的携带者[2,5]，人畜化脓性感染部位常成为感染源。在温度条件适宜时，污染的葡萄球菌在8～10h内即可积累相当数量的葡萄球菌肠毒素(staphylococcal enterotoxins，SEs)；SEs可耐受100℃煮沸30 min而不被破坏。

(a) 显微镜观察

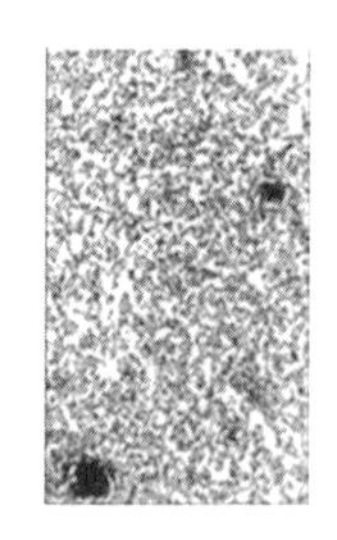
(b) 革兰氏染色

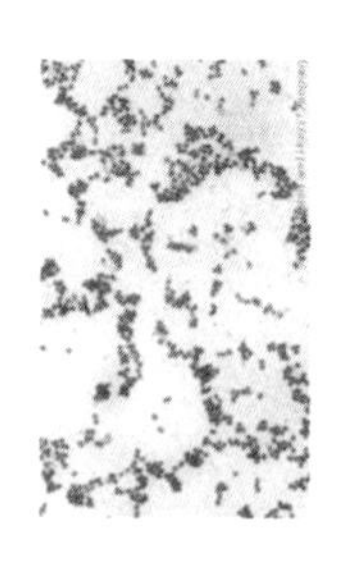
(c) 革兰氏染色后显微镜观察

(d) 扫描电镜观察

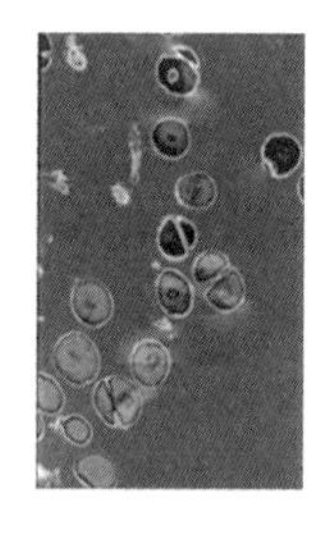
(e) 透射电镜观察

图1－1 葡萄球菌的形态学观察

作为最重要的食源性疾病之一，葡萄球菌食物中毒现象在全球广泛存在[6,7]。在美国，由葡萄球菌引起的食源性疾病在所有食源性疾病中排第五位，在1983年至1997年间，每年由葡萄球菌引起的食源性疾病约185 000例，其中住院1750例，死亡 2 例，总花费 15 亿美元[8,9]；2011 年的数据显示，每年由葡萄球菌引起食物中毒的平均病例数为 241 148，其中 1064 例病人住院，6 人死亡[8,10]。在欧洲，由葡萄球菌引起的食物中毒在所有常见病原体引起的食源性疾病中排第四位。1993 年至 1998 年间，15 个欧洲国家共发生 926 次葡萄球菌食物中毒[9,11]。日本卫生福利部统计，日本 20 年间(1980—1999 年)爆发 2525 次葡萄球菌食物中毒，涉及 59 964人，导致 3 人死亡[7]。2000 年日本爆发一次广泛的葡萄球菌食物中毒，因误食葡萄球菌肠毒素污染的奶制品，导致 13 420 人发病[12]。在中国，大部分地区 15% 以上的食品样品中存在金黄色葡萄球菌，且在偶然爆发的食物中毒事件中，90% 以上是由金黄色葡萄球菌引起[9,13,14]。然而，因为缺少全面的监管和调查，葡萄球菌食物中毒的患病率和发生率在中国不同地区的变化很大。差异的原因可能是各地饮食习惯不同；此外，葡萄球菌菌株依赖性的不同也可能造成差异。

需要手工制作且没有进一步烹饪或者在制备过程中频繁处理的食品是金葡菌污染的主要目标对象，并且极容易产生细菌毒素，最终导致葡萄球菌食物中毒。常见易携带葡萄球菌内毒素的食物有火腿、生的或加工过的肉类、糕点、金枪鱼、鸡、三明治馅、奶油馅、土豆和肉类沙拉、奶油冻、原料奶、奶类制品(特别是未经高温消毒的牛奶)、奶酪产品、乳状马铃薯等[15,16]。在中国，生肉、生奶以及奶制品、冷冻产品以及熟食已经成为受金黄色葡萄球菌污染的主要食品种类，污染比例分别占 38%、20%、16% 和 14%[9,10,13]。在欧洲，肉类以及相关制品是常见的葡萄球菌易感染载体。在日本，葡萄球菌食物中毒常发生在饭团以及一些日式小吃中[17]。尽管金葡菌污染可以通过热处理加以避免，但金葡菌极强的生存能力(7 ～ 48. 5℃，pH 4. 2 ～ 9. 3，耐受质量分数高达 15% 的盐溶液)使其轻易污染各种非杀灭条件下的食品并得以传播[6,7,18,19]。

1. 2. 2 葡萄球菌的流行病学特性

葡萄球菌引起食物中毒的传染源，主要包括被其污染了的动物或人。污染食品的途径主要分为加工前(食品原料受到细菌污染，使食品在加工前已受到污染，如奶牛患化脓性乳腺炎或禽畜局部化脓时对肉体其他部位的污染)、加工过程(如在加工过程加热处理不足、由于加工设备清洁消毒不足而污染食品，或携带病菌的食品加工人员和炊事员造成食品污染)、加工后(熟食制品包装不严、冷藏不足、存放时间过长或运输过程受到污染等)和煮食过程(如生熟食品交叉、加热不足等)。被污染食品的危害程度与肠毒素的数量呈正相关，一般影响肠毒素形成的条件包括：①细菌污染的程度，如污染程度严重，即单位食物中含大量葡萄球菌并快速繁殖，则易于形成毒素；②保存温度，如食物存放的温度越高，则产毒时间越短；③保存环境，食物存放的环境通风不良易形成肠毒素；④食品成分，如含蛋白质丰富、水分多，同时含一定量淀粉的食物，或含油脂较多的食物，由于细菌更容易滋生，因此肠毒素易于生成。在季节分布方面，葡萄球菌一般多见于春夏季。在分离率方面，如上所述，一般营养丰富、水分充足以及一些含淀粉较多的食品，如各类生肉制品、牛奶和乳制品、速冻食品、肉、蛋和蛋制品及熟食等，有利于葡萄球菌的大量繁殖。生肉中的葡萄球菌主要来源于动物本身、加工人员、加工处理方法及环境。生肉在食物链中对食源性致病菌的传播起重要的作用，因为受污染的生肉往往成为其他产品(如熟食、熟肉制品等)污染的重要来源[20]。不同的动物种属，饲养、加工和销售环境，肉类的金葡菌分离率也有一定差异。相比之下，生肉制品由于加工工序较多，污染程度高于生鲜肉[21]。在牛奶和各种乳制品中，葡萄球菌的检出率在不同国家及地区之间有较大差异，一般波动在12%～79%之间[22]，在我国一般在15%～38%[22～26]。污染来源主要包括：①患有乳腺炎的奶牛，据报道，世界上有1%～2%的奶牛患有各种类型的乳腺炎，而金葡菌是引起乳腺炎的主要病原菌之一，患有乳腺炎的奶牛对生鲜乳造成污染[27]；②贮藏与加工处理环境，在生鲜乳挤出后，由于贮藏罐、保存环境等消毒不合格，会造成生鲜乳的二次污染，据报道，奶桶和农场奶罐中金葡菌的污染率分别为65.9%和65.4%[21]；以上原因共同导致生鲜乳中金葡菌的高检出率。在低温冷冻食品中，金葡菌仍能生存。据报道，冰棍中金葡菌可存活2年以上，而在模拟冰淇淋中可存活7年之久[21,28]。因此，冷冻食品一旦被金葡菌污染，则可长时间带菌，并在被食用后引起人体中毒反应。

近年来，世界范围内的细菌性食物中毒事件屡屡发生，无论是在发达国家还是在发展中国家，细菌性食物中毒成为一个不断扩大的全球性公共卫生问题。对菌种类型的快速检测和准确鉴定，是对细菌性食物中毒进行预防与监控的首要步骤。葡萄球菌的常规鉴定包括样品处理、增菌培养、分离培养和染色观察，阳性结果需要进一步通过凝固酶试验或分子生物学方法确认。由于增菌与选择性培养需48～72h，因此常规鉴定流程耗时多，可长达6d，难以达到细菌性食物中毒爆发后对致病微生物快速检测的要求。随着葡萄球菌在食物中毒的分离率逐年上升[2～4]，开发一种快速检测和鉴定葡萄球菌的方法成为当务之急。

食品安全研究的对象是食品中的有毒有害物质，传统定义上，被理解为能引起食源性疾病如急性食物中毒、肠道传染病和寄生虫病等的有毒有害物质，但抗生素滥用引起的长期与慢性毒害则被忽视。超时、超量、不对症和未严格规范使用抗生素等现象的泛滥，使我国成为全球抗生素滥用最严重的国家之一。我国抗生素每年人均消费量约138g，是美国的10倍，位于全球第一；每年有6000t抗生素用于饲料添加剂，占全球抗生素饲料添加剂使用量的50%，其严重的后果是细菌耐药性的出现和增强。作为潜在“超级细菌”之一的葡萄球菌，对其耐药性的发展和监控日益受到关注。近年大量耐药葡萄球菌在畜牧业及食品中被发现，耐药葡萄球菌不但对食品本身，同时对所有从事食品加工和处理的人员，也是一个潜在的危险因素[29～32]。畜牧业中大量耐药性葡萄球菌的发现，成为近年来社区来源葡萄球菌分离率不断增高的可能原因之一。因此，葡萄球菌的耐药性及其传播和侵袭机制不应局限于传统的临床医学学科，而应扩展为重要的食品安全问题。

1.3 葡萄球菌的致毒性

葡萄球菌，尤其是金葡菌，是引起人类食物中毒最常见的病原菌，在全球范围内具有很高的发病率和病死率，其致病力的强弱主要取决于产生毒素和侵袭性酶的能力。葡萄球菌食物中毒是由摄入带有肠毒素的食物引起的，低死亡率，伴随恶心、呕吐、胃痉挛、疲惫和腹泻等症状[1,11]。葡萄球菌食物中毒通常在0.5～6 h内发病，一般持续1 d，最多3 d，就可以很快康复[1]。

1.3.1 葡萄球菌肠毒素

葡萄球菌肠毒素(SEs)是在特定条件下由葡萄球菌分泌的一类结构相似、毒力相似，而抗原性各不相同的胞外单链小分子蛋白质，属于致热毒素超抗原家族成员，是葡萄球菌引起细菌性食物中毒的最主要致病因子，摄入后可能会引起中毒，表现为呕吐和腹泻，严重者可出现虚脱、休克[33]。金葡菌和部分凝固酶阴性葡萄球菌包括表皮葡萄球菌、溶血葡萄球菌等均可以产生肠毒素[34～36]。大多数葡萄球菌食物中毒事件中，往往是从受污染的食品中分离出来上述产生肠毒素的葡萄球菌[37]。葡萄球菌肠毒素具有相似且多变的结构，含少量α-螺旋和大量β-折叠片，相对分子质量较低，24 000～30 000 g/mol[38]，根据其抗原性和等电点的不同分为SEA、SEB、SEC、SED、SEE五种类型[39]，其中SEC又分为SEC1、SEC2和SEC3三种亚型。SEs具有热稳定性的特点(121℃加热10 min不失活)，在温度10～50℃范围均可产生SEs，30～40℃最适宜[17,19,40～42]；葡萄球菌细胞在80℃下经30 min即可被杀灭，而SEs可耐受100℃高温煮沸30 min还保持生物活性和免疫活性[43]，必须在218～248℃下经30 min才能使其毒性完全丧失。当食物中的葡萄球菌在低于适宜温度下生存，味觉和嗅觉无法察觉食物变质的情况下，即使加热除去菌体，SEs仍保持活性。因此，最有效的方法是防止食物被葡萄球菌污染，抑制葡萄球菌生长，避免其在适宜温度条件下产生SEs。SEs高度亲水，水分活度(a_w)在0.87～0.99之间，最适水分活度为0.90；在pH 4.9～9.0之间不被破坏，最适pH为5.3～7.0[17,44,45]。SEs具有超抗原性，可刺激非特异性T淋巴细胞增殖和诱导干扰素合成，只需极低浓度即可激活大量的T淋巴细胞活化并诱导其产生极强的免疫应答因子。此外，SEs还具有催吐活性以及致热性[46]。葡萄球菌食物中毒除了引起胃肠道症状和急性中毒外，SEs也见于其他疾病，如过敏性湿疹[47～49]、类风湿性关节炎[49～51]和荨麻疹[49,52]等。

以前是根据不同的免疫学实体对SEs进行分类的，直到最近SEs的发现和分类才依据鉴定方法的发展而不断更新和确定，目前已知有25类SEs(A～V和X，其中C类有三个亚型)。早期研究多使用动物(如猴子、猫等)实验来检测SEs的活性[53～55]，通过喂食被污染的食品，观察实验动物出现的异常行为、大体形态的变化、呕吐次数及第一次呕吐发生的时间来进行 SEs 催吐活动的特征描述，确定葡萄球菌在食物中毒中的催吐作用[53]。然而，此种动物喂食试验方法灵敏度低、特异性差、重现性差、价格昂贵、实验操作繁复，随实验对象不同实验结果也会发生变化，不具备定量以及准确识别的能力[53]。在此基础上，对单一肠毒素的鉴定进一步发展为使用基于抗原抗体特异性结合的血清学检测方法。20 世纪 30 年代，首次出现采用特异性抗体的方法识别肠毒素的报道[56]，称为平板双向免疫扩散，亦即琼脂扩散法，于 1948 年开始使用[57]，1958 年首次应用于对不同肠毒素进行社会学研究[58]。20 世纪 60 ～ 70 年代，采用包括平板双向免疫扩散、放射性免疫扩散以及酶联免疫吸附测定(ELISA)在内的血清学方法，发现大量具有催吐能力的不同类型肠毒素。随着分子生物技术的发展，20 世纪 90 年代出现的聚合酶链式反应(PCR)技术以及 21 世纪出现的基因测序技术在肠毒素基因簇(enterotoxin gene cluster，*egc*)、金葡菌毒力岛(SaPIs)、可移动基因原件(MGEs)，甚至是细菌基因组上(如 *sel-p* 位于 N315 的基因组上)，都能识别出大量的肠毒素基因类型(G ～ V，X)及其亚型(如 *sel-x*，有 17 个不同亚型)。

无论是在发达的工业化国家，还是在发展中国家，由 SEs 引起的食物中毒一直威胁着人类健康。SEs 可导致中毒性休克及许多过敏和自身免疫疾病，它是引起人类食物中毒和葡萄球菌胃肠炎的主要原因。在由 SEs 引起的食物中毒中，有 75% 以上是由 SEA 引起的，其次依次是 SED、SEC 和 SEB，各种类型的肠毒素均能引起食物中毒。

1.3.1.1 经典肠毒素

尽管 20 世纪 30 年代已开始使用动物喂食实验对肠毒素进行观察和检测，但其免疫学特性一直未明确。直至 20 世纪 50 ～ 60 年代血清学研究的出现才揭示 6 种不同类型的肠毒素(A、B、C1、C2、D 以及 E 型)，并进一步将其定义为经典肠毒素(包括 1984 年报道的 C3 型)。在经感染 SEs 的兔子中制得的抗血清可以保护猫避免 SEs 感染[58]，由此验证 SEs 的抗原性。进一步的血清学实验发现两种来源不同的耐热 SEs，免疫学上分为 F 型(食物中毒)和 E 型(多为“肠炎”原产地菌株产生)，其后改用连续编号系统命名为 A 型和 B 型，A 型多与食物中毒有关。5 种血清学类型不同的葡萄球菌肠毒素(A ～ E)具有相似的基本三维结构，表现出 50% ～ 85% 的核酸序列同一性，其中 A、D、E 型为一组(62% ～ 64% 的氨基酸同一性)，B 型和 C 型则更为密切相关(62% ～ 64% 的氨基酸同一性)[59,60]，是引起与月经无关的中毒性休克综合征(TSS)的重要原因。A 型和 D 型葡萄球菌肠毒素通常是引起葡萄球菌食物中毒的原因，且程度较 B 型和 C 型更强[55]。

1）A 型葡萄球菌肠毒素(SEA)

1959 年 SEA 在金葡菌 FRI-196E 中被首次发现[58,61]，之后被命名为 A 型[62]。SEA 是最常见的与食物中毒相关的肠毒素，对人体的最小致毒剂量为 20 ng。2000

年日本大阪爆发的大规模葡萄球菌食物中毒便是由 SEA 引起[17,62,63]。经血清学方法验证，金葡菌可在多种不同介质的培养条件下产生 SEA，如使用 pH 5.3 的半固体脑心浸液肉汤(BHI)培养基可获得 SEA，使用透明玻璃纸囊可获得痕量 SEA 和 SEB[64,65]。对食品样品而言，许多肉类样品(如生牛肉和生猪肉，熟牛肉和熟猪肉以及火腿罐头)中常可检测出 SEA。尽管没有显著性差异，但是相较于生肉，在熟肉上更容易检出金葡菌以及 SEA，这种差异可能是由于在厌氧和好氧条件下细菌间竞争产生的(后者更有利于金葡菌的生长)[56,64,65]。研究表明，牛奶中 SEA 的产生与葡萄球菌的生长有关[66]。对于协同生长的其他食品微生物来说，抑制作用往往大于促进作用，即多数食品微生物是抑制金葡菌的生长以及 SEs 的形成的，而对其生长没有明显促进作用[67,68]。其他微生物对金黄色葡萄球菌生长的协同作用很大程度上受环境条件影响[64,65]。不论在纯培养基还是有其他食源性微生物存在的情况下，金葡菌都可以适当地生长，但 SEA 只在纯培养基上产生[64,65]。SEA 作为初级代谢产物，在细菌生长的指数期大量生成，其生成量受到以下因素影响：盐浓度(主要是 NaCl、$NaNO_2$，$NaNO_3$ 没有影响)、表面活性剂(促进 SEA 分泌增加)、pH 值(适宜范围为 6.5～7.0)和抗菌药物(氯霉素或 2，4－二硝基苯酚抑制其分泌，链霉素或青霉素 G 则无影响)，由此可以解释 SEA 中毒事件的高频率发生[69～72]。此外，温度和结合总量对 SEA 的产生也有很大影响。SEA 在 10～50℃的 BHI 培养基中均可产生，但在低温条件下如 8℃(或者 10℃)则无法生成[17]。在 15～37℃的指数期可检测到 SEA，其产量随着温度的升高而增加。在稳定期和衰亡期，在 10℃条件下同样可检出 SEA，尽管在此温度下 SEA 浓度最低。SEA 具有两个主要组织相容性复合体Ⅱ(MHC-Ⅱ)结合位点(Zn^{2+}依赖体系)，因此具有很强的超抗原性[73,74]，可激活 T 细胞发挥免疫功能。编码 SEA 的基因属于溶原性噬菌体的多态性家族[75,76]，长 771 bp，其翻译产物是 257 个氨基酸的 SEA 前体。进一步对具有 24 个残基的 N－末端疏水前导序列进行处理，得到由 SEA 的 233 个氨基酸组成的 SEA 成熟形式[59,74～80]。与其他经典的肠毒素基因(*seb*，*sec* 和 *sed*)不同，*sea* 的表达不受附属调节基因(*agr*)的调控[60,81,82]。

2)B 型葡萄球菌肠毒素(SEB)

作为首个明确(取自金葡菌 FRI-243)并研究最多的肠毒素，SEB 最初被指定为 E 型，随后才更名为 B 型。SEB 是强效的肠毒素，其发挥毒性作用的剂量远远低于合成的化学物质，较低剂量便能引发多器官系统障碍甚至死亡。SEB 是由金葡菌分泌的外毒素，从不同的克隆物包括 CC8(最常见的)、CC20 和 CC59(CC 即 clonal complex，克隆复合组)中均可提取[35,83～85]。研究证明，SEB 是一种超抗原，T 细胞在抗原呈递细胞(antigen presenting cell，APC)作用下形成 Vβ 链，SEB 与 Vβ 链上的 MHC-Ⅱ和 T 细胞抗原受体(T cell receptor，TCR)构成三元复合物，激活免疫反应。SEB 也是食物中毒、TSS、特应性皮炎[频发的来自阿尔采莫氏病(AD)患者的特定 SEB 抗体以及金葡菌的常见定植]和某些呼吸系统疾病(哮喘、鼻息肉)的致病因子[35,83,86,87]。SEB 是一种充分表征的蛋白，性质极稳定（酸性环境下仍保存活性），具有水溶性、热稳定性（是对热最稳定的蛋白之一，78 ～ 80℃下加热 30 min 仍不变性）、广泛的 pH 耐受性（pH 4 ～ 10）和水解消化抗蛋白酶（如胃蛋白酶、胰蛋白酶和木瓜蛋白酶）的能力[53,88,89]。SEB 的形成和产量受到多种因素的影响，如 BHI 培养基中的调节液（包括 K_2HPO_4、KCl、$CoCl_2$、NaF、吖啶黄素、苯乙醇、硫酸链霉素、氯霉素、精胺磷酸盐、亚精胺磷酸盐和吐温 80）可抑制其生成[88]；温度降低（不影响金葡菌生长情况下）、盐浓度升高（相较于金葡菌的生长变慢，SEB 产量减少更快）[90]、代谢产物[91]或/和矿物质增加（镁和钾的含量低于适当值时，SEA 产量翻倍），会导致 SEB 产量减少[92～94]。一般来说，在细菌生长的对数期后期，SEB 产量达到最大。*seb* 位于染色体（菌株 FRI-243，FRI-277，或者 S6）或质粒（菌株 DU-4916）上，长 705 bp，其表达受葡萄球菌双组分体系和调控基因 *agr* 的调节，在转录起始位点上游有 59 ～ 93 个核苷酸的区域对 *seb* 的转录和表达最为重要[95～97]。成熟的 SEB 蛋白有 239 个氨基酸残基，与 SEC1 和链球菌致热外毒素 A 的核酸以及氨基酸序列同源[98～100]。SEB 常见于毒素介导的食源性疾病和临床金葡菌菌株中，通过 PCR 以及蛋白质免疫印迹（western blotting）法发现，SEB 在临床 330 株金葡菌中的检出率高达 15%[101]。

3）C 型葡萄球菌肠毒素（SEC）

美国社会微生物协会在 1960 年通过新的编号系统后，1965 年来自金葡菌 FRI-137 和 FRI-361 的肠毒素被首次报道，此两种肠毒素均可与特异性抗体结合，被分类为 SEC，其中 FRI-137（ATCC19095）产生的肠毒素是 SEC 的原型，同时其毒性以及特异性也首次得到确认[102]。随后，FRI-137 和 FRI-361 产生的肠毒素发生变化[102,103]，又分别被命名为 SEC1（对应菌株 FRI-137）和 SEC2（对应菌株 FRI-361）。1984 年，在英国明虾中分离出的金葡菌 FRI-913 中发现肠毒素，其血清学和化学性质与 SEC1 类似，而等电聚焦、放射免疫法（RIA）和 N-末端分析结果与 SEC2 相同[104,105]，因此被分类命名为 SEC3。尽管交联于相同抗体，这三种 SEC 亚型均可与次要决定簇反应[104]。*sec* 位于染色体上（SaPIs），长 801bp，编码具有 267 个氨基酸的前体蛋白，成熟的 SEC 毒素蛋白有 239 个氨基酸[106,107]，可构成三种典型的 SECs。据报道，不同 *sec* 变体（例如来自 SaPIbov 的牛 –*sec*）之间氨基酸同源性高达 95%[108～113]。不论口服还是静脉注射，SEC1、SEC2、SEC3 和 SEA、SEB 具有相同毒力作用[101,104]，SEC 在对数生长期末期产量最大，常与牛、绵羊和山羊乳制品有关[2,114]，其引起的金葡菌食物中毒事件多源于饮用受污染的牛奶[103]。然而有趣的是，SEC 表达量在奶酪中有所下降[115]。一项研究表明，牛奶环境可以很大程度地改变肠毒素基因的表达图谱，但是对金葡菌的生长却没有影响，特别是在蛋白水平上与实验室培养基相比较，SEC 产量在牛奶中的产量大量减少，这可能与 *agr* 系统下调有关[116]。

4)D 型葡萄球菌肠毒素(SED)

1967 年，来自金葡菌 FRI-494 的 SED 被首次报道(这种菌株也产 SEC)，因此，FRI-494 菌株被认为是原型菌株(ATCC23235)，且被证实其对猫有催吐作用，具有可与抗血清发生特异性中和反应的生物学活性[117]。SED 可单独或与 SEA 结合引起食物中毒，其致病作用仅次于 SEA，并且是 SFP(staphylococcal food poisoning，葡萄球菌引发的食物中毒)爆发中最常分离的肠毒素之一[117,118]。*sed* 编码 228 个氨基酸，位于 27.6 kb 的青霉素酶质粒 pIB485 上[119]。研究发现，在对数生长期后期，*agr* 可以在一定程度上通过 RNA 聚合酶 Ⅲ 调节减少 Rot(毒素的抑制子)的形成，从而促进 SED 的产生。作为 *agr* 通过群体感应调节的结果，在 BHI 培养基上，细菌生长由对数期转向稳定期的过程中，发现一个指数期后期的最佳诱导比，此时 *sed* 编码量达到最大[118,120]。一段一致的 -10 序列，一段保守程度较低的 -35 序列，以及一段 TG 二核苷酸基序，52 bp 序列的存在(从 -34 到 +18)以及从 +1 到 +18 序列的转录对于启动子功能和 *agr* 基因的调节功能起到至关重要的作用[121]。除了 *agr* 调节系统，NaCl 浓度也可以减少 *sed* 基因的表达，这可能是一个与菌株高度相关的具体变量[122]。考虑到是食品样品，在奶酪制造业(最初的培养基是 10^3 CFU/mL 牛奶)，甚至在 10^6 CFU/mL 牛奶(相当于 10^8CFU/mL 奶酪)的条件下接种也不能诱导 *sed* 大量表达，*sed* 仅呈现低水平表达[118,123]。在不同的火腿产品中，当金葡菌在培养液中连续 7 天生长最佳时，不管是在水煮火腿还是烟熏火腿中，*sed* 持续表达，但在后续阶段 *sed* 表达量急剧下降(降低 90%)。

5)E 型葡萄球菌肠毒素(SEE)

1971 年，SEE 在金葡菌 FRI-326 中被首次发现，此类菌株可以产生不同的 SEE，其毒性、特异性以及与特异性抗体中和的能力也得到证实，但并不与其他 SEs 抗体发生特异性免疫反应[124]。*see* 位于噬菌体上，长 771 bp，编码相对分子质量为29 358的前体物质，进一步加工成为 26 425 的成熟胞外形式[125]。SEE 由一条多肽链组成，具有 259 个氨基酸残基(没有游离的巯基基团)，—NH_2 和—COOH末端氨基酸分别为丝氨酸和苏氨酸[126]。在极酸、极碱或加热条件下，SEE 构象发生变化，其毒性(催吐活性)和抗原性(血清学活性)可被破坏[126]。

1.3.1.2 葡萄球菌肠毒素样毒素

20 世纪 90 年代之前，经典的 SEs 共有 7 种类型(SEA，SEB，SEC1，SEC2，SEC3，SED 以及 SEE)，被认为是导致食物中毒的主要致病因子。然而，自 1994 年发现 SEH 以来，基于与经典 SEs 基因同源性的检测技术，陆续发现多种新型肠毒素或者肠毒素相关毒素(包括其亚型)。2004 年，国际金葡菌超抗原命名委员会提出，只有葡萄球菌超抗原(包括在灵长类动物模型中口服给药后引起呕吐的超抗原)才可被称为 SEs，其他在灵长类动物模型中缺乏催吐能力或者缺乏催吐活性验证的相关毒素应被称为葡萄球菌肠毒素样毒素(staphylococcal enterotoxin-like，SEL)[127,128]。

1)F 型葡萄球菌肠毒素样毒素(SEL-F)

1981 年，Bergdoll 等[129]发现 93.8% TSS 患者感染的金葡菌菌株可分泌一种类似肠毒素的蛋白，此为 SEL-F 的首次发现。通过采用特异性抗体对其进行提纯和制备，发现 11.5%(4/87)的 SEL-F 来自于金葡菌，4.6%(3/26)来源于其他细菌，表明 SEL-F 与 TSS 之间存在一定联系[129]。另一项关于 TSS 菌株传播的调查显示，SEL-F 的抗体与终止 TSS 复发存在一定时间关联，在感染期间 SEL-F 的产量可能未达到临床显著水平或者不足以引起 TSS[130]。目前，关于 SEL-F 的研究和报道仍较少。

2)G 型葡萄球菌肠毒素样毒素(SEL-G)

1998 年，首次对金葡菌 FRI-572 和 FRI-445 的肠毒素进行识别和表征，包括验证其催吐性(引发猕猴催吐反应)和超抗原性(引发 T 细胞的增殖)，发现了 SEL-G 和 SEL-I[131]。*sel-g* 由 777bp 核苷酸组成，带有典型的细菌标志性序列，编码 258 个氨基酸构成的前体蛋白，前体蛋白进一步加工修饰形成具有 233 个氨基酸的成熟毒素蛋白，相对分子质量为 27 043[132, 133]。SEL-G 与 SpeA(streptococcal pyrogenic exotoxins A，链球菌热原性外毒素 A)、SEB、SEC 以及 SSA(streptococcal superantigen A，链球菌超级抗原 A)之间表现出很高的同源性(38%～42% 氨基酸相同)，且存在与 SEC1 相似的抗原决定簇[131]。

3)H 型葡萄球菌肠毒素样毒素(SEL-H)

1994 年，在金葡菌 D4508 中首次发现 *sel-h*，其核苷酸以及氨基酸序列亦得到确定[134]。随后的研究发现，经鉴定和纯化的来自金葡菌 FRI-569 的 SEL-H 具有催吐活性，可引起猴子的呕吐反应，但其抗原性异于其他 SEs[57]。SEL-H 与 SEA、SED 以及 SEE 比较，具有 35% 的氨基酸同源性[135]，是与 SEA 亚型同源的超抗原，SEL-H 显示出独特的 MHC－Ⅱ结合特性，作为一种有效的 T 细胞有丝分裂原，可激活大量 T 细胞。SEL-H 可单独致病或常与 SEA 结合[136]引起食物中毒爆发事件。1996 年，奶酪中毒事件爆发，从奶酪中分离出来的金葡菌能够产生 SEL-H[136]。在日本复原乳引起的 SFP 爆发中，同时检测到 SEL-H 和 SEA。在日本，通过对 146 株分离自人类、奶牛以及牛的金葡菌进行研究，发现其中 7 株带有 sea^+ $sel\text{-}h^+$，4 株带有 *sel-h*[50,136]。2003 年 12 月，一次疑似爆发 SFP 事件中 8 人(3 个成年人和 5 个小孩)在午餐食用土豆泥后不久出现呕吐、胃痉挛和腹泻等症状，调查发现土豆泥制作过程中使用的生牛奶中存在金葡菌，并有大量的 SEL-H[135]。SEL-H 产量受多种因素的影响，包括通气状况以及 pH 情况。在通气且 pH 为 7.0 时，SEL-H 产量升高；而在不通气且 pH 值发生微小变化(如 6.5 或者 7.5)时[137,138]，SEL-H 产量减少。

4)I 型葡萄球菌肠毒素样毒素(SEL-I)

如前所述，SEL-I 于 1998 年和 SEL-G 同时被发现[131]。但与 SEL-G 不同的是，SEL-I 和 SEA、SED 以及 SEE 更相似(26%～28% 氨基酸同源性)。*sel-i* 有 729 个核

苷酸，编码由242个氨基酸构成的前体蛋白，其中包含典型的细菌信号序列，经进一步加工修饰成为约有218个氨基酸的成熟SEL-I，相对分子质量为24 928[140,141]。研究发现*sel-i*与其他相关毒素的DNA序列差异较大，与*sel-g*之间则存在关联，其中*sel-g*位于*sel-i*下游2002bp的位置，两者位于同一肠毒素基因簇上[140]。在法国南部，从不同食品样品中分离出来的155株金葡菌，其$sel\text{-}g^{+}sel\text{-}i^{+}$的携带率为41.9%，$sec^{+}sel\text{-}g^{+}sel\text{-}i^{+}$的携带率是24.5%[141]。台湾一项研究发现，14.5%(8/55)分离自人类的金葡菌和9.4%(13/139)分离自冷冻食品(如中国香肠、餐盒)的金葡菌携带*sel-g*、*sel-h*或者*sel-i*，该研究称这些基因较少引发SFP[139]。然而，研究发现SEL-G和SEL-I的足量产生可能引发SFP[133]。10.1%(11/109)的野生葡萄球菌菌属存在SEs和*egc*，而分离自菌株AB－8802的*egc*存在*sel-g*和*sel-i*的变型(*sel-gv*和*sel-iv*)[140]。

5)J型葡萄球菌肠毒素样毒素(SEL-J)

1998年，*sel-j*被首次发现，位于编码SEA的质粒pIB485上，通过一个895 bp带有完整的反向重复序列的整合区域与*sed*分离开(每个重复序列的臂长是21 bp)[141]。大多数*sel-j*位于*sed*的质粒上，表明这两种肠毒素协同存在，并且它们对引起食物中毒症状的作用是相关的[141]。尽管*sel-j*和*sed*转录方向相反，但是它们都能够在金葡菌中表达，*sed*的表达仅受*agr*的影响[141]。SEI－J有269个氨基酸残基，其序列与SEA、SED以及SEE的SE家族序列基本相似。

6)K型葡萄球菌肠毒素样毒素(SEL-K)

1998年*sel-k*被发现于SaPI1上，2001年被正式明确命名，来源于TSS金葡菌的MNNJ菌株，同时与*seb*一起位于SaPI3上[142,143]。SEL-K相对分子质量为26 000，p*I*值在7.0和7.5之间[54,143]，生化性质与经典的SEs类似，包括超抗原性(Vβ特异性T细胞的激活)、致热性、催吐性和在灵长类动物中的致命性。当与SEB协同表达时，SEL-K的产量增加。然而，在小鼠大腿脓肿模型中，无论SEL-K在体外的分泌量如何变化，其在体内的积累水平相似[144]。SEL-K常发现于临床菌株(一大半)和几乎所有的USA300菌株。另外，*sel-k*基因容易发生变化，已在20个临床菌株中发现6种亚型[144]。

7)L型葡萄球菌肠毒素样毒素(SEL-L)

2001年，首次在金葡菌A900322的*egc*中发现*sel-l*[145]，但其深入鉴定，则在位于从奶牛乳腺炎中分离出来的金葡菌菌株RF122的毒力岛SaPIbov(15 891 bp)上。SEL-L的相对分子质量为26 000，等电点为8.5[110]，没有催吐活性，但存在许多与SEs类似的生物活性，包括超抗原性、致热性，可增强SEs的中毒性休克功能，通过皮下微型渗透泵给药可使兔子死亡[110]。

8)M型葡萄球菌肠毒素样毒素(SEL-M)

2001年，研究发现*sel-m*与*sel-g*、*sel-i*、*sel-n*和*sel-o*一起位于*egc*上，并有特定Vβ模式的超抗原活性[145]，然而其催吐活性则尚未阐明。大多数含*egc*的临床金葡菌携带SEs，表明 *egc* 是 SEs 的潜在来源以及 SE 基因假定簇。

9）N 型葡萄球菌肠毒素样毒素（SEL-N）

来自 2001 年报道的 *egc*，*sel-n* 位于 *sel-i* 和 *sel-g* 之间[145]。对分离自金葡菌 FRI-1230 的 *sel-m* 和 *sel-n* 基因进行克隆和表达实验，结果表明 SEL-N 和 SEL-M 可以激活 T 细胞，且和 SEC2 相同程度地抑制 K562 – ADM 和 B16 细胞增殖[146]。尽管其超抗原性已经得到证实，SEL-N 的催吐活性仍未明确[147]。

10）O 型葡萄球菌肠毒素样毒素（SEL-O）

2001 年，*sel-o* 首次在 *egc* 上检测到，*egc* 上还有其他 4 种 SEL 基因和 2 个假基因，包括 *sel-g*、*sel-i*、*sel-m*、*sel-n*、*Ψent1* 和 *Ψent2*[145]。SEL-O 同样具有极强的超抗原性，但其生化性质尚未明确[147]。

11）P 型葡萄球菌肠毒素样毒素（SEL-P）

2001 年，*sel-p*（之前称为 *sep*）首次在 MRSA N315 中被检测到，其生物特性是在 2005 年被确定的（在日本爆发的未知肠毒素引起的食品中毒事件中，*sel-p* 分离自金葡菌 Sagal），包括超抗原性（诱导大量增殖反应和细胞因子的产生）和催吐活性（在相对高剂量 50 ～ 150 μg/animal 下）[128,148]。研究表明，SEL-P 在 30 株 *sel-p* 阳性菌株中的检出率为 60%，其中 10 株菌同时存在 *seb* 和 *sel-p*，产 SEB 但不产 SEL-P，说明 *sel-p* 位点失活与特定 SE 基因结构有关[128]。最近研究发现，*sel-p* 阳性 MRSA 菌株的克隆增加可提高菌血症的风险，这表明 *sel-p* 可能是侵袭性疾病的致病因子[149]。

12）Q 型葡萄球菌肠毒素样毒素（SEL-Q）

2002 年，SEL-Q 在金葡菌菌株 MN NJ 中被首次确定，相对分子质量为 26 000，等电点在 7.5 ～ 8.0，其编码基因直接位于 *sel-k* 上[150]。SEL-P 无催吐活性和致死性，但有超抗原性、致热性和加强内毒素性休克的能力。

13）R 型葡萄球菌肠毒素样毒素（SEL-R）

1997 年日本福冈县发生食物中毒事件，在恶心、呕吐和腹泻的患者中提取出 4 株金葡菌（福冈 5、福冈 6、福冈 7 和福冈 8），均发现存在 *sel-r*[151]。*sel-r* 位于两种类型的质粒上，pBI485（也编码 *sed* 和 *sel-j* 的类 pBI85 质粒）和 pK0311（pF5、pF6 和 pF7），与 *sel-g* 密切相关[151]。研究表明，SEL-R 具有超抗原性（通过 MHC – Ⅱ 激活 T 细胞）和催吐活性（在动物体内，100 μg/kg 诱导 5 h）[151～153]。SEL-R 的产量在血清反应呈阳性的金葡菌菌株中得到验证[151,152]。对 24 株 *sed* 阳性的金葡菌进行的研究，22 株均有 *sel-r* 表达，其中 7 株不产 SED 的菌株携带有 *sed* 基因亚型[154]。

14）S 型葡萄球菌肠毒素样毒素（SEL-S）

和 *sel-j* 和 *sel-r* 相同，两个新型 SEL 基因 *sel-s* 和 *sel-t* 亦在质粒 pF5 上被发现。SEL-S 同样具有超抗原性和催吐活性[153]。1997 年福冈爆发的 SFP 中 SEs 的催吐研究结果和室内麝香鼩呕吐研究数据均表明：SEL-R 和 SEL-S 是导致呕吐的毒素[153]。

15）T 型葡萄球菌肠毒素样毒素（SEL-T）

如前所述，*sel-t* 是在 SFP 事件中金葡菌福冈 5 的质粒 pF5 上被发现的。与 SEL-S 类似，SEL-T 具有超抗原性和催吐活性，可引起诱导给药 24 h 或 5 d 的延迟反应。

16）U 型葡萄球菌肠毒素样毒素（SEL-U）

对 24 株带有 *egc* 的金葡菌进行测序，发现其中 4 株带有 *sel-u*[155]。研究表明，*sel-u* 来源于假基因 *Ψent1* 和 *Ψent2* 之间的序列差异，*sel-u* 位于菌株 Mu50（AP003363）上的 *sel-i* 和 *sel-n* 之间[147,155]。*sel-u* 的一个亚型，命名为 *sel-u2*，来自于一个经典的 *egc* 位点，通过假基因 *Ψent1* 和 *Ψent2* 的一个有限缺失形成的，且具有激活 T 细胞家族 Vβ－13.2 和 Vβ－14 的超抗原性[147]。

17）V 型葡萄球菌肠毒素样毒素（SEL-V）

对 666 株临床金葡菌中的 *egc* 进行检测，63%（421/666）的菌株呈 *egc* 位点阳性[147]，其中 409 株菌株中发现典型的 *egc* 携带 5 种 SEL 基因和 2 个假基因，其中 *sel-v* 发现于一株金葡菌 A900624 的典型 *egc* 位点上[147]。*sel-v* 是由 *sel-m* 和 *sel-i* 之间的重组产生的，SEL-V 可激活 T 细胞家族 Vβ－6、Vβ－18 和 Vβ－21 的超抗原性。

18）X 型葡萄球菌肠毒素样毒素（SEL-X）

2011 年，*sel-x* 首次发现 95% 来自于人类以及动物的系统发育多样的金葡菌的核心基因，包括 17 个不同的等位基因变异（如 *sel-x1*、*sel-x14*、*sel-xov*、*sel-xbov1* 以及 *sel-xbov2* 等）[156]。通过金葡菌前体的基因水平转移，通过位点突变产生的等位基因转移以及选型重组，这也可以解释 *sel-x* 的高遗传多样性。凭借独特的预测结构，对 SEL-X 进行生物活性的表征，包括超抗原性（Vβ 特异性 T 细胞的活化）、致热性和增强内毒素能力等[156]。同样值得注意的是，菌株 USA300[社区性耐甲氧西林金葡菌（CA－MRSA）菌株]产生的 SEL-X 在兔模型中具有杀伤力，这表明 SEL-X 是一个新的 CA－MRSA 发病机制的毒力决定因子。

1.3.2 杀白细胞毒素

杀白细胞毒素（panton-valentine leukocidin，PVL）是金葡菌产生的细胞外双组分异聚体打孔细胞溶解毒素，PVL 由 LukF－PV 和 LukS－PV 两种蛋白质组成，两种组分之间有 36% 的氨基酸序列同源性，但各有不同的生物活性和功能。产 PVL 的金葡菌毒力极强，可引起患者皮肤、软组织化脓性感染，如蜂窝组织炎、脓肿和疖肿等，病死率高。从以上疾病患者中获取的金葡菌 PVL 阳性率达 50%～93%，引起甲沟炎的金葡球菌中 PVL 阳性率为 13%。

1.3.3 表皮剥脱毒素

约 5% 的金葡菌株可产生表皮剥脱毒素（exfoliative toxin，ET），为传染性脓疱疮的主要致病因子，可引起葡萄球菌烫伤样皮肤综合征（staphylococcal scalded skin syndrome，SSSS）。该皮肤病主要见于婴幼儿，也可累及有肾功能衰竭或免疫缺陷的成年人。

1.3.4 中毒休克综合征毒素

中毒休克综合征毒素－1（toxic shock syndrome toxin-1，TSST-1）因可引起中毒性休克综合征（TSS）而受到人们的重视。Todd 等于 1978 年首次报道典型的 TSS 病例，认为此病是由金葡菌引起，并于 1981 年从 TSS 相关的金葡菌中分离到与发病密切相关的 TSST-1。TSST-1 是由噬菌体 I 群金葡菌产生的外毒素，具有极高的超抗原活性，可引起机体发热、脱屑性皮疹及休克，并增加机体对内毒素的敏感性，感染后可引起多个器官系统的功能紊乱，病死率高。

1.3.5 其他毒素

葡萄球菌还能产生其他多种毒素，如血浆凝固酶。血浆凝固酶是一种能使含有枸橼酸钠或肝素抗凝剂的人或兔血浆发生凝固的酶类物质，致病菌株多能产生此类物质，与葡萄球菌形成的感染易局部化有关，常作为鉴别葡萄球菌有无致病性的重要标志之一。与乙肝病毒、艾滋病毒并列为三大传染源之一的葡萄球菌，具有较强的致病性和侵袭性，而这些属性特点，是葡萄球菌各种不同毒素共同作用下的结果。

1.4 葡萄球菌的耐药性

畜牧业中，抗生素滥用是重要的食品安全问题，其带来的严重后果是抗生素压力下产生的细菌耐药性。早期研究认为，细菌耐药性的出现与抗生素作用位点的基因点突变有关，但随着抗生素滥用现象的普及，基因点突变的低发生率已无法解释细菌耐药性的广泛出现。近年研究表明，耐药基因的水平传播和转移是细菌耐药性广泛存在的最主要原因，而基因水平的传播和转移则由各种具有移动性的基因元件介导。

1.4.1 葡萄球菌耐药现状

金黄色葡萄球菌是临床上重要的致病菌。20 世纪 40 年代青霉素的问世使金黄色葡萄球菌引起的感染得到控制，但随着青霉素的广泛使用，部分金黄色葡萄球菌产生耐药性——产生青霉素酶，又称 β－内酰胺酶（β-lactamase），能水解 β－内酰胺类抗生素使其失效。为了解决这个难题，20 世纪 60 年代，科学家合成了一种新的半合成青霉素——甲氧西林（methicillin），其特点是不被青霉素酶水解。然而仅仅一年后，Collis 等人在英国首次发现耐甲氧西林金黄色葡萄球菌（methicillin-resistant *Staphylococcus aureus*，MRSA），之后该菌以惊人的速度在世界范围内蔓延，成为医院内和社区常见的病原菌，与乙型肝炎、艾滋病致病菌同为当今世界三大感染顽疾致病菌[157]。根据2011年中国CHINET细菌耐药性监测报告[158]，在中国15所医院内MRSA的平均检出率为50.6%(20.2%～85.3%)。MRSA具有广谱耐药性，不仅对与甲氧西林有相同结构的β-内酰胺类抗生素耐药，对大环内酯类、四环素类、氨基糖苷类、磺胺类、氟喹诺酮类等抗生素均产生不同程度的耐药，但对万古霉素(vancomycin)敏感。万古霉素属于糖肽类抗生素，一直被认为是治疗MRSA的最后一道防线。2002年，美国出现了第一例耐万古霉素金黄色葡萄球菌(vancomycin-resistant *Staphylococcus aureus*，VRSA)，引起了医学界高度重视[159]。随着MRSA耐药性的不断出现，科学家担忧其将成为无药可治的“超级细菌”。

1.4.2 葡萄球菌耐药机制

MRSA之所以表现对β-内酰胺类抗生素耐药，原因在于MRSA携带了*mecA*基因。*mecA*基因不但广泛分布于金葡菌中，而且在凝固酶阴性葡萄球菌(coagulase-negative staphylococci，CNS)中也能发现该基因的存在。使甲氧西林敏感金黄色葡萄球菌(methicillin-susceptible *Staphylococcus aureus*，MSSA)转变为MRSA是由于一种具有移动能力的基因元件——葡萄球菌染色体*mec*基因盒(staphylococcal cassette chromosome *mec*，SCC*mec*)携带*mecA*基因。

SCC*mec*携带三个基本的基因元件：*ccr*复合物(*ccr* gene complex)、*mec*复合物(*mec* gene complex)以及位于SCC*mec*边界的一些正向或反向重复序列。此外，在*ccr*复合物和*mec*复合物以外的部分为可变区域，称为J区域(junkyard region)，不同型的SCC*mec*根据J区域分为不同的亚型。

SCC*mec*根据发现时间的先后分为Ⅰ、Ⅱ、Ⅲ、Ⅳ、Ⅴ五种类型和多种亚型。但为了规范SCC*mec*的分型，目前国际上普遍认可的是根据*ccr*复合物和*mec*复合物类型的不同组合进行分型，包括Ⅰ型、Ⅱ型、Ⅲ型、Ⅳ型、Ⅴ型、Ⅵ型、Ⅶ型、Ⅷ型、Ⅸ型、Ⅹ型、Ⅺ型以及多种亚型[314]。详细的分型说明见第四章。

SCC*mec*是一种仅存在于葡萄球菌属的基因岛。SCC*mec*的作用机制是通过重组酶CcrA和CcrB的特异性重组作用，使*mecA*以及多重耐药基因从SCC*mec*中嵌入或切除，从而实现在不同葡萄球菌中的基因水平转移。正是这种捕获外源基因和菌属间基因转移的能力，使得葡萄球菌能迅速适应变化的环境[160]。

1.5 葡萄球菌生物被膜

细菌生物被膜(bacterial biofilm)是在繁殖分化的过程中，细菌相互黏附或黏附于惰性或活性实体表面，同时分泌多糖基质(藻酸盐多糖)、纤维蛋白、脂质蛋白等，将其自身包裹于其中而形成的一种具有大量微生物群体聚集的膜状结构[161]。任何细菌在成熟条件下都可以形成生物被膜，而单个生物被膜可由同种或不同种细菌形成。

1.5.1　生物被膜概述

1.5.1.1　生物被膜的分布

细菌一般附着于潮湿的表面并形成生物被膜，因此，生物被膜广泛存在于各种含水或潮湿的物体表面，包括：①设备表面，如食品加工设备、工业热交换系统等；②液体管道，如工业管道、自来水管道、下水道等；③生物医学材料或医疗器械，如植入的各种导管、人工心脏瓣膜等；④人体组织或器官表面，如病理状态下人体的牙齿、牙龈、支气管、尿道等。

1.5.1.2　生物被膜的结构

生物被膜可由一种或多种微生物组成，但结构总体上是一致的。多年来，生物被膜一直被认为是由细菌及其分泌的多糖基质外壳所构成，其中细菌根据在生物被膜内位置不同可分为游离菌、表层菌和里层菌。游离菌与表层菌相似，相对容易获得营养和氧气，代谢较活跃，菌体较大；里层菌被包裹于多聚糖中，只能通过周围的间质水道获取养料及代谢，代谢率较低，多处于休眠状态，一般不进行频繁的分裂，菌体较小[162,163]。细菌所分泌的多糖主要是细菌间多糖黏附素(polysaccharide intercellular adhesin，PIA)和多聚 N－乙酰葡萄糖胺(PNAG)[164]。Lawrence 等应用激光共聚焦扫描显微镜技术观察生物被膜，发现生物被膜呈独特的三维结构，其中细菌占 1/3 以下，其余部分为细菌分泌的黏性物质和胞外多糖[165,166]。生物被膜中存在各种生物大分子，如蛋白质、多糖、DNA、RNA 和磷脂等，主要来源于细菌分泌的大分子多聚物、吸附的营养物质、代谢产物和裂解产物等[167～170]。生物被膜内还有大量充满水的管道，这些管道相互交叉组成网络结构，使生物被膜的水分含量高达 97%，起着向被膜内输送营养物质和向外排泄废物的作用，具有原始的循环系统特征[171～173]。葡萄球菌生物被膜的构成如图 1－2 所示。

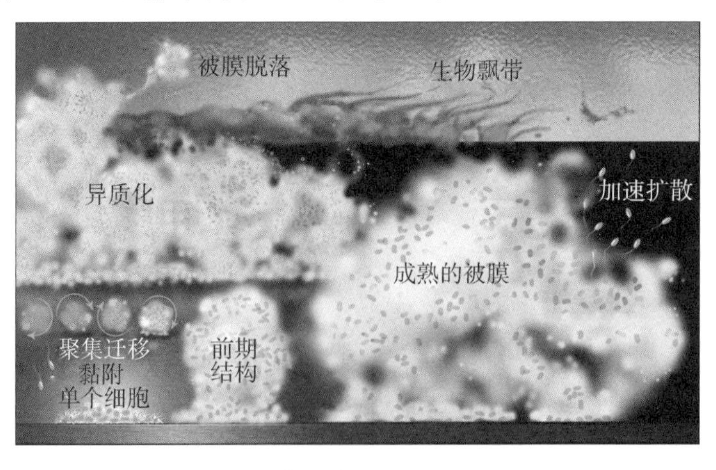

图 1－2　葡萄球菌生物被膜的构成

生物被膜的结构具有不均质性，由于微菌落是构成生物被膜的基本单位，而在微菌落之间及外部则由大量密度不均一的胞外多糖复合物组成，这些物质由菌体所分泌，体现了菌体的生命与代谢状态。微菌落在菌体种类、营养条件、附着表面以及环境因素等不同条件下具有不同代谢状态，因此，形成生物被膜的厚度和密度亦不同[174,175]。

1.5.1.3 生物被膜的特点

生物被膜是微生物的一种特殊生长方式，具有以下特点：①生物被膜的历史非常悠久，研究表明，最早形成的生物被膜可能发生于30亿年前，因此生物被膜可能在微生物进化学上具有举足轻重的地位和作用[176]。②生物被膜是细菌在自然界存在的主要形式，是不同于普通浮游状态的一种群体生长方式。据估计，超过90%的细菌是以生物被膜形式存在的[176]。③生物被膜是被细菌分泌的多糖基质包裹的细菌群体，是大量微生物的聚集体，存在于生物被膜中的生物体数量要高于其他所有方式存在的生物体数量总和[176]。④生物被膜是细菌为适应环境有利于生存的一种生命现象，在不利于其生长或存在选择压力的环境下，细菌相互粘连并分泌多糖基质形成膜状物，在生物被膜中的细菌具有更强的耐药性和其他抗性。⑤生物被膜包裹的细菌群体具有一定功能和高度组织架构。

1.5.2 葡萄球菌生物被膜概述

葡萄球菌，尤其是金葡菌，是典型的具有生物被膜形成能力的革兰氏阳性菌。

1.5.2.1 葡萄球菌生物被膜的形成过程

生物被膜的形成是一个动态的过程，通过“两步”方式(“two-step” manner)实现，包括初始的细菌黏附于表面(bacterial attachment to the surface)和后续的生物被膜形成(biofilm formation)，其中后者还包括细菌增殖、内部菌体粘连以及胞外多糖分泌三个过程。在不同形成阶段，生物被膜呈现不同的生理特性。

1)细菌黏附

细菌黏附于接触表面，形成单细菌层(bacterial monolayer)，可免于被流体物质冲洗脱落到不利于生长的环境，是生物被膜形成的最基本条件；但此过程是可逆的，在这个阶段，单细菌层缺乏成熟的生物被膜保护，使用冲洗、加热等方法易于去除。细菌黏附可能受诸多因素影响，如细菌的疏水性、细胞外部的膜蛋白、细胞表面的电荷、细胞的表面结构、接触材料特性、微生物生长特性及外环境因子(pH值、温度、流体流速等)等[177]。各种因素对细菌吸附能力的影响作用尚未明确，Rad等[178]发现多种混合细菌体系的疏水性与细胞吸附能力有很好的相关性；然而Rivas等以纯种大肠杆菌(*E. coli*)为研究对象，发现细胞吸附能力与其疏水性无关[179]，两者未有明显关联。

2)生物被膜的形成

在细菌黏附于接触表面并形成单细菌层后，即进入第二阶段——生物被膜的形成。该阶段包括三个步骤，首先是细菌增殖(bacterial proliferation)，又称为细胞聚集(cell aggregation)，当多个细菌黏附于接触表面形成了单细菌层后，细菌开始分裂、增殖；然后是膜内菌体粘连(intercellular adhesion)，细菌增殖、粘连，并在固体表面移动、扩展；最后是胞外黏胶状基质的形成(extracellular slime substance production)，细菌在增殖与粘连的同时，通过调整基因表达分泌大量胞外多糖，黏结多个单细菌而形成微菌落。此阶段细菌对表面的黏附是牢固和不可逆的。

3)生物被膜的成熟

在形成微菌落后，细菌对抗生素和紫外线的抗性、遗传交换效率、降解大分子物质的能力以及二级代谢产物的产率得到不同程度的提高[180,181]。一旦细菌大量分泌胞外多糖，短时间内便可形成由多聚糖包围的生物被膜。在微菌落形成后，多个微菌落相互接触融合，并向上生长；随着微菌落的生长和积聚，生物被膜发育形成含有液体通道的蘑菇状成熟生物被膜。成熟的生物被膜结构是不均匀的，在微菌落间围绕着输水管道，可以运送养料、酶、代谢产物和排出废物等[181,182]；而在生物被膜内的微菌落则是高度有组织的细菌群体，细菌与细菌之间通过群体感应(quorum sensing)作用进行信息交流，并调控复杂生物被膜结构的形成、发展和成熟。

细菌群体感应系统能监测群体内菌体密度，调节特定的基因表达，以维持生物被膜内菌群的生长和代谢稳定，保证被膜中营养物质的运输和废物的排出，避免细菌过度生长而造成空间和营养物质缺乏。在生理条件发生改变的情况下(如营养分布改变)，细菌群落会利用所有可能的适应机制来调节其生长活动，这一适应过程和细胞的生长循环可能是导致生物被膜成熟的主要原因[183]，而不需要特定的遗传程序。成熟的生物被膜自身能通过蔓延、部分脱落和释放出浮游状细菌来进行扩展和播散。

葡萄球菌生物被膜形成的过程如图 1 －3 所示。

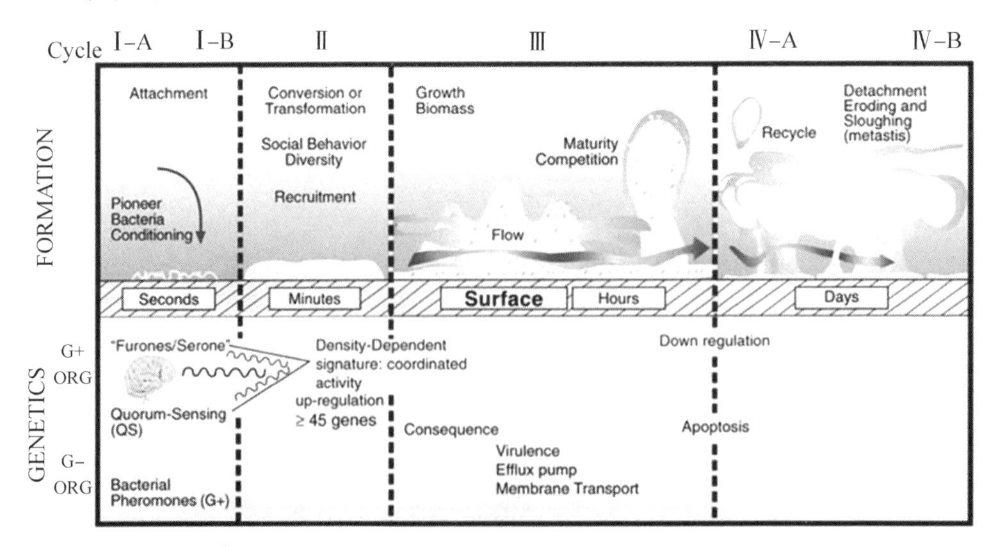

图 1 －3　葡萄球菌生物被膜形成过程

1.5.2.2 葡萄球菌生物被膜的基因调控

细菌从浮游状态到生物被膜的生长状态是一个从低密度到高密度、从无组织状态到有组织状态的过程，涉及一系列基因的开启或关闭。①*atl* 基因：*atl* 基因编码的是一种与金葡菌自溶素（autolysin）高度同源的蛋白质，该蛋白质不同程度地在葡萄球菌黏附与生物被膜形成过程中起作用。②*ica* 簇：*ica* 簇（*ica* cluster）包括 *icaA*、*icaB* 和 *icaC* 基因，编码 PIA 合成酶，是葡萄球菌属生物被膜形成的关键基因簇，其中包含一个操纵子结构 *icaADBC*，*icaADBC* 是生物合成 PIA 的结构基因。PIA 是胞外基质的重要组成成分，能使菌体嵌于生物被膜中。*icaA* 基因编码一个位于胞质膜上、具多糖合成功能的酶，为介导 PIA 合成所必需；*icaB* 处于 *icaA* 的下游，包含一种胞外分泌蛋白质的信息，但其具体功能尚未明确；*ica*C 编码一种膜内蛋白质，该蛋白质发挥多糖抗原的受体功能。这三个基因的同时表达，是葡萄球菌合成 PIA 、后续生物被膜形成和成熟的前提条件。*icaA* 单独表达仅能诱导 N－乙酰葡萄糖氨基转移酶的低水平表达，然而通过与 *icaD* 基因的协同表达则可大大增强酶的活性。③*aap* 基因：该基因编码一种表面蛋白质，与生物被膜形成后菌体的聚集有关，Aap 蛋白质相对分子质量为 2.2×10^5，它是一种胞外聚集相关蛋白质，经人体粒细胞蛋白酶或者金葡菌蛋白酶处理后，可促进金葡菌形成不依靠 PIA 进行黏附的生物被膜。④*agr* 基因：生物被膜成熟期的扩散和迁移是由 *agr* 基因调控的，该基因负责金葡菌的群体感应系统。

1.5.2.3 葡萄球菌生物被膜的抗性

生物被膜的形成由于菌种、接触表面、营养状态和环境条件的不同具有不均质性，但细菌在形成生物被膜后，对热、抗生素、消毒剂等压力环境的抵抗力增强，其原因包括：①屏障作用。生物被膜的胞外多糖基质和膜内细胞的紧密结构可阻挡如抗生素或消毒剂等外来分子渗入生物被膜对细菌造成破坏；生物被膜外层是由多糖复合物层（exopolysaccharide，EPS）组成，EPS 可通过阻止抑菌物质的渗入，并与部分抗菌药物结合而削弱其杀菌作用。②延缓生长作用。在生物被膜内，营养浓度是随微量梯度变化而变化的。由于活跃于被膜表面表层菌体相对容易获得营养和氧气，代谢通常比较活跃，大量消耗氧气，氧气难以进入内部，深层基本为无氧环境，再加上排泄产物的堆积，生物被膜内部深层形成一个低营养、低氧分压和高代谢产物堆积的微环境，使包裹于其中的里层菌多处于休眠状态，代谢率较低，一般不进行频繁的分裂，大多数处于 G0 期，部分甚至可进入类似芽孢菌的分化状态。因此与游离菌和表层菌相比，处于休眠状态的里层菌具有更强的逃逸和生存能力，对热、抗生素、消毒剂等压力环境的抵抗力较强。此外，由于生物被膜内部深层的 pH 值（局部堆积的酸性代谢产物使其与培养液的 pH 值相差大于 1）、渗透压和菌体密度与表层不同，在可杀灭表层菌的抗生素剂量浓度下，对深层菌或不起作用。③微菌落效应。由于生物被膜内部形成了不同的细菌微菌落，各微菌落具有相对独立和高度的保护性，在多种微生物共生形成的生物被膜内，不同细菌间还具有协同保护作用，这些特征都使细菌对环境的抵抗性增强。

生物被膜的抗性是建立在多细胞的基础上，即只有当菌体聚集到一定规模，其分泌的胞外基质达到一定数量时才能形成保护作用，同样，内部的代谢产物达到适当浓度才能使细菌进入休眠或低代谢状态。

1.5.3 生物被膜与食品安全

随着食品加工工业化和机械化的普及，加工设备长期与各种富营养物质的原辅料接触，这种富营养的加工环境为通过原料带入的微生物提供了生长与繁殖的条件，容易滋生各种微生物，因此，致病性微生物引起的食源性疾病是食品生产加工过程中的安全隐患。统计表明，约65%食源性疾病存在生物被膜形式，生物被膜可能是致病性微生物引起食源性疾病的最主要原因。近年来，在乳品发酵和肉制品加工上已出现相关的报道[184~186]。

由于各类食品加工设备定期被消毒与清洗，零散浮游生长的有害微生物不易生存和繁殖，对食品安全的影响有限。然而，细菌以生物被膜形式存在，容易在食品加工过程中被忽视，由于其对高温、抗生素、消毒剂及紫外线等抵抗力更强，更难以清除[187]，引发的食品安全问题及影响程度可能更大。如食源性病原菌可通过在厂房地板和天花板、输送管道、不锈钢等材料表面形成生物被膜，食品组分的构成如营养条件和糖分以及不同工艺条件（温度和盐浓度等因素）又可促进细菌黏附、形成生物被膜，细菌以生物被膜形式成为潜在污染源，引发食品污染或食源性疾病的传播。研究表明，金葡菌在形成生物被膜的过程中能吸收利用多种糖，在培养环境中添加糖分后生物被膜的光密度（optical density，OD）值显著增加；在富营养条件及最适生长温度条件下，细菌能形成强黏附性生物被膜[2]。如上所述，生物被膜的形成包括两个阶段，第一阶段是细菌黏附作用，细菌在此阶段还没有成熟生物被膜的保护，是一个可逆过程，采用冲洗、加热等加工除菌方法效果仍较好；第二阶段细菌形成单细菌层，进一步分泌胞外多糖，形成胞外基质保护层和微菌落，此阶段是不可逆过程，采用冲洗的加工处理方法已无法清除细菌。随着微菌落进一步生长及生物被膜成熟，被膜内部深层的里层菌对高温、抗生素、消毒剂和紫外线的抵抗力进一步增强，可逃逸常规的灭菌处理。

目前，全球对生物被膜的研究主要集中于医院环境和临床应用领域[2,3,87]。在食品领域，尤其以复杂的食品加工物料体系为对象的研究鲜有报道。国内对生物被膜在食品领域的研究存在较大的局限性[184~187]，主要表现为：①研究集中于单一及个别机制，缺乏全面、系统的分析与研究；②大多数研究仅在宏观上对生物被膜的表型进行分析，在微观方面对生物被膜形成及发展过程中的内在规律与分子机理则未有研究。在食品加工过程中，病原菌能形成生物被膜，可导致最终产品的腐败和疾病的发生；同时，以生物被膜形式存在的细菌可成为新的黏附位点，使更多浮游状态的细菌黏附至被膜中；在生物被膜成熟后，部分微生物会脱落被膜，重新变为游离状态，并分泌有害物质与因子，造成二次污染与侵袭[188~189]。因此，食品工业中生物被膜的形成对食品安全的影响是不容忽视的。

2 葡萄球菌的鉴定与快速检测

葡萄球菌的常规检测包括样品处理、增菌培养、分离培养和染色观察等步骤[8]。以食品样品中存在的金黄色葡萄球菌为例，其常规检测步骤有：①样品制备。把固体(通过研磨或置均质器中均质过的)或液体样品制成1∶10样品混悬液。一般取25g或25mL食品样品，放入225mL灭菌生理盐水中，制成质量分数或体积分数为10%的稀释液。②增菌。吸取一定量上述混悬液(约5mL)接种于液体培养基内(一般为50 mL质量分数为7.5%的氯化钠肉汤或胰酪胨大豆肉汤培养基)，在(36±1)℃下培养24 h。③分离培养。通过挑取菌落进行筛选，转种到选择性培养基上在(36±1)℃下培养24～48 h，选择性培养基一般选用血平板或Baird-Parker平板。④从平板上挑取可疑菌落进行革兰氏染色。金葡菌为革兰氏阳性，显微镜下观察呈葡萄状排列，无芽孢、荚膜，直径0.5～1.0μm。⑤菌株鉴定。金葡菌的鉴定通常采用玻片凝固酶试验(凝集因子)和试管凝固酶试验(游离凝固酶)，玻片凝固酶试验阳性的菌落需要用试管凝固酶试验来确认；也可采用DNase培养基平板，但阳性结果同样需要进一步确认。此流程是目前在食品中检测及鉴定葡萄球菌尤其是金葡菌的“金标准”方法，但存在不足之处，如耗时过长(检测至种属水平需长达6 d)、操作繁琐、有假阴性可能以及低敏感度和检出限(对固体和液体食物样品检出限分别为100 CFU/g和10 CFU/g)[190]。

2.1 常规PCR技术

PCR技术是目前检测金葡菌的主要分子生物学方法，于1985年由Mullis等创建，是一种体外快速扩增特异目标基因的技术，又称为基因的体外扩增法；其原理是以两段寡核苷酸为引物，由DNA聚合酶催化扩增位于两段引物之间的DNA片段；反应过程包括变性、退火和延伸三个步骤。[205] PCR方法可检测金葡菌的特异基因或致病基因，如耐热核酸酶基因*nuc*、保守核糖体基因16S rRNA等[206,207]。16S rRNA基因序列是目前最常用于研究细菌系统发育和分类的看家基因，因为：①该基因几乎存在于所有细菌中，常以一个多基因家族或操纵子的形式存在；②16S rRNA基因的功能随时间的推移变异较小，这表明随机序列变化是时间(演化)的精确量度；③16S rRNA基因的信息量足够大。PCR方法可对活菌、受损菌及死菌进行检测，而传统的培养法只能检测到活菌，对因加热或其他因素导致的受损菌则无法鉴定，因此PCR方法更具优越性。但由于实验室污染，或因耐药基因片段的缺失而出现假阳性或假阴性，会影响鉴定结果。且该方法因需要使用昂贵的热循环仪，检测成本较高；操作过程中除需防止实验室污染外，对工作人员的技术要求亦较高；检测中须使用强致癌性的溴化乙啶作为染色剂，具有危及操作人员健康的风险[208]。

2.2 多重 PCR 技术

多重 PCR(multiplex PCR) 由 Chamberian 等[191]于 1988 年首次提出，是在普通 PCR 的基础上加以改进，在一个 PCR 反应体系中加入多对特异性引物，针对多个 DNA 模板或同一模板的不同区域扩增多个目的片段。由于多重 PCR 可同时扩增多个目的基因，具有特异性强、灵敏度高、时间短、成本低、效率高的优点，特别是节省珍贵的实验样品，且适用面广，易于推广，已成为生命科学多个领域的重要研究手段。

由于多重 PCR 要求在同一反应体系中进行多个位点的特异性扩增，相对于常规 PCR 技术，技术要素增多[192]，技术难度增大。多重 PCR 的技术要素主要包括目的片段选择、引物设计、复性温度和时间、延伸温度和时间、各反应成分的用量等。多重 PCR 是在同一反应中对多个目的片段扩增，目的片段必须具有高度特异性，才能保证基因检测的准确性，避免目的片段间的竞争性扩增，实现高效灵敏的扩增反应，因此目的片段的选择是关键一环。此外各个目的片段之间需具有明显的长度差异，以利于鉴别。引物的设计是 PCR 反应成败的决定因素，对多重 PCR 尤其重要。多重 PCR 包含多对引物，各个引物必须高度特异，避免非特异性扩增；同时，不同引物对之间互补的碱基不能太多，否则引物之间相互缠绕以自身为模板扩增，会严重影响反应结果。复性温度与时间是影响多重 PCR 特异性的较重要因素，取决于目的片段和引物的长度、引物的碱基组成及其浓度。在多重 PCR 反应中，不同目的片段、不同引物对复性温度的要求不同。综合各个解链温度 T_m，在 T_m 值允许范围内，选择较高的复性温度可减少引物和模板间的非特异性结合，确保 PCR 反应的特异性。复性时间稍延长，可使引物与模板之间完全结合。多重 PCR 延伸反应的时间需根据待扩增片段的长度而定，延伸时间过长会导致非特异性扩增的出现。多重 PCR 反应体系中模板 DNA、引物、聚合酶、脱氧核苷酸三磷酸(dNTP)、缓冲液等各个反应组分的用量浓度、比例亦需要进行摸索调整，以获得最佳扩增效果。一个理想的多重 PCR 反应体系并非多个单一 PCR 体系的简单混合，需要针对目标产物进行全面分析、反复试验，建立适宜的反应体系和反应条件。笔者使用多重 PCR 方法对葡萄球菌进行菌株与耐药因子的鉴定，通过设计针对葡萄球菌属特异性 16S rRNA、金葡菌的种属特异性基因 *femA* 与甲氧西林耐药基因 *mecA* 的引物对，建立多重 PCR 检测体系，以期区分鉴定耐甲氧西林金黄色葡萄球菌(MRSA)、甲氧西林敏感金黄色葡萄球菌(MSSA)、耐甲氧西林凝固酶阴性葡葡球菌(methicillin-resistant coagulase-negative staphylococci，MRCNS)、甲氧西林敏感凝固酶阴性葡萄球菌(methicillin-susceptible-coagulase-negative staphylococci，MSCNS)与非葡萄球菌。

2.3　PCR方法扩增葡萄球菌相关基因

2.3.1　实验菌株

①179株金葡菌，分离于2001—2006年，其中2001年、2002年、2003年、2004年、2005年和2006年分别取得20株、18株、17株、34株、50株和40株；②30株金葡菌，分离于2005年；③24株表皮葡萄球菌(*Staphylococcus epidermidis*)，分离于2001—2004年，其中2001年、2002年、2003年、2004年分别取得6株、11株、4株、3株；④15株人葡萄球菌(*Staphylococcus hominis*)，分离于2001—2004年，其中2001年、2002年、2003年、2004年分别取得4株、3株、4株、4株；⑤10株溶血葡萄球菌(*Staphylococcus haemolyticus*)，分离于2001—2004年，其中2001年、2002年、2003年、2004年分别得到1株、5株、1株、3株；⑥4株华纳葡萄球菌(*Staphylococcus warneri*)，分离于2001—2004年，其中2001年、2002年和2004年分别取得2株、1株、1株；⑦33株金葡菌，分离于2009—2012年，其中2009年、2010年、2011年及2012年分别取得2株、8株、12株、11株。以上菌株均分离于我国华南地区的三家医院。

2.3.2　实验方法

2.3.2.1　模板DNA抽提

具体步骤如下：

(1)取过夜培养的菌液1.5 mL置于2 mL离心管，9000 r/min离心2 min，弃上清液。

(2)用无菌水清洗菌体一次，9000 r/min离心2 min，弃上清液。

(3)重悬菌体于500 μL无菌水中，加入50 μL(50 mg/mL，20 000 U/mg)溶菌酶，于37℃反应2 h。

(4)在菌体液中加入50 μL质量分数为10%的十二烷基硫酸钠(SDS)，再加入10 μL蛋白酶K(20 mg/mL)，充分混匀，于37℃反应1 h。

(5)加入100 μL 5mol/L的NaCl，80 μL十六烷基三甲基溴化铵(CTAB)/NaCl(5 gCTAB溶于100 mL 0.5mol/L NaCl溶液中)，混匀，于65℃反应10 min。

(6)加入750 μL氯仿/异戊醇(24∶1)，充分混匀，12 000 r/min室温离心5 min。

(7)转移上清液至新的2 mL离心管，再加入等体积的苯酚/氯仿/异戊醇(体积比为25∶24∶1)，充分混匀，12000 r/min 室温离心5 min。

(8)转移上清液至新的2 mL离心管，加入1/10上清液体积的3mol/L的NaOAc(pH=6.0)，2倍上清液体积的无水乙醇，混匀后于-20℃放置30 min。

(9)13000 r/min于4℃离心10 min。

(10)去上清液，加入体积分数为70%的乙醇溶液洗涤沉淀，13000 r/min于4℃离心10 min。

(11)去上清液，室温干燥DNA沉淀。

(12)在DNA沉淀干燥后加入200 μL 1×TE缓冲液(pH=8.0)溶解沉淀。

(13)加入20 μg核糖核酸酶(RNase) A，37℃反应30 min。

(14)加入400 μL 1×TE缓冲液(pH=8.0)，再加入600 μL苯酚/氯仿/异戊醇(体积比为25∶24∶1)，充分混匀后，12000 r/min室温离心5 min。

(15)转移上清液至新的2 mL离心管，加入1/10上清液体积的3mol/L的NaOAc(pH=6.0)，2倍上清液体积的无水乙醇，混匀后于-20℃放置30 min。

(16)13000 r/min于4℃离心10 min。

(17)去上清液，加入体积分数为70%的乙醇溶液洗涤沉淀，13000 r/min于4℃离心10 min。

(18)去上清液，室温干燥DNA沉淀。

(19)在DNA沉淀干燥后加入适量1×TE缓冲液(pH=8.0)或者无菌水溶解DNA。

2.3.2.2 基因扩增

本实验分别针对金葡菌种属边界开放阅读框序列*orfX*基因、葡萄球菌属特异性16S rRNA基因、金葡菌种属特异性基因*femA*和葡萄球菌中关键的耐药因子耐甲氧西林基因*mecA*，查找GenBank上相关序列，运用引物设计软件Primer Premier 5.0设计特异性引物，交由英潍捷基(上海)贸易有限公司合成，用于PCR反应的扩增。其中引物O1(5′-ACCACAATCMACAGTCATT-3′)和O2(5′-CCCGCATCATTTGATGTG-3′)特异性扩增*orfX*基因(产物212bp)，M1(5′-GGCATCGTTCCAAAGAATGT-3′)和M2(5′-CCATCTTCATGTTGGAGCTTT-3′)特异性扩增*mecA*基因(产物374 bp)，F1(5′-AAAGCTTGCTGAAGGTTATG-3′)和F2(5′- TTCTTCTTGTAGACGTTTAC-3′)特异性扩增*femA*基因(产物823 bp)，C1(5′-GGACTGTTATATGGCCTTTT-3′)和C2(5′- GAGCCGTTCTTATGGACCT-3′)作为内参，扩增葡萄球菌属特异的16S rRNA基因(产物542 bp)。引物信息详见表2-1。

表2-1 PCR反应所用的引物序列

引物	序列(5′—3′)	靶点	T_m/℃	扩增产物大小
O1	ACCACAATCMACAGTCATT	*orfX*	48	212bp
O2	CCCGCATCATTTGATGTG			

续表2-1

引物	序列(5′—3′)	靶点	T_m/℃	扩增产物大小
C1	GGACTGTTATATGGCCTTTT	16S rRNA	50	542bp
C2	GAGCCGTTCTTATGGACCT			
M1	GGCATCGTTCCAAAGAATGT	*mecA*	50	374bp
M2	CCATCTTCATGTTGGAGCTTT			
F1	AAAGCTTGCTGAAGGTTATG	*femA*	50	823bp
F2	TTCTTCTTGTAGACGTTTAC			

引物稀释及引物混合液的配制如下：①把合成的引物稍离心，使分散于管壁上的DNA粉末悬于管底；②用无菌水分别将引物配制成浓度为100 pmol/μL的存储液，置于-20℃保存；③取适量引物存储液稀释10倍为工作液，浓度为10 pmol/μL，置于-20℃保存备用；④在经过高温灭菌并烘干的0.2 mL PCR管中根据不同反应配备PCR反应液体系，所有操作在冰上进行。在普通PCR 25 μL反应体系中，不同引物均加入1.5 μL工作液，并使其终浓度达到0.6 μmol/μL；在多重PCR中，不同引物所用浓度不同，具体见表2-2、表2-3。将PCR反应液混合均匀后，放置于PCR反应仪中，设定程序并运行。常规PCR及多重PCR的反应程序(见图2-1)均为：94℃预变性5 min，然后按94℃变性30 s、T_m温度下退火30 s、72℃延伸1.5 min进行30个循环，最后72℃延伸7 min。PCR产物放置于凝胶成像系统中拍照，观察、记录结果，保存于-20℃备用。

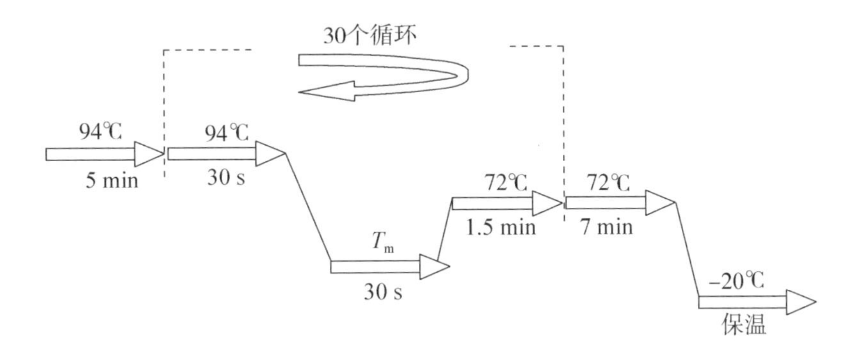

图2-1 常规PCR及多重PCR的反应程序

1)常规PCR扩增*orfX*基因

阳性对照使用MRSA标准菌株N315；标准菌株ATCC6358作为阴性菌株(以上菌株为本实验室保存)。25μL PCR扩增反应体系(表2-2)包括：DNA模板1.5 μL、引物各1.5 μL、10×PCR Master Mix缓冲液12.5μL等。PCR扩增条件见图2-1。

表 2-2 常规 PCR 反应体系

组分	体积/μL
10 × PCR Master Mix 缓冲液	12. 5
dNTP 混合液（2. 5 mmol/L）	6
Primer O1 工作液	1. 5
Primer O2 工作液	1. 5
Taq DNA 聚合酶(5U/μL)	0. 6
DNA 模板	1. 5
加无菌水至终体积	25

2)3 重 PCR 扩增菌属基因 16S rRNA、*mecA* 基因和 *femA* 基因

阳性对照采用 MRSA ATCC29212(*mecA* 和 *femA* 均为阳性)，阴性对照采用大肠埃希菌(*Escherichia coli*，俗称大肠杆菌）ATCC25922；另外受试菌株包括 MRSA 85/2082，MSSA ATCC25923，MRCNS ATCC700586(*mecA* 阳性，*femA* 阴性)和 MSCNS ATCC12228(*mecA* 和 *femA* 均为阴性)。25μL PCR 扩增反应体系(表2-3)包括：DNA 模板 1 μL、引物各 1 μL 或 2 μL、10 × PCR Master Mix 缓冲液 12. 5μL 等。PCR 扩增条件同上(见图 2-1)。

表 2-3 多重 PCR 扩增反应体系(16S rRNA/*mecA*/*femA* 基因)

组分	体积/μL
10 × PCR Master Mix 缓冲液	12. 5
dNTP 混合液（2. 5 mmol/L）	2
Primer M1/M2/C1/C2 工作液	1
Primer F1/F2 工作液	2
Taq DNA 聚合酶(5U/μL)	0. 125
DNA 模板	1
加无菌水至终体积	25

3)多重 PCR 快速检测 MRSA 相关基因

实验采用 33 株分离自我国华南地区广州医科大学的金葡菌，另选用 5 株标准菌株作为阳性对照，分别为：10864 和 12513 作为 MRSA 标准菌株(上述 4 种基因均为阳性)；10501 作为 MSSA 标准菌株(16S rRNA 和 *femA* 阳性，*orfX* 和 *mecA* 阴性)；110146 作为 MRCNS 标准菌株(16S rRNA 和 *mecA* 阳性，*orfX* 和 *femA* 阴性)；110830 作为 MSCNS 标准菌株(仅 16S rRNA 阳性，*mecA*、*orfX* 和 *femA* 均为阴性)。25μL PCR 扩增反应体系(见表 2-3)包括：DNA 模板 1 μL、引物各 1 μL 或 2 μL、

10 × PCR Master Mix 缓冲液 12.5μL 等。PCR 扩增条件同上(见图 2 - 1)。

2.3.2.3 凝胶电泳鉴定 PCR 扩增产物

(1)将干净、干燥的电泳凝胶槽水平放置在工作台，在胶模中插入适当的梳子，注意梳齿不能接触底部。

(2)在 16 mL 0.5 × TAE 电泳缓冲液中加入 0.24 g 琼脂糖，摇匀，在微波炉内将琼脂糖溶液以最短的时间完全溶解，待冷却至 60℃左右制成琼脂糖凝胶。

(3)将温热的凝胶倒入胶模中，凝胶厚度为 3 ～ 5 mm，置于室温下凝固。

(4)待凝胶凝固后，小心移去梳子，将凝胶置于电泳槽中，加样口端位于负极，加入 TAE 电泳缓冲液，使液面高出凝胶 1 ～ 2 mm。

(5)取 5μL PCR 扩增产物样品与 1μL 10 × Loading Buffer 混合后，将混合液小心加入加样孔内，同时加入作为对照的 DNA 相对分子质量标准。

(6)盖上电泳槽盖，调节电压到 100V，电泳 25 min 左右。

(7)电泳完毕后，将凝胶置于溴化乙啶溶液中染色 10 min，然后水洗 10 min，取出凝胶，置于 BIO-RAD Gel Doc EQ 凝胶成像系统上观察结果。

2.3.3 检测结果分析

(1)通过对金葡菌种属特异性 *orfX* 基因设计特异性引物 O1 和 O2，预期扩增产物为 212 bp，结果如图 2 - 2 所示。

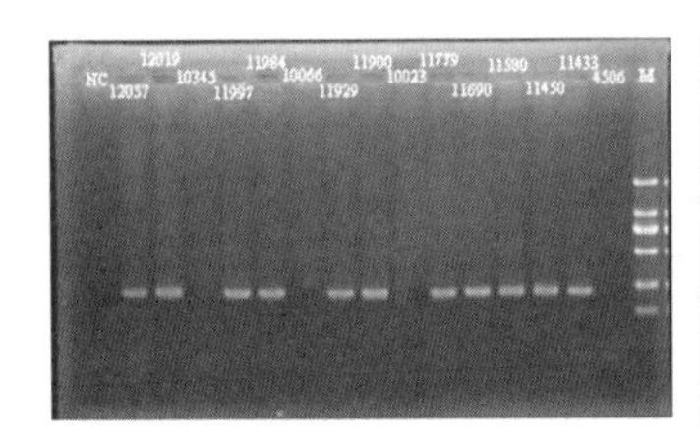
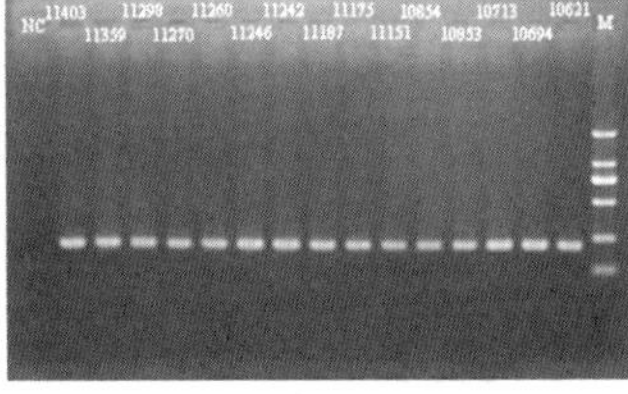
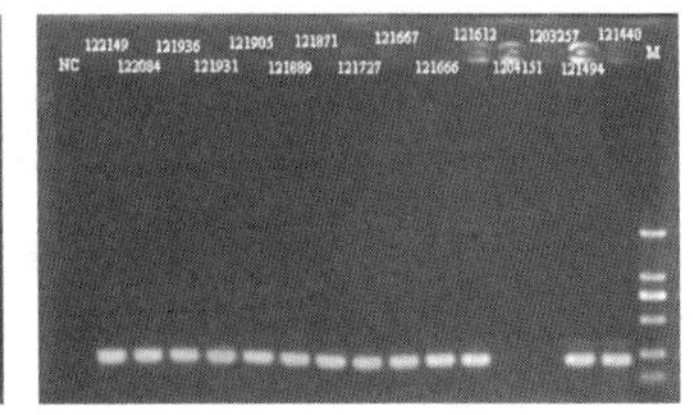

图 2 - 2 PCR 检测 *orfX* 基因

(2)对葡萄球菌属特异性 16S rRNA 基因设计特异性引物 C1 和 C2，预期扩增产物为 542 bp；对金葡菌种属特异性基因 *femA* 设计特异性引物 F1 和 F2，预期扩增产物为 823 bp；对耐甲氧西林基因 *mecA* 设计特异性引物 M1 和 M2，预期扩增产物为 374 bp；通过多重 PCR 反应对葡萄球菌及其耐药因子进行同时检测与鉴定。结果如图 2 - 3 所示，DNA Marker 表示 DNA 相对分子质量标准 DL2000 在凝胶电泳上分获得 250、500、750、1000、1600 和 2000 bp 六个条带；NC 表示阴性对照(negative control，NC)；在电泳图上通过 DNA 标记物，可初步对产物进行区分：*orfX* 基因产物约 212 bp，处于 250 bp 以下；16S rRNA 基因产物约 542 bp，处于 500 ～ 750 bp；*mecA* 基因产物约 374 bp，处于 250 ～ 500 bp；*femA* 基因产物约 823 bp，处于 750 ～ 1000 bp。凝胶回收该 4 个条带的产物，克隆 T 载体并测序，结果显示与预期扩增序列相同，证实所建立的多重 PCR 能同时检测葡萄球菌属特异性

16S rRNA 基因、金葡菌种属特异性基因 *femA* 和耐甲氧西林基因 *mecA*。

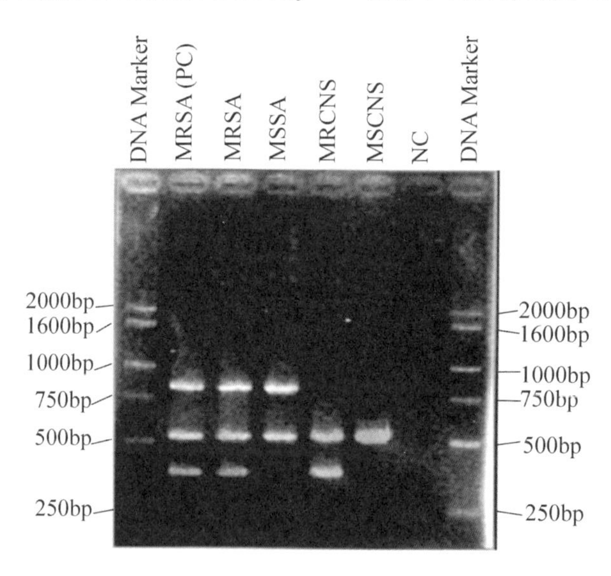

图 2－3　多重 PCR 扩增结果

本实验中，阳性对照(positive control，PC)采用 MRSA ATCC29212，该菌株携带 16S rRNA、*mecA* 和 *femA* 基因，因此电泳图上显示 374、542 和 823 bp 条带；阴性对照采用 *Escherichia coli* ATCC25922，该菌株不携带 16S rRNA、*mecA* 和 *femA* 基因，因此电泳图上无条带；受试菌株 MRSA 85/2082 携带 16S rRNA、*mecA* 和 *femA* 基因，因此电泳图上显示 374、542 和 823 bp 条带；受试菌株 MSSA ATCC25923 携带 16S rRNA 和 *femA* 基因，不携带 *mecA* 基因，因此电泳图上显示 542 和 823 bp 条带；受试菌株 MRCNS ATCC700586 携带 16S rRNA 和 *mecA* 基因，不携带 *femA* 基因，因此电泳图上显示 374 和 542 bp 条带；受试菌株 MSCNS ATCC12228 仅携带 16S rRNA 基因，不携带 *femA* 和 *mecA* 基因，因此电泳图上仅显示 542 bp 条带。由此可见，本实验建立的多重 PCR 反应能同时分辨 MRSA、MSSA、MRCNS、MSCNS 和非葡萄球菌属细菌。

本实验建立的多重 PCR 方法具有一般 PCR 方法的优点，与常规“金标准”的检测和鉴定方法相比，主要有以下优点：①耗时短。常规方法基于细菌培养、增菌以及选择性培养耗时可长达 3 天，而 PCR 方法由于灵敏度高，微量的菌体足以启动特异性扩增反应，因此在从样品处理到培养的时间可大为缩减。②特异性高。“金标准”方法在细菌培养后常需通过血浆凝固酶实验进行鉴定，而 PCR 通过选取特异的分子靶点，针对葡萄球的特异基因进行扩增，具有更高的灵敏度和特异性，鉴定结果更可靠，可弥补“金标准”方法中因灵感度低而出现假阴性结果的不足。

近年，MRSA 和 MRCNS 在畜牧业及食品中被大量发现，从事食品加工和处理的人员在接触后亦成为社区 MRSA 和 MRCNS 的传染源，导致社区来源 MRSA 和

MRCNS 分离率不断增高。因此，对食品中 MRSA 和 MRCNS 的监控，是保证食品安全的重要工作。传统上对 MRSA 和 MRCNS 的鉴定，多采用培养法和免疫法，两种方法均基于 MRSA 和 MRCNS 对所有 β - 内酰胺类抗生素耐药的特点，选用如甲氧西林和苯唑西林等进行鉴别检测。英国抗生素化疗协会（BSAC）和美国临床和实验室标准协会（CLSI）颁布的最低抑菌浓度（MIC）稀释方法为现行培养方法的标准，培养基使用含 2%（质量分数）NaCl 的 Mueller Hinton 琼脂或 Columbia 琼脂，接种浓度为 10^4 CFU/mL，30℃（BSAC 推荐）或 33 ～ 35℃（CLSI 推荐）孵育后观察。

目前在医疗机构已常用商业化的显色培养基或自动鉴定仪，前者在专用的显色培养基上培养葡萄球菌，通过特定的生化反应在平板上形成有色菌落进行细菌鉴定。显色培养基将细菌的生长和选择性区分凝固酶阴性葡萄球菌结合在一起，可一步完成培养鉴定分离，用时较短，可在 18 ～ 24 h 内出结果，同时结果易于判断，灵敏度和特异性较高，因此目前应用较为广泛，但要达到 85% 以上的灵敏度仍需要孵育 48 h。该类产品主要包括 CHROMagar MRSA（MRSA 阳性的菌株形成粉红色菌落）、Bio-Rad 公司的 MRSA Select 和 bioMerieux 公司的 MRSA-ID（MRSA 阳性的菌株形成绿色菌落）。自动鉴定仪则根据细菌的各种生化特性，对其种属进行归类和鉴定，主要包括 Vitek、ATB、Microscan 和 Sensiter ARIS 系统等，操作简易、快捷，能在短时间内得到鉴定结果，在处理大批量样品时具有优势。

无论是传统的抗生素培养法或免疫学方法，还是新型的显色培养基和自动鉴定仪，均基于细菌的表型特征；然而，表型特征与基因型的不相符，大大地影响到了上述方法的准确性，故对基因型的检测才是最可靠的鉴定方法。2015 年版 CLSI 标准明确指出，鉴定 MRSA 或 MRCNS，不以菌株表型或药敏实验结果为准，应根据 *mecA* 基因的存在与否进行鉴定，凡检出 *mecA* 基因即可确定为 MRSA 和 MRCNS，强调关键耐药基因 *mecA* 的检测在葡萄球菌鉴定中的重要性。

常用的 *mecA* 基因分子生物学检测方法包括：①质粒限制性内切酶酶切图谱技术。通过提取质粒，应用特定的内切酶消化，并分析酶切图谱，从而对 MRSA 进行检测与鉴定；但由于质粒不稳定性，某些菌株不含有质粒或含质粒很少，可丢失或获得某些片段，从而增加结果的复杂性和不可靠性[193]，难以大规模推广和应用。②分子杂交。以 *mecA* 基因为探针，与待检测菌株进行分子杂交[194]，准确度较高，但耗时较长、操作繁琐以及费用高。③限制性内切酶图谱分析。对特定基因进行 PCR 扩增，产物纯化后用特定内切酶水解，根据电泳图谱进行 MRSA 鉴定。Wichelhaus 等用 PCR 扩增凝固酶基因后，以 *Hae* Ⅱ 内切酶消化，可对 MRSA 进行快速检测与鉴定[195]。该方法特异性和灵敏度较高，同时能对 MRSA 的流行类别进行初步分型，具有较大的开发潜力和临床实用意义；但由于涉及内切酶水解作用，耗时长，操作繁琐，同时受 PCR 及产物质量的影响，因此稳定性稍低。④PCR 法。目前，通过 PCR 扩增编码 PBP2a 的特异性耐药基因 *mecA*，对葡萄球菌甲氧西林耐药因子进行检测，正逐步取代传统基于抗生素的 MIC 培养方法。本实验针对 *mecA*

基因设计引物，成功建立对该基因特异性检测的 PCR 方法。

多重 PCR 除具有常规 PCR 的优点外，能在同一次 PCR 反应中完成多个靶基因的检测，更简便快速；但多重 PCR 技术要求高，尤其是引物设计难度大，要求扩增产物需在凝胶电泳上易于分辨，因此实际应用中并不常见。笔者课题组对 262 株临床葡萄球菌进行金葡菌及甲氧西林耐药因子的检测与分析，其中包括多重 PCR 检测 *mecA* 与 *femA* 基因，结果显示(见图 2-3)，262 株葡萄球菌中，209 株扩增出 374 和 823 bp 两条带，为 *femA* 和 *mecA* 阳性，即为携带甲氧西林耐药因子的金葡菌(MRSA)；53 株葡萄球菌仅扩增出 374 bp 条带，为 *femA* 阴性和 *mecA* 阳性，即为携带甲氧西林耐药因子的凝固酶阴性葡萄球菌(MRCNS)。结果证实 PCR 方法特异灵敏、简便快捷，可较快获得鉴定结果。在实际应用中，应用其中任意一条或多条引物，即可对葡萄球菌、金葡菌或甲氧西林耐药因子进行检测鉴定。

本部分实验对 262 株葡萄球菌进行菌种及耐药因子鉴定，结果显示，209 株金葡菌为 MRSA，53 株凝固酶阴性葡萄球菌为 MRCNS，本研究中受试的 262 株葡萄球菌中 MRSA 和 MRCNS 的分离率为 100%。MRSA 和 MRCNS 在世界范围内普遍存在，在医院内感染革兰氏阳性菌中高居首位，其分离率在大多数地区呈逐年增大的趋势。在美国，1975 年 MRSA 在临床分离出的金葡菌中仅占总菌种的 2.4%，1991 年则迅速增至 29%，2003 年美国疾病控制与预防中心(CDC)估计分离率高达 80%。在日本，MRSA 和 MRCNS 的分离率在 80% 左右。在欧洲，MRSA 的分离率差别较大，荷兰、丹麦、瑞典等国家较低(约 10%)[196]；但在其他国家则普遍较高，如在葡萄牙和意大利的 MRSA 临床分离率为 50%[197]。在我国，分离率一般在 40%～70%，但各地区和医院 MRSA 检出率有逐年增大的趋势。2000—2003 年，广州地区 12 家医院 MRSA 的年均检出率分别为 50.8%、65.0%、61.1% 和 70.8%，呈递增趋势[198]。上海地区 MRSA 的分离率在 20 世纪 80 年代约为 24%[200]，近年来升至 60%～65%，MRCNS 的分离率则升至 75%～83%；其中，MRSA 与 MRCNS 的分离率在 2002 年为 68.2%(1728/2532)和 75.3%(1879/2494)[201]，2003 年为 60.0%(1449/2417)和 80.0%(2244/2808)[202]，2004 年为 63.9%(2003/3135)和 82.9%(2843/3430)，2005 年为 65.6%(2253/3439)和 82.2%(2980/3626)，2006 年为 64.6%(2260/3497)和 82.2%(3353/4079)，2007 年为 61.1%(2609/4270)和 75.9%(3383/4457)，2008 年为 62.3%(2795/4486)和 77.0%(1559/2025)。湖北地区 MRSA 的分离率从 1996 年的 16.9% 升至 2002 年的 31.0%[203]。在总的住院患者中，每年有 5%～10% 发生 MRSA 院内感染，总体呈上升的趋势；这些患者因感染 MRSA 而令病情复杂，延长住院时间，支付更多的医疗费用[204]。虽然国内 MRSA 和 MRCNS 的分离率普遍报道高达 40%～70%，但与本研究 100% 的比率仍有差距，其中原因包括：①检测手段的不同。目前国内对 MRSA 和 MRCNS 的耐药性追踪报道主要基于传统抗生素培养鉴定方法，如上所述，由于葡萄球菌耐药基因型与表型的差别，造成了传统抗生素培养鉴定的漏检。②由于耐药性的表现，除耐药基因 *mecA* 外，还受到一系列调控因子如 *mecI*、*mecR1* 等的影响。研究表明，B 类 *mec* 复合物可抑制 *mecA* 的表达，使葡萄球菌的 *mecA* 持续在低水平表达，从而显示低耐药性甚至不敏感水平，即携带Ⅰ、Ⅳ或Ⅴ型 SCC*mec* 的 MRSA 和 MRCNS 均为低耐药性，而部分菌株甚至不显示耐药性，造成传统抗生素培养方法的假阴性结果。本研究以 *mecA* 基因作为判断甲氧西林耐药与敏感的标志，以 PCR 作为检测方法，可更快速、先进、可靠地获知葡萄球菌的耐药属性。

(3)对 33 株受试菌株和 5 株标准菌株用四对引物对其中可能存在的 16S rRNA、*femA*、*mecA* 和 *orfX* 基因进行 4 重 PCR 扩增，相应的预期产物条带见表 2－1，实验结果如图 2－4 所示。

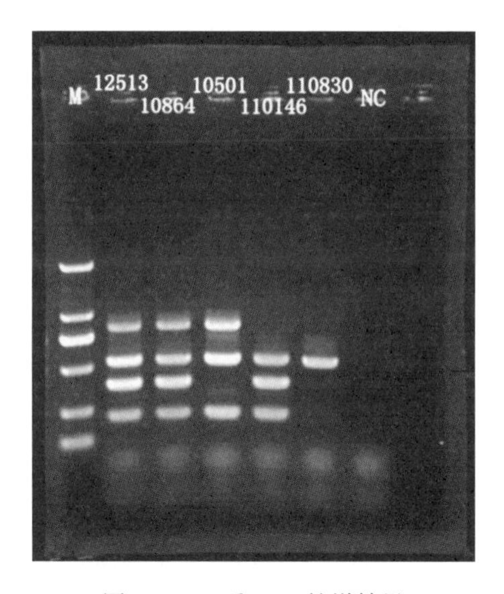

图 2－4 4 重 PCR 扩增结果

图 2－4 中，扩增泳道 1 为 DS2000 Marker；扩增泳道 7 为超纯水，无条带显示；扩增泳道 2 和 3 为 MRSA 阳性对照菌株 12513 和 10864，可扩增出 *femA*、16S rRNA、*orfX* 和 *mecA* 基因；扩增泳道 4 为 MSSA 阳性对照菌株 10501，可扩增出 *femA*、*orfX* 和 16S rRNA 基因，缺少 *mecA* 基因；扩增泳道 5 为 MRCNS 标准菌株 110146，可扩增出 16S rRNA、*orfX* 和 *mecA* 基因，缺少 *femA* 基因；扩增泳道 6 为 MSCNS 标准菌株 110830，仅可扩增出 16S rRNA 基因，*orfX*、*femA* 和 *mecA* 基因表现阴性。根据以上实验结果，本实验所用到的多重 PCR 技术，结合 *orfX* 基因片段的鉴定，不仅可以快速、灵敏地分辨 MRSA 菌株，同时对 MSSA、MRCNS、MSCNS 和非葡萄球菌属菌株均有鉴别作用。

运用多重 PCR 方法对 33 株临床金葡菌的部分扩增结果(图 2－5)显示，受试 33 株菌株均呈现 *femA* 基因阳性、16S rRNA 基因阳性、*orfX* 基因阳性和 *mecA* 基因阳性。根据美国临床和实验室标准协会的规定，以检测出 *mecA* 基因作为确定

MRSA 和 MRCNS 的标准，结合 *orfX* 基因扩增的结果，可以判断本实验所用的 33 株菌株均为 MRSA。

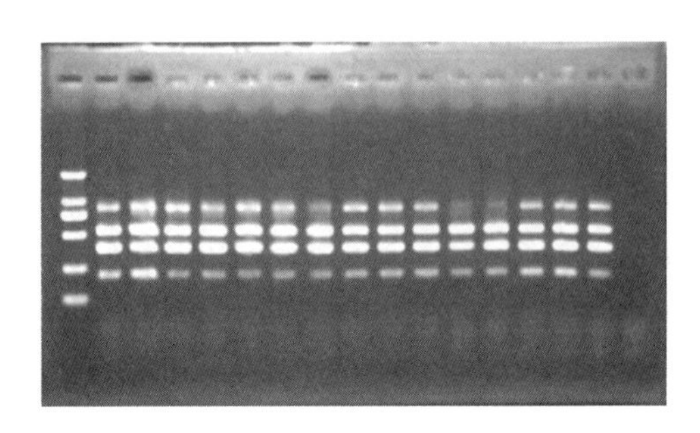

图 2－5　部分菌株的多重 PCR 扩增结果

3 葡萄球菌肠毒素

葡萄球菌的致病力主要取决于其产生毒素和侵袭性酶的能力。金黄色葡萄球菌可分泌20多种毒性蛋白质，产生的毒素主要有肠毒素、杀白细胞毒素、表皮剥脱毒素和中毒休克综合征毒素-1；侵袭性酶类主要有血浆凝固酶、脱氧核糖核酸酶、脂肪酶、磷酸酶、透明质酸酶、胶原酶和溶纤维蛋白酶等。金黄色葡萄球菌可引起化脓性感染、食物中毒，其释放的毒素可引起全身非特异性炎症反应和难以控制的败血症，严重者可致多器官功能障碍甚至死亡。金黄色葡萄球菌是医院感染的重要致病体，引起的感染在全球范围内具有较高的发病率和病死率。

3.1 葡萄球菌肠毒素的生物学性状

葡萄球菌肠毒素(SEs)主要是指在特定条件下由葡萄球菌所产生的一类结构相似、毒力相似而抗原性各不相同的胞外单链小分子蛋白质。SEs具有很高的热稳定性，此外还具有超抗原活性，属于超抗原蛋白，可以刺激非特异性T细胞增殖。

3.1.1 SEs的分型

经典的SEs可依据其抗原性和等电点的不同分为SEA、SEB、SEC(又可分为SEC1、SEC2和SEC3等3种亚型)、SED、SEE等5种类型[39]，其中尤以SEA型的毒力最强，是引起食物中毒的常见毒素。随着分子生物学等新型检测技术的发展和应用，一些新的肠毒素相关毒素相继被发现，如SEL-G、SEL-H、SEL-I、SEL-J、SEL-K等。SEs各型之间有着相似的结构和功能，SEs之间基因序列的相似性较高，部分毒素基因存在密切的连锁关系[209]，详细介绍见1.3.1节“葡萄球菌肠毒素”部分。

3.1.2 SEs的结构

SEs的相对分子质量相近，均属于小分子蛋白质，在26 000～30 000之间，由约230个氨基酸组成。SEs水解后能释放出18种氨基酸，以赖氨酸、天冬氨酸、谷氨酸、亮氨酸和酪氨酸为主。大多数SEs都含有约20个氨基酸的胱氨酸环，为2个半胱氨酸残基共价结合而成[210]。各亚型SEs肽链的氨基酸残基数目不相同，但所有SEs都有相同的基本结构，即含有二硫键和单肽链，不含有碳水化合物、脂肪和核酸。

3.1.3　SEs 的理化性质

SEs 易溶于水和盐溶液，等电点为 7.0～8.6，能抵抗肠胃中蛋白酶的水解作用，对热有一定的抵抗力。金黄色葡萄球菌的菌体细胞在 80℃下经 30min 即可被杀灭，而 SEs 可耐受 100℃高温煮沸 30 min 仍具有生物活性和免疫活性[43]，必须在 218～248℃下经 30min 才能使其毒性完全消失。

3.1.4　SEs 的超抗原作用

超抗原(superantigen，SAg)是指一类只需极低浓度即可激活大量 T 细胞活化并产生极强免疫应答反应的抗原因子，通常由细菌病毒、支原体产生。细菌毒素超抗原只需极低浓度(1～10 ng/mL)即可激发强烈的免疫应答，可激活的 T 淋巴细胞数量是普通抗原的 10^3～10^5 倍。SEs 可直接与抗原递呈细胞的 MHC 及 T 细胞受体结合，促使 T 淋巴细胞增殖并产生强烈的细胞毒性作用，释放高水平的细胞因子，对肿瘤细胞具有强大的杀伤作用[211]。此外，SEs 可通过特异性的抗原决定簇与肿瘤细胞结合并使其凋亡，从而发挥直接或间接的抗肿瘤作用，有关 SEs 抗肿瘤作用的机制研究，以及重组超抗原 SEs 基因的克隆和表达载体的构建研究，是目前临床微生物学研究的重点。

SEs 导致食物中毒和刺激 T 细胞增殖的超抗原特性是由 SEs 蛋白质的不同结构区域所控制，它们之间存在很大的相关性，超抗原活性的损失往往会伴随肠毒素活性的降低。

3.1.5　影响 SEs 产生的因素

SEs 的产生与环境的水活度、酸碱度和温度密切相关。SEA 的适应范围较广，一般在 pH >4.5，最低水活度(a_w)大于 0.86，这也是 SEA 最多引起食物中毒的原因。SEB 和 SEC 的 pH 适应范围较窄，均为 pH 中性。SEB 的产生主要取决于水活度，在适宜温度下，SEB 的 a_w >0.96。在温度低于 8℃、pH <4.0、a_w <0.80、厌氧等条件下，可以有效地抑制金黄色葡萄球菌的生长繁殖，同时阻止 SEs 的产生；一般而言，温度在 37℃左右、pH 在 7.4 左右、a_w >0.85 的条件下，在氧气和二氧化碳充足的环境中金黄色葡萄球菌生长迅速，能产生大量 SEs。

3.1.6　金黄色葡萄球菌与 SEs 的关系

不同金黄色葡萄球菌产生的 SEs 种类有很大差异，一株金黄色葡萄球菌能产生一种或两种以上类型的 SEs，但在产混合型 SEs 菌株中常以产某一亚型的 SEs 为主。此外，有研究者在分析金黄色葡萄球菌的耐药性时发现该菌的耐药性也与 SEs 的产生有关联，近 100% 耐甲氧西林金黄色葡萄球菌(MRSA)产生 SEs，而仅约 30% 甲氧西林敏感金黄色葡萄球菌(MSSA)产生 SEs。[212]

3.2 SEs的病理学特性

3.2.1 SEs的致病性

SEs是引起人类食物中毒和葡萄球菌胃肠炎的主要原因。在由SEs引起的食物中毒中，有75%以上是由SEA引起的，其次依次是SED、SEC和SEB，各种类型的肠毒素均能引起食物中毒。SEs引起食物中毒的特征是潜伏期短，通常在进食后2～6 h发作，伴随有恶心、呕吐、腹痛以及腹泻等症状。近年来还发现SEs能引起或参与引发其他一些疾病，如肠炎、败血症、皮肤感染、自身免疫疾病或某些疾病的中毒休克等。

SEs导致食物中毒症状的机制尚未完全清晰，Kortzin和Kalland等人[213,214]认为SEs并不直接作用于胃肠道的细胞，而主要是通过T细胞，其次是巨噬细胞、单核细胞、肥大细胞等产生的细胞因子和代谢产物的间接作用而导致呕吐和腹泻，细胞因子大量释放时甚至可引起发热、体重减轻和渗透性失衡以至死亡。此外，SEs的超抗原作用刺激T细胞增殖，导致宿主在感染初期免疫球蛋白M(immunoglobulin M，IgM)的合成受到抑制，加以单核巨噬细胞的消除功能障碍，细菌大量生长繁殖，产生内毒素，使宿主发生内毒素休克及心、肝坏死的概率增加。另外的原因还可能是SEs随食物进入胃肠道，毒素与肠道神经细胞受体结合，并被吸收入血液后到达中枢神经系统刺激呕吐中枢，导致以呕吐为主的食物中毒。

SEs在由金黄色葡萄球菌引起的化脓性感染中也起重要作用。李红云等[215]在进行烫伤脓毒血症大鼠急性肺损伤研究时发现，SEB的单克隆抗体能够对烧伤合并葡萄球菌感染的肺损伤起到明显的保护作用，同时SEB能促使产生的炎症细胞因子显著增多，致使炎症细胞浸润，组织坏死，尤其是肺组织中的中性粒细胞聚集更加明显；肾脏有储蓄和排泄肠毒素的功能，所以毒素对肾脏的损伤也较明显，进而可产生对其他各器官组织的损伤作用，最后发展到多个器官功能障碍，危及患者生命。

目前川崎病的病因未明，有研究[216]认为其发病与免疫系统激活有密切关系：由于T细胞、巨噬细胞活化以及细胞因子的释放导致以心血管损伤为中心多种抗原刺激后的变态反应、内皮细胞游走与血管壁损伤，最终导致以冠状动脉瘤以及内腔狭窄为表现的川崎病动脉炎。SEs作为超抗原能够激活大量淋巴细胞继而产生大量的细胞因子，使免疫球蛋白合成增加，产生自身抗体，同时可诱导黏附分子在血管内皮细胞上的表达，导致内皮细胞的损伤及游走，这些因素是启动川崎病动脉炎发生的重要原因。

3.2.2　SEs 中毒的临床表现

SEs 在进入人体消化系统后被吸收进入血液，通过刺激中枢神经系统可引起剧烈的中毒反应。一般潜伏期较短，为 1～5 h，部分超过 6 h，最短的仅 15 min，最长不超过 8 h。其临床特点表现为起病急剧，先出现恶心，后反复呕吐，严重者可呕吐 10～20 次/天，吐出物初为食物，以后为水样物，严重者可吐胆汁或含血黏液；同时伴有上腹不适、疼痛、头晕、腹泻、发冷等症状，腹泻则一般较轻，多为水样泻，吐泻症状多于数小时内缓解，1～2 d 内即能恢复，大多预后良好，少数重症病人由于剧吐和频泻可致脱水和肌痉挛，甚至循环衰竭；体温一般正常或低热。各年龄组均可得病，病愈后不产生明显的免疫力，儿童对肠毒素较成人敏感，因此儿童发病率较高，病情亦较成人严重。总的来说，SEs 引起的食物中毒病程较短，预后良好，一般不导致死亡。

3.2.3　SEs 的预防、诊断与治疗

由于金黄色葡萄球菌引起食物中毒主要是通过产生 SEs 引起的，因此预防手段主要集中于防止细菌污染和阻碍肠毒素形成这两个方面，即防止带菌人群对食品的污染和葡萄球菌对食品原料的污染，防止带有肠毒素菌株的蔓延。金黄色葡萄球菌引起的食物中毒潜伏期较短，症状急剧，常呈现集体性爆发，短时间出现多人同时发病及相似的临床表现，但人和人之间一般不直接传染。据此，在诊断方面，只要根据进食的可疑污染食物，同餐者在 6 h 内陆续出现症状，如剧吐、腹痛和水样泻等，应考虑金黄色葡萄球菌引起食物中毒的可能，并取可疑食物及病人的吐泻物等进行细菌培养，然后采用如凝固酶（阳性即为金黄色葡萄球菌）等进行鉴定。在治疗方面，对金黄色葡萄球菌食物中毒的治疗与沙门氏菌引起的胃肠炎型类似，一般情况下不使用抗生素，通过调理饮食、适量输液、纠正脱水和循环衰竭等使病人逐渐康复；对于症状较严重的病人，可选用对葡萄球菌敏感的耐酶青霉素或红霉素、头孢噻肟钠等药物。

3.3　SEs 的应用

高聚金葡素（highly agglutinative staphylococcin，HAS）是从金黄色葡萄球菌代谢产物中提取的活性物质，其主要成分为 SEC，是一种活性极强的超抗原生物制剂[217]。HAS 具有广泛的生物活性，可直接激活 T 淋巴细胞，使 T 细胞分泌多种细胞因子，如肿瘤坏死因子（TNF）、干扰素（IFN）、白细胞介素 -2（Interleukin-2，IL-2）等，直接或间接杀伤肿瘤细胞，抑制肿瘤细胞生长。HAS 还可增强巨噬细胞

的吞噬能力、增强自然杀伤(natural killer, NK)细胞及淋巴因子激活的杀伤(lymphokine activated killer, LAK)细胞的生物学活性、增强淋巴细胞的转化率，激发机体对肿瘤的特异性免疫和非特异性免疫，发挥抗肿瘤作用[218,219]。另外，HAS还具有保护骨髓造血功能的作用，可修复损伤的组织细胞，对抗放疗、化疗的不良反应，升高白细胞及对抗恶液质的作用。

SEs进入肠胃后的具体致病机理等还需进一步的研究。但是SEs作为一种超抗原，已发现其对各种癌症的治疗有着积极的作用，关于SEs的药物仍有待更多的临床验证和开发。

3.4 SEs的检测

按检测原理的不同，SEs的检测方法可分为四大类：动物实验法、免疫血清学方法、仪器检测法和核酸扩增法。

3.4.1 动物实验法

该法是较早被采用的SEs检测方法。该方法通常选用幼猫和幼猴作为研究对象，通过腹腔注射或喂食含有SEs的菌株培养液，再观察动物出现的各种异常的生理反应如呕吐、腹泻等现象来判断SEs的存在。

3.4.2 免疫血清学方法

随着各型SEs的纯化和相应抗血清的制备技术的发展，在食品卫生检验中已逐渐采用血清学技术检测SEs，其原理是以肠毒素为抗原，制备相应特异性抗体，通过发生抗原抗体结合性反应产生可见沉淀进行判断，具体又有免疫琼脂扩散法、反向间接血凝实验法(RPHA)、反向被动乳胶凝集实验法(PRLA)、放射免疫测定法(RIA)、酶联免疫吸附法(ELISA)和酶联免疫化学发光检测法(CLIA)等。

3.4.3 微生物仪器检测法

如VIDAS检测系统，采用荧光酶标免疫分析法(ELFIA)的检测原理：把已知抗体吸附于固相载体，加入待测样本，样本中的抗原与固相载体上的抗体结合，然后酶标抗体再与样本中的抗原结合。加入酶反应的底物，底物会被酶催化为带荧光的产物，该产物的量与标本中受检物质的量直接相关，然后根据荧光强度进行定性或定量分析。VIDAS检测系统由电脑控制所有样品的洗涤、结合、基质读数及报告说明，可自动完成全部分析过程，具有灵敏度高、特异性强、操作简单方便等优点，并且不需要纯培养被检细菌，只要存在于增菌培养基中即可检出。该方法的缺点是在有些情况下会产生非特异性结合而造成假阳性的结果。

近年，随着生物传感科学的出现和发展，以生物传感技术为基础的各类生物检测系统亦逐渐被应用于生物毒素检测领域。生物传感技术将待测底物在特定的酶或细胞存在下转化为产物，产物与底物浓度成正比，这一变化可用电化学准确测定。生物传感器利用生物活性物质的专一识别功能和生物反应信号的放大化，在检测上具有很高的特异性和灵敏度性，且分析速度快、检样微量、生物功能膜可反复多次使用，应用前景广泛。目前，用于毒素检测的生物传感器主要有压电晶体免疫传感器、电化学免疫传感器、光学生物传感器等。

3.4.4 核酸扩增方法

PCR 技术可在基因水平高敏感性、特异性和高通量检测样品，可直接应用于检测各类金葡菌的产毒基因，包括肠毒素。1991 年，Johnson[220]等最先设计了八对寡核苷酸引物，分别用于检测从临床标本和食品标本中分离出的产 A ~ E 亚型肠毒素。Schmitz[221]用多重 PCR 方法同时测定 SEB、SEC 亚型和毒性休克综合征毒素(TSST)等多种基因，在 4 h 内即可完成。与传统培养方法或免疫学方法比较，PCR 技术具有敏感性高、特异性强、重复性好、可自动化操作等优点，可快速、及时、准确提供病原学诊断的依据，弥补传统食品检测方法的缺点和不足。但其结果易受到食品基质、培养基成分或死亡的金葡菌残留 DNA 的干扰，造成假阳性结果；残留食物成分也会抑制 PCR 反应的顺利进行，出现假阴性可能。

1995 年出现的以标记特异性荧光探针为特点的荧光定量 PCR 技术[222,223]，在一定程度上能克服传统 PCR 的不足和缺点。其优点包括：①实行完全闭管式操作，大大减少扩增产物交叉污染的风险；②荧光标记的探针能进一步提高检测的特异性，有效消除非特异性扩增；③计算机自动分析，在对扩增产物进行精确定量的同时还能提高检测的灵敏度；④高通量与自动化，使其操作简便、节省时间，能处理大样本量的筛查，如新型的 384 孔板，能在 30 ~ 60 min 内检测上百个样品。Fischer 等利用荧光定量 PCR 技术开发针对肠毒素 A、B 亚型的检测技术，其检出限达 0.6 ~ 6pg(4 ~ 40amol/μL)，与传统 PCR 比较具有更高的灵敏度与特异性[224]。荧光定量 PCR 的缺点主要是仪器与试剂较为昂贵，对实验室与人员的操作能力有一定要求等，这限制了其大规模的应用。

笔者对 282 株耐甲氧西林金黄色葡萄球菌(MRSA)进行了致毒因子基因的检测，使用多重 PCR 快速检测 *sea* 和 *seb*、*sed* 和 *see* 基因，常规 PCR 检测 *sec* 基因。实验方法具体见 2.3 节“PCR 方法扩增葡萄球菌相关基因”部分。各致毒因子基因序列见表 3 - 1，扩增反应体系详见表 3 - 2。

表 3－1　实验中 PCR 反应的引物

引物	序列(5′—3′)	靶点	T_m/℃	扩增产物大小/bp
SEA-L	GCAGGGAACAGCTTTAGGC	*sea*	57	520
SEA-R	GTTCTGTAGAAGTATGAAACACG			
SEB-L	GTATGGTGGTGTAACTGAGC	*seb*		164
SEB-R	CCAAATAGTGACGAGTTAGG			
SEC-L	CTTGTATGTATGGAGGAATAACAA	*sec*		283
SEC-R	TGCAGGCATCATATCATACCA			
SED-L	GAAAGTGAGCAAGTTGGATAGATTGCGGCTAG	*sed*	60	830
SED-R	CCGCGCTGTATTTTTCCTCCGAGAG			
SEE-L	TGCCCTAACGTTGACAACAAGTCCA	*see*		532
SEE-R	TCCGTGTAAATAATGCCTTGCCTGAA			

表 3－2　PCR 反应体系

组　分	添加体积/μL		
	sea 和 *seb*	*sec*	*sed* 和 *see*
2 × PCR Mix	12. 5	12. 5	12. 5
引物工作液 SEA-R、SEA-L	1	—	—
引物工作液 SEB-R、SEB-L	1	—	—
引物工作液 SEC-R、SEC-L	—	1	—
引物工作液 SED-R、SED-L	—	—	1
引物工作液 SEE-R、SEE-L	—	—	1
DNA 模板	1	1	1
加无菌水至终体积为	25	25	25

将反应体系置 PCR 仪中反应，扩增 *sea*、*seb*、*sec* 的程序如下：先 94℃ 预变性 5min，然后 94℃ 变性 30 s、T_m 温度下退火 30 s、72℃ 延伸 1. 5 min 进行 30 个循环，最后 72℃ 延伸 7 min。扩增 *sed* 和 *see* 的程序如下：先 5℃ 预变性 15 min，然后 95℃ 变性 1 min、T_m 温度下退火 1. 3 min、72℃ 延伸 1 min 进行 32 个循环，最后 72℃ 延伸 7 min。使用质量浓度为 1. 5% 的琼脂糖凝胶电泳，并在凝胶成像系统观察结果，扩增产物保存在 4℃ 下。

电泳图像数据结果显示(如图 3－1、图 3－2、图 3－3 所示)：在 282 株 MRSA 中，253 株携带 *sea* 肠毒素基因片段，携带率为 89. 7%；携带 *seb* 肠毒素基因片段的较少，共有 52 株，携带率为 18. 4%；69 株携带 *sec* 肠毒素基因片段，携带率为 24. 5%；仅 10 株携带 *sed* 肠毒素基因片段，携带率为 3. 5%；130 株携带 *see* 肠毒素基因片段，携带率为 46. 1%。

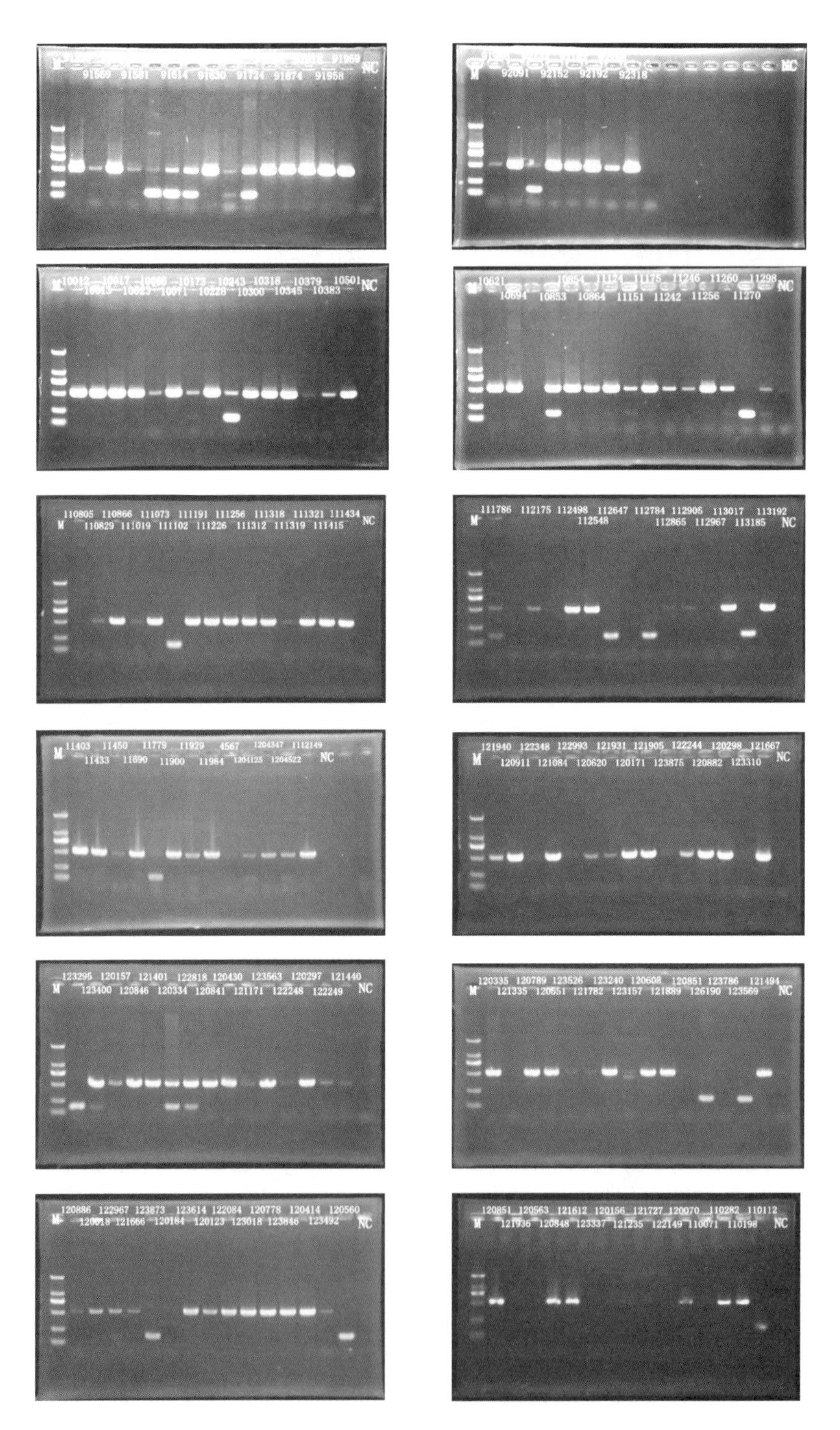

图 3－1　*sea* 和 *seb* 检测结果

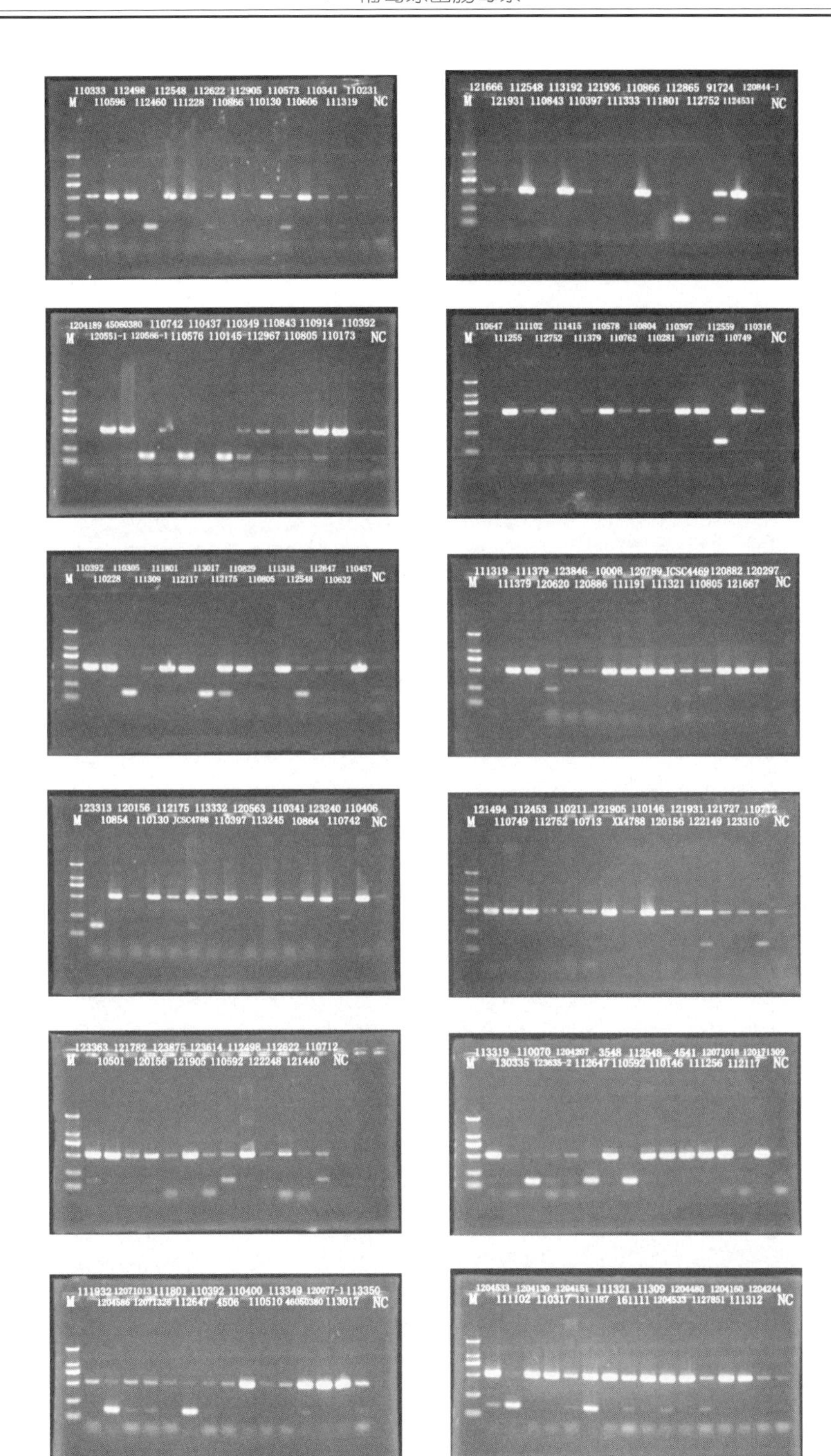
110333 112498 112548 112622 112905 110573 110341 110231
M 110596 112460 111228 110866 110130 110606 111319 NC
121666 112548 113192 121936 110866 112865 91724 120844-1
M 121931 110843 110397 111333 111801 112752 1124531 NC
1204189 45060380 110742 110437 110349 110843 110914 110392
M 120551-1 120586-1 110576 110145 112967 110805 110173 NC
110647 111102 111415 110578 110804 110397 112559 110316
M 111255 112752 111379 110762 110281 110712 110749 NC
110392 110305 111801 113017 110829 111318 112647 110457
M 110228 111309 112117 112175 110805 112548 110632 NC
111319 111379 123846 10008 120789 JCSC4469 120882 120297
M 111379 120620 120886 111191 111321 110805 121667 NC
123313 120156 112175 113332 120563 110341 123240 110406
M 10854 110130 JCSC4788 110397 113245 10864 110742 NC
121494 112453 110211 121905 110146 121931 121727 110712
M 110749 112752 10713 XX4788 120156 122149 123310 NC
123363 121782 123875 123614 112498 112622 110712
M 10501 120156 121905 110592 122248 121440 NC
113319 110070 1204207 3548 112548 4541 12071018 120171309
M 130335 123635-2 112647 110592 110146 111256 112117 NC
111932 12071013 111801 110392 110400 113349 120077-1 113350
M 1204586 12071326 112647 4506 110510 46050380 113017 NC
1204533 1204130 1204151 111321 11309 1204480 1204160 1204244
M 111102 110317 1111187 161111 1204533 1127851 111312 NC

续图 3－1

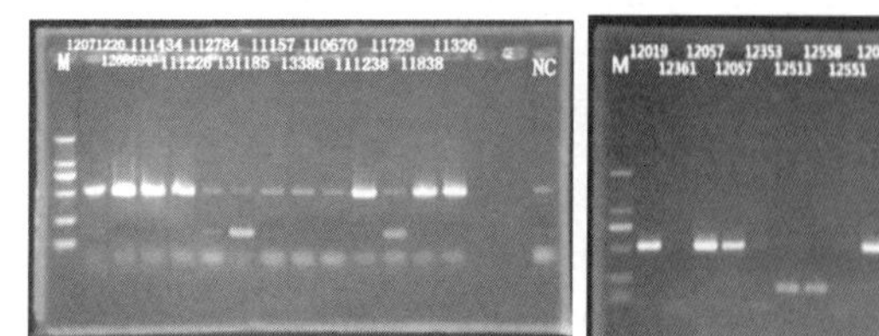
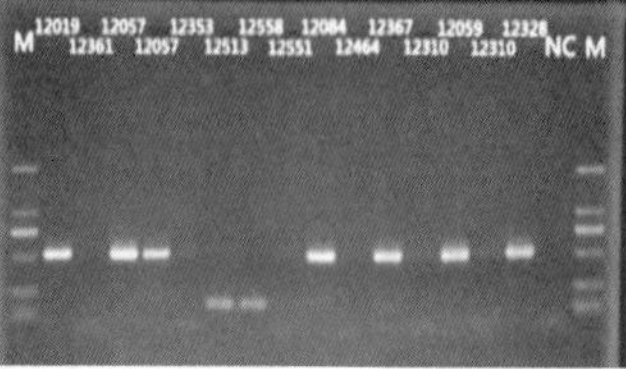
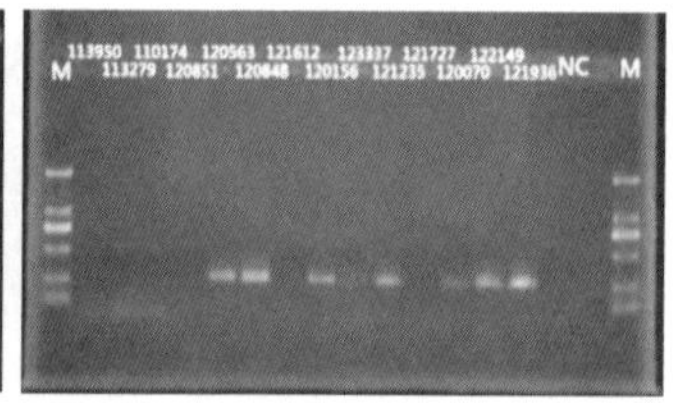

续图 3－1

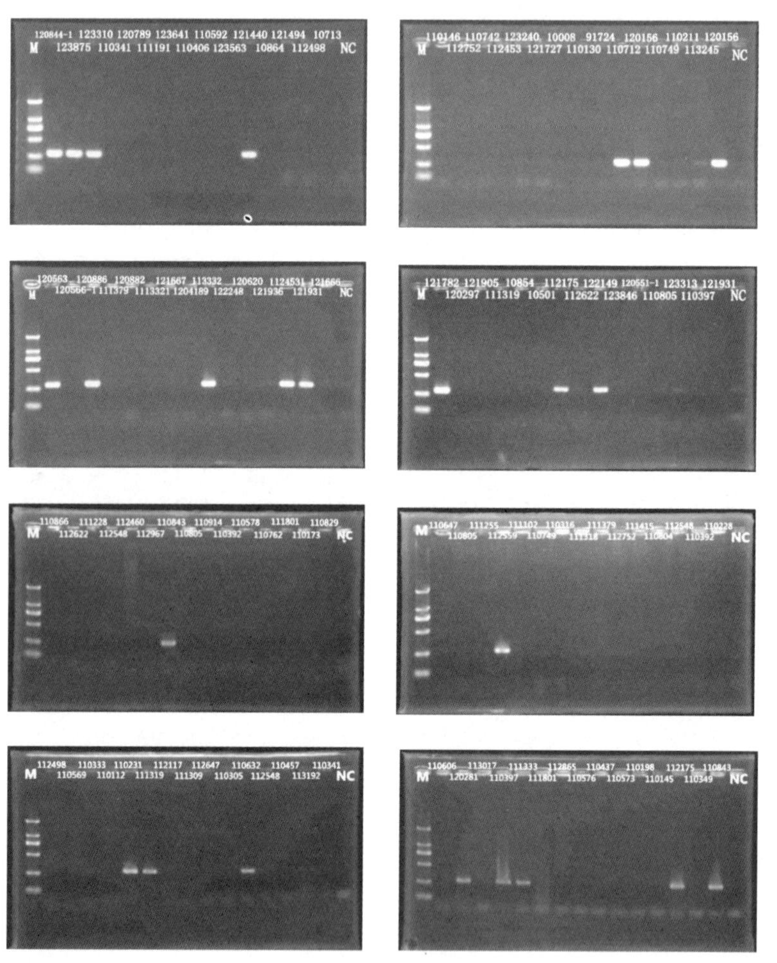

图 3－2　*sec* 检测结果

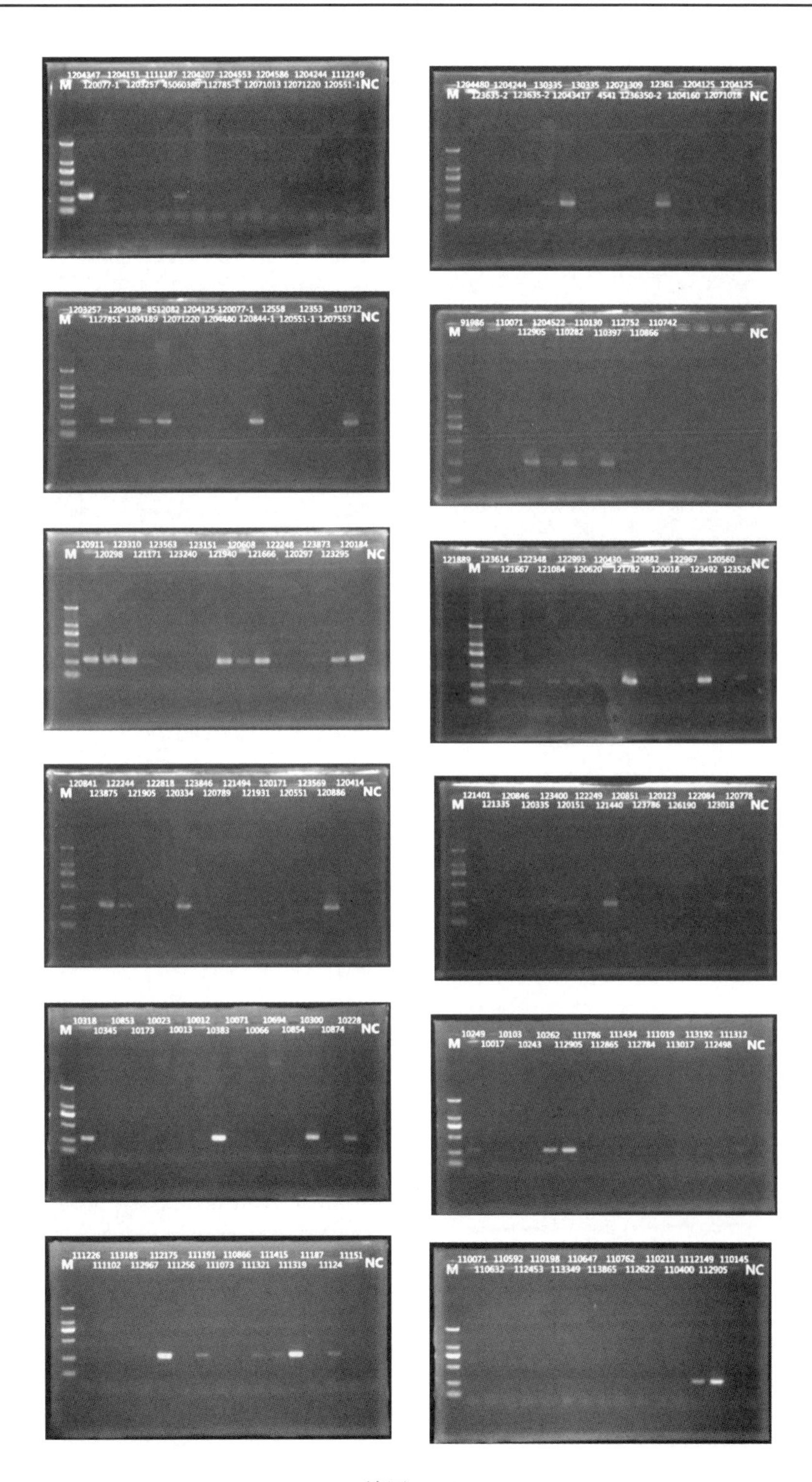

续图 3－2

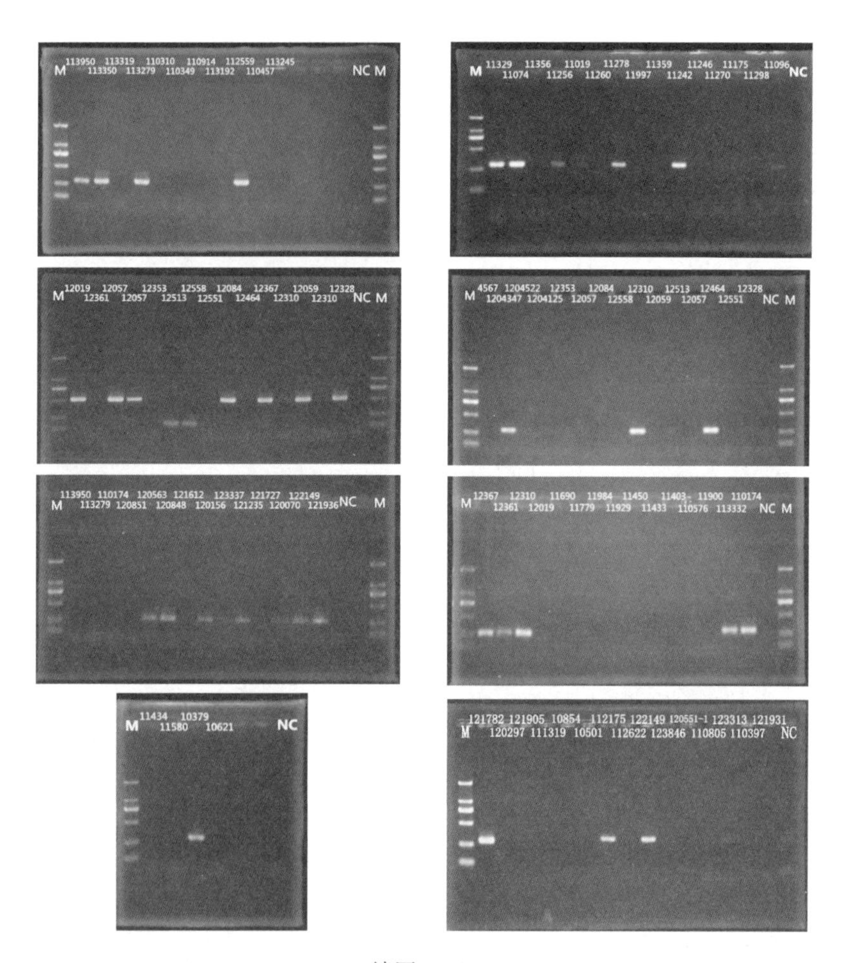

续图 3－2

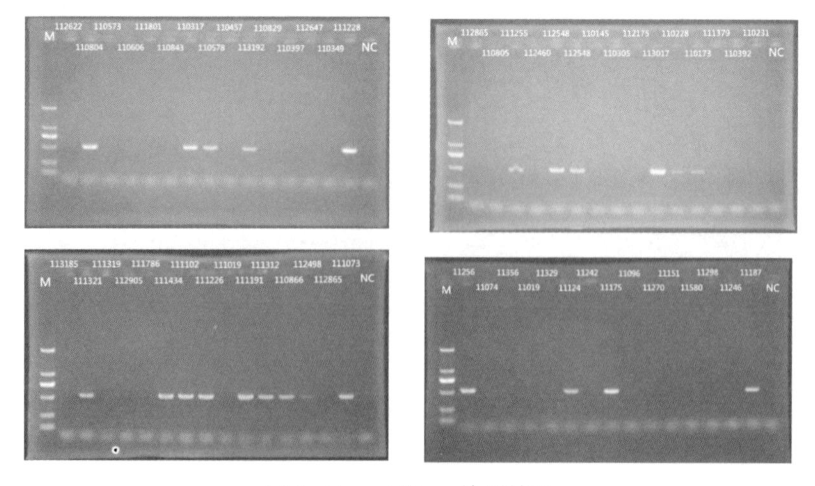

图 3－3　*sed* 和 *see* 检测结果

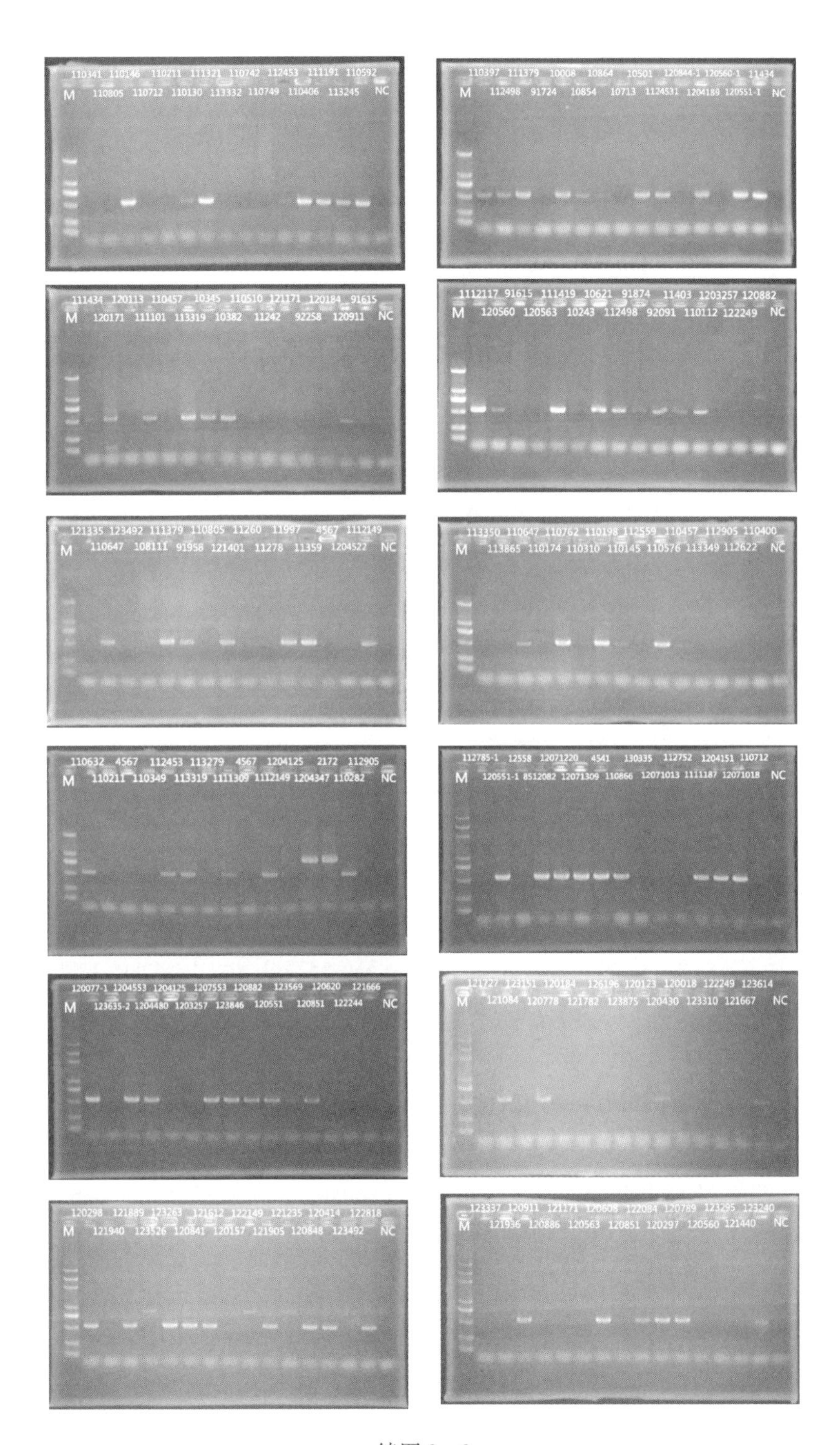

续图 3 - 3

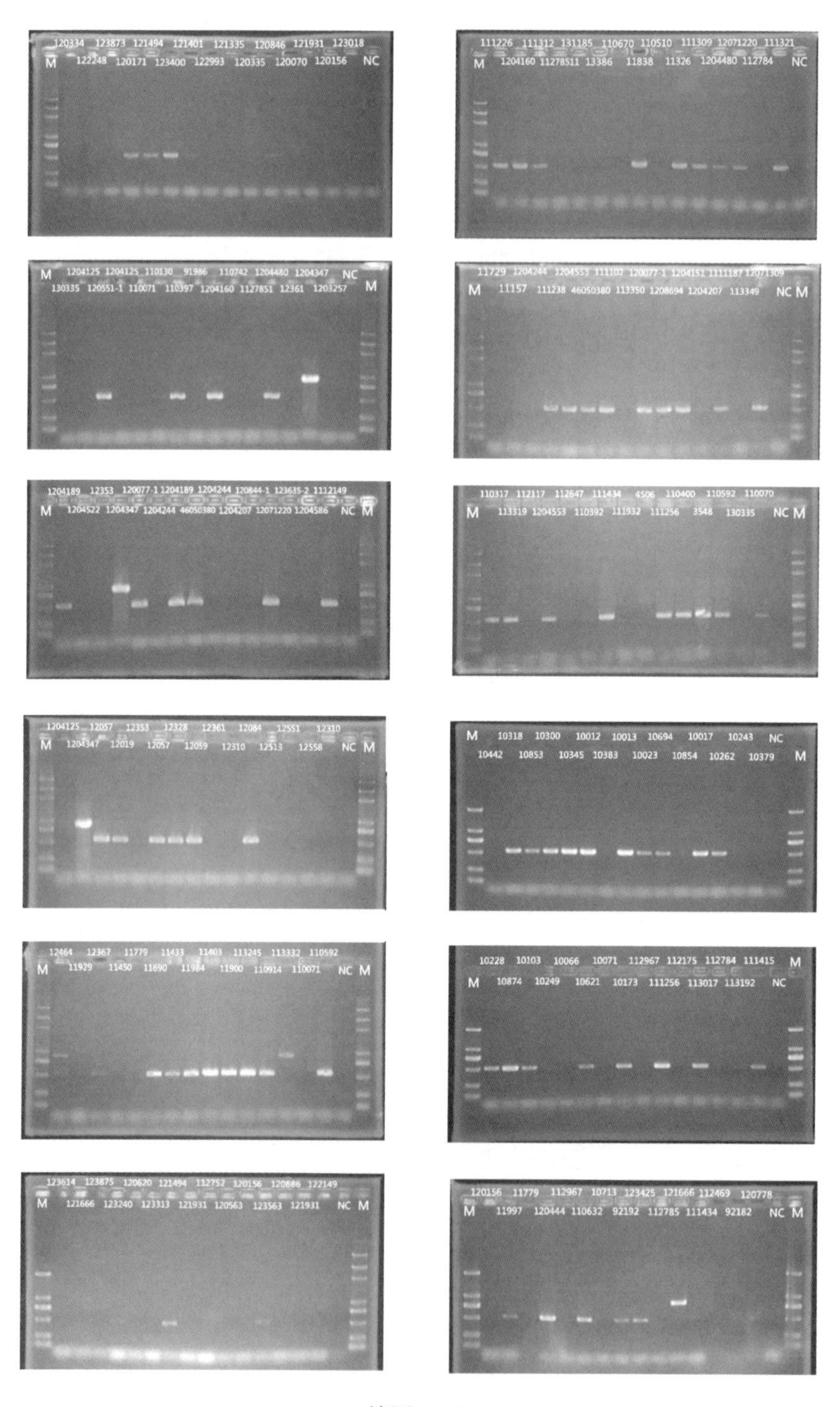

续图 3 - 3

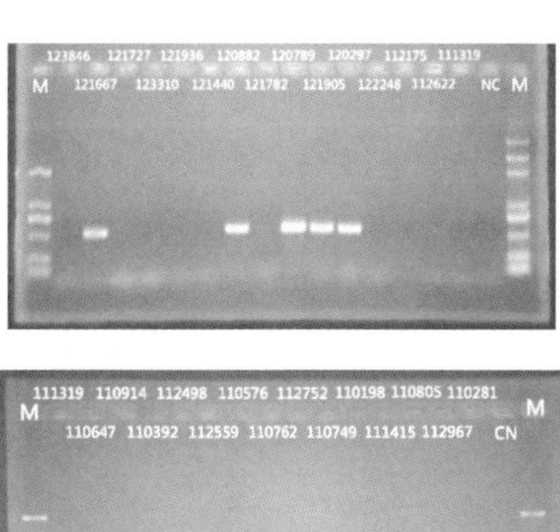

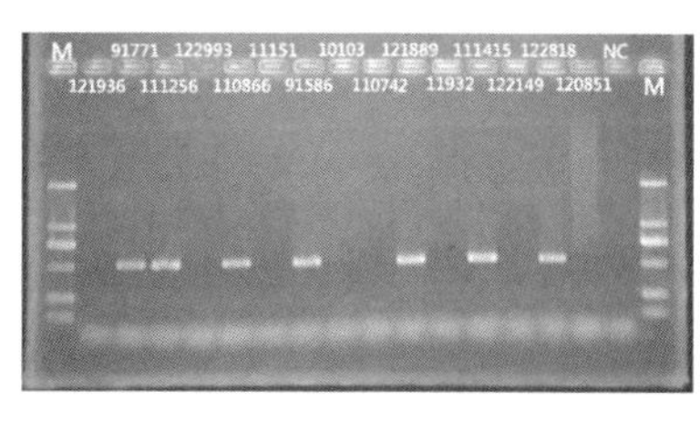

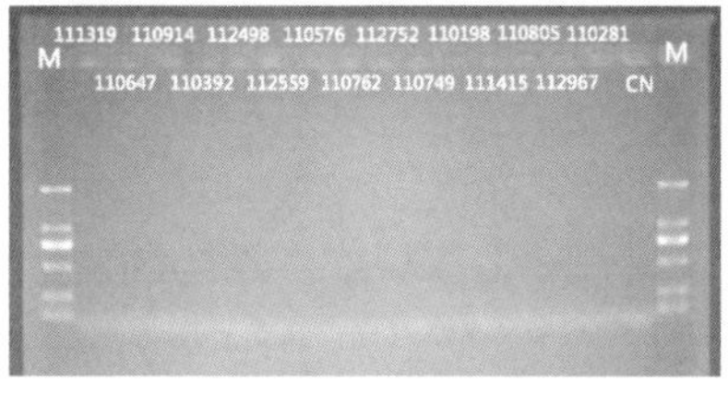

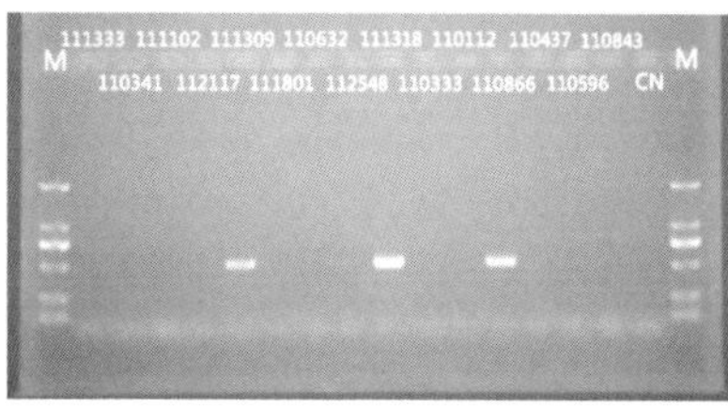

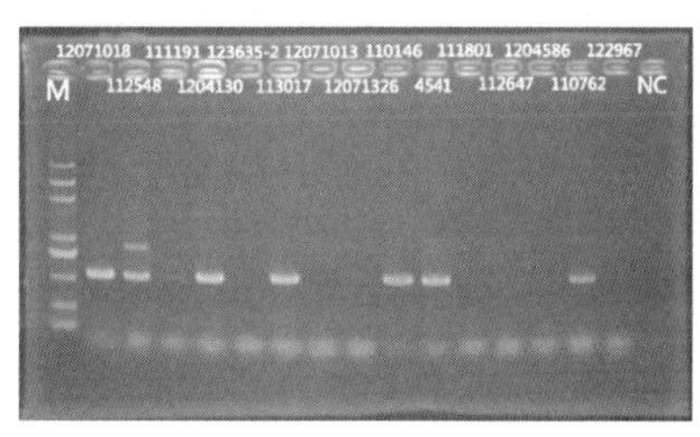

续图 3 - 3

彭雁等[225]研究显示，在污染食品及食物中毒的金葡菌分离株肠毒素基因中，以 *sea* 的检出率最高，其中食品分离株和食物中毒分离株检出率分别为 25% 和 76.19%。本实验所用菌株 *sea* 的分离率最高，达到 89.7%；其次为 *see*，分离率为 46.1%。考虑到均取自医院内，该结果较为合理，也与相关研究报道相一致[225~226]。另外，从本地医院内分离的食源性金葡菌分离株 *seb* 与 *sec* 基因片段的分离率远低于 *sea* 和 *see* 片段，说明分离株主要携带 *sea* 片段和 *see* 片段，因而推测华南地区污染食品的金葡菌中，以含 *sea* 及 *see* 的金葡菌为主。

4 葡萄球菌的耐药性研究

食品安全研究的对象是食品中的有毒有害物质，但传统上这种有毒物质被狭义理解为能引起急性中毒症状的食源性疾病，如食物中毒、肠道传染病和寄生虫病等，而抗生素滥用引起的长期与慢性危害则被忽视。超时、超量、不对症和未严格规范使用抗生素等现象的泛滥，使我国成为全球抗生素滥用最严重的国家之一。我国每年人均消费抗生素量在138克左右，是美国的10倍，在全球位于第一；每年有6000吨抗生素用于饲料添加剂，占全球抗生素饲料添加剂使用量的50%。畜牧业中抗生素的滥用成为严重的动物性食品安全问题而日益受到关注和重视，其后果是细菌耐药性的出现和泛滥。作为潜在“超级细菌”之一的葡萄球菌，对其耐药性的发展和监控日益受到关注。随着耐药葡萄球菌被大量地在畜牧业及食品中发现，葡萄球菌不但对食品本身，同时对所有从事食品加工和处理的人员，也是一个潜在的危险因素[29～32]；畜牧业中大量耐药性葡萄球菌的发现，成为近年来社区来源葡萄球菌分离率不断增高的可能原因之一。因此，葡萄球菌的耐药性及其传播和侵袭机制，不应局限于传统的临床医学学科，而应扩展为重要的食品安全问题。

笔者通过对2001—2015年间分离于我国华南地区的葡萄球菌的耐药表型与基因组岛SCC*mec*开展相关研究，以揭示该地区流行性葡萄球菌的耐药性与分子机制。

4.1 葡萄球菌的耐药表型

随着一种半合成青霉素——甲氧西林在1960年被首次应用于临床以来，仅仅一年后，1961年在英国就报道了首例耐甲氧西林金黄色葡萄球菌(MRSA)[227～228]。自1958年万古霉素问世，其作为治疗MRSA最常用抗生素被广泛使用。1996年，日本报告了第一例对万古霉素敏感性下降的金黄色葡萄球菌，即万古霉素中介耐药金黄色葡萄球菌(vancomycin-intermediate *Staphylococcus aureus*, VISA)[229]；1997年美国分离了两例VISA(最低抑菌浓度MIC = 8μg/mL)[230～233]，同期，在欧洲与亚洲多个国家均有相继报道[234,235]，引起了医学界的广泛关注。2002年夏天，美国密歇根州一妇女在截肢手术后感染耐万古霉素金黄色葡萄球菌(VRSA)，为世界上首次报道[236]；随后在宾夕法尼亚州(2002年)与纽约州(2004年)又相继报道了2例VRSA感染，均引起了世界医学界的高度重视[237,238]。糖肽类抗生素万古霉素一直以来被认为是治疗MRSA和MRCNS的最后一道防线，随着其耐药性的出现，科学家越发担忧MRSA和MRCNS将成为无药可治的“超级细菌”。

4.1.1 葡萄球菌的来源分布及耐药率趋势

笔者对2001—2015年间从我国华南地区分离的1737株金葡菌和673株凝固酶阴性葡萄球菌的耐药表型进行分析，其中金葡菌的来源分布及组成见表4－1。首先对受试菌株进行鉴定，确定其葡萄球菌所属菌种。菌种鉴定后进行药敏试验，其操作参考美国CLSI所制订的标准。CLSI为美国国家标准协会最早认定的标准制定机构，其制定的微生物临床检验标准及操作规范被视为相关检验领域的“金标准”，自1998年起卫生部将CLSI制定的药敏标准确定为我国的部颁标准。本研究中药敏试验折点参考CLSI的标准[239]，所测试的抗生素种类包括青霉素、苯唑西林、氨苄西林、替考拉宁、万古霉素、庆大霉素、红霉素、四环素、环丙沙星、左旋氧氟沙星、莫西沙星、呋喃妥因、克林霉素、复方新诺明、利奈唑胺、米诺环素、磷霉素和氯霉素。其中，对分离于2001—2010年期间的葡萄球菌采用纸片扩散法进行药敏试验，纸片扩散法采用的培养基为Mueller-Hinton琼脂(MHA)培养基(牛肉粉6.0 g/L，可溶性淀粉1.5 g/L，酸水解酪蛋白17.5 g/L，琼脂17.0 g/L，pH＝7.3±0.1，25℃)，对于直径150 mm平板最大放置12张纸片，直径100 mm平板则放置5张纸片。培养16～18 h后测量抑菌环直径(用肉眼判读)，包括纸片直径。肉眼观察无明显生长的区域作为抑菌圈边缘，在抑菌圈边缘借助放大镜才能观察到的微小菌落生长则可忽略不计。质控菌株为金葡菌ATCC25923。而对分离于2011—2015年期间的葡萄球菌则采用最低抑菌浓度法进行药敏试验，采用Vitek全自动细菌鉴定及药敏分析系统(Vitek AMS, bioMerieux Vitek Systems Inc.，Hazelwood，MO)。质控菌株为金葡菌ATCC29213。药敏试验后，所有数据通过数据库WHONET 5.6进行收集与分析。不同时间段的耐药率显著性分析采用SPSS 20.0的卡方检验(chi-square test，χ^2检验)，采用$q<0.01$为显著性差异。2001—2015年临床葡萄球菌的耐药率变化趋势见表4－2。

表4－1 2001—2015年金葡菌的来源分布及组成

		数量/株	比例	MRSA	MSSA
科室	内科	493	28.4%	75.1%	24.9%
	ICU	210	12.1%	71.4%	28.6%
	外科	191	11.0%	43.5%	56.5%
	儿科	182	10.5%	25.3%	74.7%
	骨科/整形科	125	7.2%	44.0%	56.0%
	神经内科	78	4.5%	74.4%	25.6%
	妇产科	21	1.2%	0	100.0%
	其他	437	25.2%	48.7%	51.3%

续表 4－1

		数量/株	比例	MRSA	MSSA
样本来源	痰	783	45.1%	78.2%	21.8%
	伤口	148	8.5%	39.2%	60.8%
	脓	143	8.2%	32.2%	67.8%
	血	142	8.2%	50.0%	50.0%
	尿道	67	3.9%	29.9%	70.1%
	呼吸道	47	2.7%	19.1%	80.9%
	其他	407	23.4%	39.1%	60.9%
年龄	婴儿	96	5.5%	17.7%	82.3%
	中青年	1120	64.5%	52.0%	48.0%
	老年	521	30.0%	72.2%	27.8%
总数		1737	100%	56.1%	43.9%

注：婴儿指 0～3 岁；中青年指 4～59 岁；老年指 60 及 60 岁以上。

表 4－2　2001—2015 年临床葡萄球菌的耐药（包括中介）率变化趋势

	金葡菌				凝固酶阴性葡萄球菌			
	P1 (N=243)	P2 (N=511)	P3 (N=983)		P1 (N=168)	P2 (N=268)	P3 (N=237)	
青霉素	95.2%	95.8%	92.8%		88.6%	93.0%	96.5%	a
苯唑西林	54.4%	71.9%	70.1%	ca	66.8%	77.7%	81.1%	a
氨苄西林	85.7%	100.0%	95.2%	cba	NT	NT	NT	
替考拉宁	NT	3.0%	1.2%		0	1.0%	0.6%	
万古霉素	0	0	0.4%		0	0	2.1%	
庆大霉素	43.1%	55.8%	38.1%	cb	42.8%	48.4%	57.4%	a
高浓度庆大霉素	30.8%	49.1%	NT	c	30.2%	31.0%	NT	
红霉素	79.5%	78.1%	62.7%	ba	82.6%	82.5%	82.9%	
四环素	57.2%	61.3%	47.5%	ba	56.6%	54.5%	NT	
环丙沙星	57.6%	69.2%	44.0%	cba	58.2%	65.0%	69.5%	
左旋氧氟沙星	39.4%	66.7%	34.7%	cb	40.5%	58.4%	NT	c
莫西沙星	NT	NT	34.9%		NT	NT	NT	
呋喃妥因	NT	NT	0.6%		0	0	NT	
克林霉素	48.4%	69.9%	44.1%	cb	63.8%	62.7%	57.8%	
复方新诺明	41.0%	31.5%	12.1%	ba	64.0%	41.2%	31.7%	ca
利奈唑胺	NT	NT	0.1%		NT	0	1.4%	
米诺环素	NT	16.6%	11.7%	b	NT	14.6%	14.3%	
磷霉素	NT	27.5%	45.1%	b	NT	20.9%	47.7%	b
氯霉素	30.4%	20.5%	10.7%	cba	39.2%	28.2%	21.1%	a

注：①NT：not tested（未测试）。
②P1：2001—2004 年；P2：2006—2010 年；P3：2011—2015 年。
③a：P1 和 P3 之间有显著性差异；b：P2 和 P3 之间有显著性差异；c：P1 和 P2 之间有显著性差异。

由金葡菌来源分析可知，1737 株分离的临床金葡菌中，28.4% 来自内科病房，菌株样本则主要来自痰液(45.1%)，感染人群主要为中青年(64.5%)。金葡菌中 56.1% 为 MRSA，与美国报道的分离率相似(55.9%)[240]，但比拉丁美洲(40.0%)高[241]。MRSA 在中国的分布也有巨大差异，在中国东部其最高分离率高达 76.9%，西南部为 52.3%，其他地区约为 60%。在上海、北京、广州等特大城市，MRSA 的检出率相对较高[242,243]。本研究中，该菌株主要分布科室有内科(75.1%)、ICU(71.4%)和神经内科(74.4%)，而菌株样本来源则主要为痰液(78.2%)，感染人群主要为老年人(72.2%)。

20 世纪 80 年代之前，金葡菌感染主要来自手术后，而现在，感染多来自免疫力低下[244]，因此在内科和老年人群中感染比例较高。有严重基础疾病、使用过侵入性操作(如外科手术导尿、静脉插管、气管切开等)、长期住院等也是感染的高危因素。

在药敏测试部分，葡萄球菌对利奈唑胺、呋喃妥因、替考拉宁和万古霉素有较高的敏感性(耐药率 <5%)，且无上升趋势。金葡菌和凝固酶阴性葡萄球菌对 β - 内酰胺类抗生素(包括青霉素、苯唑西林、氨苄西林和红霉素)有较高的耐药性，耐药率均大于 60%(唯一例外为 P1 时期金葡菌对苯唑西林耐药率为 54.4%)，最高为 P2 时期对氨苄西林 100% 耐药。此外，金葡菌和凝固酶阴性葡萄球菌对四环素和环丙沙星的耐药率也较高，介于 44.0%～69.5% 之间。在变化趋势上，金葡菌和凝固酶阴性葡萄球菌对苯唑西林的耐药率显著上升，分别由 54.4% 上升至 70.1% 以及由 66.8% 上升至 81.1%；对复方新诺明和氯霉素的耐药率则显著下降，前者分别由 41.0% 下降至 12.1% 以及由 64.0% 下降至 31.7%，后者分别由 30.4% 下降至 10.7% 以及由 39.2% 下降至 21.1%。金葡菌对红霉素耐药率呈现下降趋势，对庆大霉素、四环素、环丙沙星、左旋氧氟沙星、克林霉素的耐药率呈现波动，即 P1 至 P3 时期耐药率出现先上升再下降的趋势，但凝固酶阴性葡萄球菌对以上 6 种抗生素的耐药率在 3 个时期变化趋势不大。过去有报告表明金葡菌对红霉素和四环素耐药率下降，但对复方新诺明耐药率上升[245]。也有报告结果表明，金葡菌对氯霉素和复方新诺明的耐药率下降，因为这两种抗生素在临床上使用减少[246]。此外，有研究表明抗生素的耐药率与其使用量之间呈一定相关性，对于金葡菌，哌拉西林的消耗量与红霉素及四环素的耐药性呈现负相关[247]。但总体上，国内外关于葡萄球菌的报道中，其总体耐药率与本实验的结果近似。

4.1.2　MRSA 研究进展

目前，MRSA 以惊人速度在世界范围内蔓延，成为临床最常见的病原菌之一，与乙型肝炎、艾滋病致病菌同为当今世界三大感染顽疾致病菌[248]。MRSA 是医院内感染的主要杀手，由其引起的感染在世界许多国家具有很高的发病率和病死率。据美国疾病控制与预防中心 2003 年统计，每年有数十万人因为感染 MRSA 而住院治疗，引起院内感染的 MRSA 分离率高达 80% 以上。2006—2015 年间，中国华南地区有高达 56.1% 的金葡菌被判断为 MRSA，其中内科、ICU 和神经内科病房 MRSA 分离率超过 70%。MRSA 多重耐药的特性不但增加了治疗的复杂性和难度，而且增加了抗生素的消耗量和医疗费用。从 20 世纪 90 年代开始，医院 MRSA 有向社区扩散的趋势，社区感染 MRSA 的现象与报道日益增多[249]。

自 1961 年首次发现 MRSA 至今 50 余年中，MRSA 的分布范围不断扩大，耐药程度也日益严重。20 世纪 80 年代，庆大霉素是一般治疗 MRSA 感染的有效药物，而目前 MRSA 对其耐药率已接近 50%；同期，MRSA 对曾经的保留用药氟喹诺酮类药物高度敏感，但当前 80% 以上的 MRSA 对其耐药。研究发现，MRSA 耐药的主要原因是其携带的 *mecA* 基因编码的一种对 β－内酰胺类抗菌药物具低亲和力的一种青霉素结合蛋白 PBP2a。*mecA* 是一个外源基因，来自凝固酶阴性葡萄球菌或肠球菌属，通过转座子或 R 质粒转到原本敏感的金葡菌中，并整合在染色体第 10 节段上[250]，该基因组岛被称为葡萄球菌染色体 *mec* 基因盒（SCC*mec*）。PBP2a 蛋白相对分子质量为 78 000，当金葡菌固有的青霉素结合蛋白（PBPs）被 β－内酰胺类抗菌药物结合失活后，PBP2a 能替代其发挥转肽酶的功能，促进细胞壁合成，从而产生耐药性[251]。根据 CLSI 标准[252]，金葡菌在检出 *mecA* 基因或者 PBP2a 蛋白时即可定义为 MRSA；但菌株的耐药程度有所差异，其主要包括两大类：相对敏感型菌株和高度耐药型菌株。在培养基鉴定菌株耐药性时，为克服表型的异质性，传统方法采用不易降解的 MRSA 异质性相对较低的苯唑西林，通过适当培养条件如在 30℃ 或 35℃ 下培养、提高培养基 NaCl 质量分数（2%～4%）、强化耐药性表达、延长培养时间来提高准确性[253]。

近年来，新型耐药整合子元件在 MRSA 中大量发现，成为 MRSA 耐药性发展的新特点。整合子是一种存在于细菌质粒或染色体上具有移动性的基因捕获和表达的遗传单位，在革兰阴性菌中被广泛报道，介导对多种抗生素的耐药性，成为革兰阴性菌中耐药性泛滥的主要原因[254～257]。然而在革兰氏阳性菌中一直鲜有报道。笔者根据对 2001 —2006 年间华南地区的 MRSA 耐药性研究发现[258～261]，第一类整合子在 MRSA 中普遍存在，但分离率低于常见报道的革兰阴性菌，为 46.6%（122/262），远低于常见医院内感染微生物如铜绿假单胞菌（一般报道为 80% 以上）等。同时，前期研究显示，第一类整合子系统存在与否对红霉素、庆大霉素、四环素和甲氧苄啶－磺胺甲唑等抗生素的耐药性具有显著影响。然而，这些抗生素均具有较长的历史，并非治疗 MRSA 感染的常用药物，甚至多年前已退出医院常用药物行列。例如，四环素自 1948 年问世至今超过 60 年，是应用最多、最广泛的广谱抗生素，后来发现其对牙齿、指甲与巩膜等具有严重副作用，随后在临床使用中逐渐淘汰。庆大霉素同样由于具有较大副作用在多年前已退出治疗的一线药物名单。因此，近年来流行的 MRSA 出现的对这些抗生素的耐药性可能并非由临床环境中抗生素选择压力所产生，而是由于这些药物在畜牧业中仍被大量应用，因此在 MRSA

中出现了对这些药物的耐药性。这也暗示了畜牧业中抗生素的滥用造成了微生物在向“超级细菌”进化，这已经成为食品安全中的一个重要的潜在问题。

对 MRSA 检测的常规方法包括苯唑西林纸片扩散法、乳胶凝集试验法和苯唑西林琼脂筛选法，还有 CLSI 推荐使用的头孢西丁纸片扩散法[262]以及其他一些检测方法。常规培养液检测方法通常具有很高灵敏度，但是对于此方法，高的灵敏度伴随的是检测速度相对比较慢。纸片扩散法包括苯唑西林和头孢西丁纸片扩散法，其步骤一般包括制备菌液、接种平板、贴药敏纸片、培养等。前者把菌株在加入 1 μg苯唑西林的 MHA 培养基进行试验，抑菌圈在35℃经过24 h 培养确定，其抑菌圈大小是根据 CLSI 的标准进行判断：抑菌环直径≤10 mm 为耐药，11 ～ 12 mm 为中介，≥13mm 为敏感；当抑菌圈直径在 11 ～ 12 mm 时判断为中介，需加做 *mecA* 或 PBP2a 的检测以证实是否为 MRSA。该方法最大优点是快速、简便、价格便宜，易被检验人员接受。在合适的抗生素、pH、培养温度、菌液的浓度、培养基厚度等条件下，该方法检测 MRSA 是可行的，它对 MRSA 检出敏感性、特异性较高，仍不失为目前临床微生物实验室常规筛检 MRSA 方法之一。但由于多种因素的影响，从表型上进行诊断，其结果略欠准确，致使其特异性低于其他方法。许多研究均发现头孢西丁纸片法相比于苯唑西林纸片法具有更好的灵敏度[263～265]。该法把菌株在带有 30 μg 头孢西丁的 MHA 培养基进行试验，抑菌圈在35℃经过16 ～18 h 培养确定，抑菌圈大小根据 CLSI 标准进行判断：抑菌环直径≤21 mm 为耐药，≥22 mm为敏感。该方法的优点同样是快速、简便、价格便宜，并且灵敏度高于苯唑西林纸片法。苯唑西林纸片扩散法对于 MRSA 异质性耐药检测较为困难，而头孢西丁能诱导 *mecA* 基因表达 PBP2a，能更好地检出异质性耐药菌株。在 MHA 培养基中加入 NaCl(40 g/L)和苯唑西林(6 μg/mL)，将菌液(0.5 麦氏浊度)画线在培养皿上35℃培养24 h，只要平皿有菌生长，即使只有一个菌落也可判断为 MRSA，敏感度为 100%[266]。该法与常规方法相比在 MRSA 检测上并无显著性，但对于其他葡萄球菌，琼脂筛选法有较高的阳性率，因此尤其适用于多种葡萄球菌中 MRSA 的检测。该法操作方法简便、实验成本低，一个平板可同时检测多个样品，检出率高，较为实用，可用于 MRSA 的常规检测，尤其当多种检测方法结果不一致时，应以琼脂筛选为准。但是该法耗时长，此外 Swenso 等[267]发现在对异质耐药菌株进行试验时该方法敏感性下降，特异性降低，且出现边缘性 MIC；Diedere 等[268]发现 CHROM agar 培养基筛选法具有 97.1% 的敏感性和 99.2% 的特异性，如果筛选周期由 24 h 变为 48 h，菌落敏感性将会增加到 100% 。凝集试验是一种快速、操作简便的免疫学诊断方法，在临床快速 MRSA 诊断方面应用广泛[269]。其原理是抗 PBP2a 单克隆抗体致敏的乳胶颗粒与 MRSA 的膜蛋白提取物作用，如产生肉眼可见的凝集颗粒，则证实有 PBP2a 存在，判断其为 MRSA。其他的还有一些检测存在于细胞膜内 PBP2a 的乳胶试剂，这类检测需要裂解细胞，代表的试剂盒有 PBP2’Test (Oxoid)、MASTALEX™ – MRSA(Mast)和 MRSA Screen(Denka Seiken)等。研究表明该方法的敏感性≥97%[270～272]。同时，该方法具有与 *mecA* 基因检测相关性好、快速简便、特异性强、灵敏度高等特点，且不需特殊仪器和技术，尤其适合用于 MRSA 早期检测，可作为 PCR 法的替代方法，但检测成本较高。

自 20 世纪 90 年代起，分子生物学方法在微生物检测中逐渐取代传统方法，主要包括 PCR、荧光定量 PCR 与各种新型核酸扩增技术等。与常规“金标准”方法相比，PCR 技术具有较大优势。首先，在耗时方面，由于常规方法基于细菌培养，因此增菌以及选择性培养耗时可长达 3 天，但 PCR 由于检出限低，样品中微量的菌体足以启动扩增反应，因此在从样品处理到培养的时间可大为缩减。由于 PCR 具有高特异性，因此以上方法的增菌与细菌培养[溶菌肉汤(LB)培养基]阶段，与“金标准”相比，耗时可降低 12 ～ 24 h。其次，细菌鉴定操作方面，“金标准”方法在细菌培养后常需通过血浆凝固酶实验鉴定；而 PCR 通过选取特异的分子靶点，结果特异性高，该方法在鉴定金葡菌特异基因的同时，以所有葡萄球菌的靶点为内参，可信度更高。再次，PCR 方法的高灵敏度和特异性，有助于解决“金标准”方法中假阴性和低敏感度的问题。以 *orfX* 为检测靶点，建立针对 MRSA 的检测方法，该方法已被证明是一个简单、快速、特异、敏感的检测方法，对于食品检测机构、医院等进行 MRSA 快速鉴定具有重要意义，在未来发展中对简化检测方法的改进具有深远的意义。此外，笔者等[273]建立的多重 PCR 体系，针对 16S rRNA、*femA* 和 *mecA* 基因，可用于 MRSA 检测。除具有常规 PCR 的优点外，多重 PCR 能在同一次 PCR 反应和凝胶电泳分析中完成多个靶基因的检测，在简便性、耗时方面具有较大优势。本实验建立的多重 PCR 方法，结果证实其能对葡萄球菌及关键耐药因子进行检测与鉴定，该方法特异灵敏、简便快捷，同时具有适应面广、易于推广和应用等优点。1995 年出现的以标记特异性荧光探针为特点的荧光定量 PCR 技术，实行完全闭管式操作，不仅能大大减少扩增产物的污染机会，提高检测的特异性，且可通过计算机自动分析，对扩增产物进行精确定量，提高检测的灵敏度，完全克服了普通 PCR 的缺点，且该方法操作简便迅速，适用于大样本量的筛查，可用于检测葡萄球菌及肠毒素。与传统的培养检测技术相比，分子检测技术能够对食品中有害微生物实现快速、准确的检测；与普通的 PCR 相比，实时荧光定量 PCR 可以在 PCR 反应过程中直接检测荧光信号，无须配胶、电泳等步骤，可以更加快速有效地鉴别出 MRSA，且可以对靶位基因进行定量检测。Warren 等[274]通过特定目标的一种荧光分子信标探针与扩增产物杂交，用实时荧光 PCR 法直接从鼻咽试纸标本中快速检测出 MRSA，其敏感性为 91.7%，特异性为 93.5%，82.5% 能显示阳性，97.1% 能显示阴性，其中试样处理和检测时间仅为 1.5 h。Ae-Chin 等[275]通过 Xpert MRSA 检测体系在 2 h 内完成 MRSA 检测；Xpert MRSA 测试法是一种快速、敏感、临床上有用的检测方法，利用 SCC*mec* 上一段特异性序列，特别适用于早期 MRSA 的检测。Liu 等[276]通过使用一种新的集成微流体系统可以检测活 MRSA、敏感金葡菌和其他病原体，该微流体系统已被证明具有 100% 的 MRSA 检测特异性；

从样品预处理到荧光观察，可在 2.5 h 内自动完成。Stenholm 等[277]用一种即时检测的双光子激发荧光检测技术对 243 株 MRSA 进行检测，其中 99.0% 的 MRSA 为真阳性，检测样品所需时间小于14 h，该法主要优点是检测程序简单、试剂消耗低以及高流量能力。近年来有多重新型核酸技术被报道，其中环介导等温扩增(LAMP)技术是在 2000 年由 Notomi 等发明的一种体外等温扩增特异核酸片段的技术[278~279]，自问世以来数年间已被广泛应用于生物安全、疾病诊断、食品分析及环境监测等领域。该方法在简便、快速、特异性和灵敏度方面具有显著优势，其灵敏度可达常规 PCR 的 10 ～100 倍(检出限是常规 PCR 的 1/100 ～1/10 拷贝数)。因此，对细菌进行检测时，LAMP 法在培养时间和所需基因拷贝数等方面具有较大优势。笔者曾对 118 株葡萄球菌进行 16S rRNA、*femA* 和 *mecA* 三个特异性靶点的 LAMP 检测和 PCR 检测，其中，对 16S rRNA，LAMP 检测均为阳性，灵敏度与阳性预测值均为 100%；而 PCR 则只检测出其中 113 株葡萄球菌阳性，灵敏度与阳性预测值分别为 95.8% 与 100%。对 65 株金葡菌和 53 株凝固酶阴性葡萄球菌的 *femA* 靶点，LAMP 的灵敏度、阳性预测值与阴性预测值分别为 98.5%、100% 与 98.1%；而 PCR 则相应为 92.3%、100% 与 91.4%。对 70 株甲氧西林耐药菌和 48 株敏感菌的 *mecA* 靶点，LAMP 的灵敏度、阳性预测值与阴性预测值分别为 94.3%、100% 与 92.3%；而 PCR 则分别为 87.1%、100% 与 84.2%。同时，笔者利用 MRSA 中的特异性靶点 *orfX* 建立一种针对 MRSA 的快速检测技术，通过对 116 株对照菌株进行验证，显示该技术的特异性为 100%，能有效针对 MRSA 进行特异检测。应用该技术检测 667 株葡萄球菌，包括 566 株 MRSA 、25 株 MSSA 、53 株 MRCNS 与 23 株 MSCNS，结果显示，灵敏度达 98.4% (557/566)；而与之平行对比的 PCR 技术则仅为 91.7% (519/566)[280]。此外，笔者利用金葡菌中的特异性基因 *femA*，建立一种针对金葡菌的 LAMP 快速检测体系，通过应用于 432 株金葡菌(118 株临床与 314 株食源性菌株)的检测鉴定，结果显示，检出率为 98.4%，检出限为 100 fg DNA/tube 与 10^4 CFU/mL[281]。

控制传染源和菌株来源是防止 MRSA 传播的重要方法，首先要对其传染源进行隔离控制。感染携带 MRSA 的患者或医务人员是其传播的主要来源，通过他们和其他人员的接触，可能会导致 MRSA 在医院内的定植和感染。目前，世界各国的控制措施主要分为两种：一种是比较激进的方法，通过隔离根治对 MRSA 进行控制，以荷兰为代表，在该国 MRSA 的分离率可低至 10%；另一种是相对温和的方法，即通过遏制政策来降低 MRSA 的感染率，为大多数国家所采用。从控制效果来看，前一种方法更为有效[249]。要有效地控制和预防 MRSA 的传播，应注意做到以下几点：①切断医院内 MRSA 的传播途径。作为医院感染的主要来源，MRSA 可以通过在环境的定植、患者和医务人员的接触、医疗器械的使用等途径进行传播。有报道，在 ICU 停留时间的延长，MRSA 的感染率会随之增加；同时留置的导尿管、血管内插入的装置等都同样会增加 MRSA 感染的风险。因此，对环境卫生和医疗器械进行彻底消毒，对患者进行合理的隔离和分组护理，以及对医务人员操作和卫生意识的规范，均可有效降低传播和交叉感染的发生概率。②对易感人群保护。研究表明，MRSA 的感染率与患者的性别、年龄、病情和免疫状态如并发症、危重症、多脏器功能不全、慢性病(如糖尿病)等有关，若感染 MRSA，则加重病情，延长住院时间和增加治疗难度，因此，应采取保护性隔离的措施，避免与 MRSA 携带者接触。同时，处于危险因素下或有感染风险的正常人也属于易感人群，对此应通过消除潜在危险因素或是提高自我保护意识来避免 MRSA 的感染。③对 MRSA 的监测和流行病学研究。开展全面的医院内 MRSA 的监测工作，包括对患者、医护人员和探视人员携带 MRSA 的情况，医院环境和医疗器械等的监测。通过长期的监测，可以掌握 MRSA 的分布特点、危险因素和流行规律，可以对 MRSA 院内感染的发生和进展进行预测，从而为控制和预防提供科学依据。

从长远来说，一切细菌耐药性的根本来源都是抗生素的使用，尽可能地减少滥用抗生素的行为，对防止耐药性细菌的传播和变异发展具有重大意义。在治疗 MRSA 的过程中，要合理选择和使用抗生素，可借助药敏结果等辅助手段。另外，开展 MRSA 耐药性以及抗生素使用种类和数量的监测，能进一步掌握了解 MRSA 的耐药状况，从而制订更加科学合理的抗生素治疗方案。当前，MRSA 和 MRCNS 的抗生素使用原则和治疗策略包括：①谨慎使用糖肽类抗生素和各种新型抗菌药物；②根据药敏结果结合临床进行科学用药，根据 PK/PD(药代动力学/药效学)及最低抑菌浓度相结合的理论对患者进行用药；③一般情况下尽量不用或少用广谱抗菌药，对于重症和混合多重耐药菌株感染使用联合用药方案；④谨慎使用头孢菌素类抗生素，尤其是第三代头孢菌素。总的来说，鉴于 MRSA 和 MRCNS 的耐药特征，药物选择包括：①对 MRSA 和 MRCNS 敏感的抗生素，谨慎使用；②对 MRSA 和 MRCNS 耐药的抗生素，在药敏结果的基础上，谨慎地采用联合应用策略。

4.1.3　万古霉素耐药葡萄球菌研究进展

万古霉素作为治疗耐甲氧西林葡萄球菌的最后一道防线自问世以来已被广泛使用 50 多年。万古霉素属于糖肽类抗生素，临床上主要应用于革兰氏阳性菌的治疗。其作用机制是通过与一个或多个肽聚糖合成中间产物 D-丙氨酰-D-丙氨酸结合形成复合物，阻断肽聚糖合成中的糖基转移酶、肽基转移酶以及 D，D-羧肽酶作用，使细胞壁无法合成，进而造成细菌死亡。葡萄球菌作为典型的食源性微生物，由其引起的食品中毒事件在革兰氏阳性菌中高居首位，随着微生物的耐药性日趋严重，耐药葡萄球菌作为医院内感染和社区感染的重要致病菌可以引起各种不同程度的感染。而万古霉素中介耐药金葡菌(VISA)、耐万古霉素金葡菌(VRSA)等耐药葡萄球菌的出现，标志着万古霉素作为最后一道防线逐渐被攻破。

1996 年，日本报告了第一例对万古霉素敏感性下降的金葡菌，根据当时美国临床和实验室标准化委员会(NCCLS)[即现在的美国临床和实验室标准化协会(CLSI)]

规定，该报道菌株(Mu50)对万古霉素的最低抑菌浓度处于中介水平(8mg/L)，属于VISA。2002 年，在美国共有 8 例 VISA 感染病例报道[231~233]。同期，在欧洲与亚洲多个国家均有相继报道[234~238]，引起医学界广泛关注。1997 年，日本首次报道临床分离的异质性万古霉素中介耐药金葡菌(heterogeneous vancomycin-intermediate *Staphylococcus aureus*, hVISA)，以及由此菌株感染导致治疗失败的案例。随后大量学者对 hVISA 感染与万古霉素治疗失败的关系进行深入探讨，在许多国家或地区都有陆续报道，美国、欧洲、中国香港等国家和地区陆续报道检出 hVISA 和异质性万古霉素耐药凝固酶阴葡萄球菌。直至 2002 年出现第一例术后感染 VRSA，更引起了医学界高度重视。

最初，NCCLS 规定细菌对万古霉素的 MIC≤4μg/L 为敏感，MIC≥32μg/L 为耐药；但有些 VISA 同时对替考拉宁中毒耐药，因而 1998 年美国疾病控制和预防中心建议将 VISA 称为中毒耐糖肽类抗生素的金葡菌(glycopeptides-intermediate *Staphylococcus aureus*, GISA)。后来，万古霉素耐药的定义比较混乱，主要由于不同国家所采用的耐药折点不同，如美国规定 MIC≥32 μg/L 为耐药，在日本则规定 MIC≥8 μg/L 为耐药[282]。根据 2006 年版 CLSI 标准定义，MIC≥16μg/mL 为 VRSA，MIC 在 4～8 μg/mL为 VISA，MIC 为 1～2 μg/mL 为 hVISA。hVISA 被认为是 VISA 的前体，是指原代母体细菌对万古霉素敏感(MIC≤2 μg/mL)，但子代中含有少量对万古霉素耐药性中介(MIC≥4 μg/mL)的亚群，这部分细菌亚群对更高浓度的万古霉素耐药，且出现的概率为 10^{-6}或更高。应用万古霉素选择性培养基可以从原代菌株中选择出对万古霉素 MIC≥4 μg/mL 的变异株[247]。VISA 和 hVISA 与 VRSA 的不同在于，VISA 和 hVISA 不含 *vanA* 等耐药基因，它们与万古霉素的选择压力有关。这种低水平耐糖肽类抗生素金葡菌的出现与糖肽类的大量使用有一定关系。

随着万古霉素的大量广泛应用，近年来金葡菌对万古霉素的 MIC 值已经发生了变迁。Steinkraus 等从 2001—2005 年的血培养标本中收集 MRSA，对其进行万古霉素 MIC 测定，发现其 MIC 平均值逐年升高，从 2001 年的 0.62μg/mL 升至 2005 年的 0.9μg/mL[283]。Wang 等对美国加州大学医院 2000—2004 年分离的 6003 株金葡菌进行药敏分析，发现对万古霉素敏感性下降的金葡菌所占的比例逐年上升，MIC 达 1 μg/mL 的菌株从 2000 年占 19.9%到 2004 年升至 70.4%；同时他们认为耐药敏感性的下降可能是临床万古霉素治疗失败的潜在因素[284]。有研究指出，在万古霉素治疗 MRSA 菌血症中，如果 MRSA 对万古霉素的 MIC 从≤0.5 μg/mL 升至 1～2 μg/mL，则治疗成功率从 55.6%降至 9.5%[285]。此外，对于在之前 30 天内曾接受过万古霉素治疗的患者，其分离到的菌株普遍具有更高 MIC 值，预示着更差的疗效[286]。基于此，美国 CLSI 于 2006 年降低了万古霉素的 MIC 折点，VRSA 的 MIC 由原来的≥32 μg/mL 下调为≥16 μg/mL，并将 MIC 在 4～8 μg/mL 定义为 VISA，因为当 MIC≥4 μg/mL 时，临床用万古霉素治疗往往失败，且细菌有发展为完全耐药的潜在危险[287]。出于更准确的检测，2009 年 CLSI 明确规定金葡菌对万古霉素的敏感性检测应报告其 MIC 值，并取消应用多年的纸片扩散法[288]。近年来，全世界许多中心都陆续检出了 hVISA 和 VISA。各地 hVISA 检出率分别为：欧洲 0～27%，亚洲 0～26%，美国 0～3.1%，巴西 0～3%。根据 2004 年亚洲耐药致病菌监测网(Asian network for surveillance of resistant pathogens, ANSORP)的数据显示，在亚洲多个国家分离的 1357 株 MRSA 中，hVISA 的检出率为 4.3%(58 株)[289]。在我国，在这方面的研究刚刚起步。2004 年马筱玲等报道安徽省 hVISA 检出率为 14.3%[290]；2006 年余方友等在 112 株金葡菌中发现 6 株对万古霉素的 MIC 为 4 μg/mL，根据 CLSI 2006 年的标准确定为 VISA[291]；2008 年廖康等在 45 株 MRSA 中共检出 hVISA 7 株，检出率为 15.6%[292]。在我们以上的研究中(见表 4－2)，万古霉素非敏感率为金葡菌 0.4% 和凝固酶阴性葡萄球菌 2.1%。目前在世界范围内，VISA 和 VRSA 仍不多见，相比之下 hVISA 更常见。而随着万古霉素 MIC 的变迁，hVISA 已经出现在万古霉素 MIC <2 μg/mL 的范围内，其感染提示临床预后更差。有报道指出，MRSA 菌血症的治疗中，hVISA 的感染与万古霉素治疗失败高度相关[293]。Maor 等通过分析 264 例 MRSA 菌血症的菌株发现，6%(16/264)为 hVISA，其中 75%(12/16)的病例漏诊，50%(8/16)的患者最终死于 hVISA 败血症[294]。因此，hVISA 越来越引起临床工作者的关注，日益成为研究的热点，工作者和研究者普遍认为应加强对 hVISA 的筛查。

VRSA 的实验室检测主要是针对 hVISA 和 VISA 的检测，由于目前对 VRSA 耐药的分子机制尚未研究清楚，无法从基因水平对其进行检测，只能通过表型检测进行确定，主要方法包括：①K－B(Kirby－Bauer)法。采用 30 μg 万古霉素纸片，根据 CLSI 标准对抑菌环直径进行判断：≥15 mm 为敏感，≤14 mm 应进一步做 MIC 检查；如果抑菌环中出现耐药的菌落，即为可疑 hVISA。②琼脂稀释法和肉汤稀释法。此为 CLSI 推荐的检测 VRSA 及其 MIC 的参考方法。稀释法规定葡萄球菌对万古霉素的 MIC≤4 μg/mL 为敏感，≥32 μg/mL 为耐药。该法与 K－B 法能用于 VISA 和 VRSA 的检测，但无法检测出 hVISA。③菌谱分析法。本法采用万古霉素选择性培养基，在每块平板上点种一定量的菌液，24 h 孵育后进行菌落计数。该法不但能用于 VISA 和 VRSA 的检测，还可用于 hVISA 的检测，且灵敏度达 10^{-6}。④万古霉素联合 β－内酰胺类抗生素快速筛选法。该方法基于 β－内酰胺类抗生素能够诱导 hVISA 对万古霉素的耐药性增加，有利于 hVISA 的检出，从而建立了万古霉素联合 β－内酰胺类抗生素快速筛选法。⑤E－试验法。该方法结合了 K－B 法和稀释法，可以检测出 hVISA 的 MIC，能用于各种耐药情况的金葡菌(VRSA、VISA 和 hVISA)的检测。

一般来说，广谱抗生素被大量应用于复杂性混合感染的治疗，但由于其对非致病菌不加区别地加以杀伤，从而使细菌更易于产生耐药性，并迅速蔓延。对于目前出现对万古霉素耐药的 MRSA，只能使用如下的窄谱抗生素：①利奈唑胺或利奈唑烷(linezolid)，主要针对 VISA 或 hVISA，在肽链合成的初始阶段起作用，交叉耐药现象较少，目前在临床上广泛应用革兰氏阳性菌治疗，但易引起神经病变。②链阳菌素类抗生素，如达福普汀(dalfopristin)、喹努普丁(quinupristin)等，该类抗生素可与细菌 70S 核糖体的 50S 亚基不可逆地结合，抑制细菌蛋白质的合成，对革兰氏阳性菌有较强的杀菌效果，但治疗 MRSA 的成功率仅为 64%～76%，且易导致肠杆菌的重复感染，副作用也较大。③脂肽类抗生素，如达托霉素(daptomycin)，应用于治疗革兰氏阳性菌，疗效较高，耐药性较低，无交叉耐药。综上，使用 MRSA 和 MRCNS 敏感的抗生素进行治疗的选择较少，除糖肽类抗生素外，均存在如副作用大、费用高、易引起耐药性或成功率不高等缺点。因此，糖肽类抗生素如万古霉素和替考拉宁一直被认为是治疗 MRSA 和 MRCNS 的首选和最有效方法；但随着 hVISA 和 VRSA 的出现，对这最后一道防线提出了严峻的挑战。

对于 VRSA 的长远解决方法是防治，首先是合理使用抗生素，因为抗生素的大量滥用是耐药性普遍泛滥的根本原因；其次，尽可能减少医院内感染；然后是加强对 VRSA、VISA 和 hVISA 的监测以及耐药机制的研究，建立快速、特异、灵敏的检测方法，做到早预防、早发现、早治疗。

4.2 基因组岛 SCC*mec*

早期认为，细菌耐药性的出现与抗生素作用位点的点突变有关，但随着抗生素滥用现象的普及，点突变的低发生率已无法解释细菌耐药性的广泛出现，因此，耐药基因的水平传播和转移成为细菌耐药性产生的最主要原因，而介导这种基因水平传播和转移的机制，则是各种具有移动性的基因元件。目前，葡萄球菌耐药机制主要有基因组岛 SCC*mec* 机制和整合子系统机制。本节将对基因组岛 SCC*mec* 进行详细介绍。

mecA 基因是 MRSA 对 β－内酰胺类抗生素耐药的重要原因。1986 年，日本科学家率先对 *mecA* 进行克隆并测序[295]；而后续的研究发现，*mecA* 基因不但广泛分布于金葡菌中，而且在凝固酶阴性葡萄球菌中也能发现该基因的存在[296,297]。*mecA* 基因编码一种新型的青霉素结合蛋白 PBP2a，PBP2a 对 β－内酰胺类抗生素的亲和力很低，因此抗生素无法结合，细胞壁在 PBP2a 作用下持续催化合成，使细菌得以生存，从而使 MRSA 表现对 β－内酰胺类抗生素耐药。使甲氧西林敏感金葡菌(MSSA)转变为 MRSA 是由于一种具有移动能力的基因元件 SCC*mec* 携带 *mecA* 基因。SCC*mec* 是一种仅存在于葡萄球菌属的基因岛，它通过重组酶 CcrA 和 CcrB 的位点特异性重组作用可以使 *mecA* 及多种耐药、耐重金属基因嵌入到 SCC*mec* 中，同时不同类型的重组酶 CcrA 和 CcrB 催化相应的 SCC*mec* 进行精确的切除和整合作用，从而使其能在不同的葡萄球菌属中交换基因信息。葡萄球菌正是通过这种捕获外源基因和菌属间交换基因信息的方式迅速适应周围变化的环境和抗生素选择

压力。

从20世纪90年代开始，传统的医院MRSA和MRCNS有向社区扩散的趋势，社区感染葡萄球菌的现象与报道日益增多，有取代医院来源葡萄球菌的趋势。Hardy等指出，随着抗生素在发达国家应用的规范化，环境抗生素压力降低，令葡萄球菌的进化历程从传统的高度耐药转变为低度耐药，且不呈多重耐药性[249]。通过对SCC*mec*的研究表明，与传统医院来源的葡萄球菌不同，社区来源菌株携带的SCC*mec*更轻便，不呈现多重耐药性，但一般携带毒素基因[157]。目前全球已广泛开展对葡萄球菌SCC*mec*的研究，但在中国鲜有报道。考虑到中国不同的抗生素压力环境，葡萄球菌耐药性和基因组岛SCC*mec*的进化途径和发展历程有待进一步研究。

以下就SCC*mec*的结构、分布、起源及其对基因进化产生的影响等几个方面的研究进展进行论述。

4.2.1 SCC*mec*的结构

SCC*mec*是葡萄球菌盒式染色体(SCC)家族中最大且最重要的一员[298]，是一种携带*mecA*基因的新型移动基因元件，能作为载体在葡萄球菌属中交换基因信息。SCC*mec*在未知功能的开放阅读框(ORFs)*orfX* 3′端的插入位点*attB*处插入，位于金葡菌染色体复制位点的附近。SCC*mec*携带三个基本的基因元件：①*ccr*复合物，包括编码位点特异性重组酶基因*ccrA*和*ccrB*，以及在其周围的一些开放阅读框；②*mec*复合物，包括*mecA*及其调控基因，以及在其上下游的一些插入序列；③位于SCC*mec*边界的一些正向或反向重复序列，以及插入位点*attB*与*attSCC*，为重组酶识别并进行精确的切除和整合作用所必需；此外，在*ccr*复合物和*mec*复合物以外的部分为可变区域，称为J区域，不同型的SCC*mec*根据J区域分为不同的亚型。

4.2.1.1 *ccr*复合物

*ccr*复合物包括两个位点特异性重组酶基因*ccrA*和*ccrB*，以及在其周围的一些开放阅读框。其中位点特异性重组酶CcrA和CcrB通过位点特异性重组作用，可以使多种耐抗生素和耐重金属基因嵌入到SCC*mec*中；同时不同类型的重组酶CcrA和CcrB识别相应的SCC*mec*，通过精确的切除和整合作用，使SCC*mec*整合到葡萄球菌属的染色体上，使不同的葡萄球菌能交换基因信息，适应不同环境和抗生素选择压力。根据*ccrA*和*ccrB*基因的不同，*ccr*复合物分成5型：1型携带*ccrA1*和*ccrB1*基因，2型携带*ccrA2*和*ccrB2*基因，3型携带*ccrA3*和*ccrB3*基因，4型携带*ccrA4*和*ccrB4*基因，5型携带*ccrC*基因。

4.2.1.2 *mec*复合物

*mec*复合物根据*mecA*基因上下游的调控基因和插入序列的不同分为4类：A类携带完整的*mecI-mecR1-mecA*-IS*431*结构，B类携带缺失而同时有插入序列整合的IS*1272*-Δ*mecR1-mecA*-IS*431*结构，C类携带两个拷贝的IS*431*插入序列IS*431-mecA*-

ΔmecR*1*-IS*431* 结构，D 类则携带 IS*431-mecA*-Δ*mecR1* 结构。其中携带 B 类 *mec* 复合物的 MRSA 称之为前 MRSA，由于其携带完整的 *mecI* 基因，对 *mecA* 基因的表达起强烈抑制作用，因此该类 SCC*mec* 通常表现对 β-内酰胺类抗生素低水平耐药[299]。

4.2.1.3 J 区域

J 区域根据在 SCC*mec* 中的位置分为 J1、J2 和 J3 区域，J1 位于 *ccr* 复合物上游，也称为 L-C 区域，包括多个开放阅读框和调控子，如 pls 和 kdp 调控子；J2 位于 *ccr* 复合物下游和 *mec* 复合物上游，也称为 C-M 区域，包括完整或缺失的转座子 Tn*554*(编码对红霉素耐药)等基因元件，部分 SCC*mec* 缺失 J2 区域(如Ⅳ型 SCC*mec*)；J3 则位于 *mec* 复合物下游，也称为 M-R 区域，包括质粒 pT181(编码对四环素耐药)、pUB110(编码对氨基糖苷类抗菌药物耐药)、转座子 Tn*4001*、插入序列 IS*1182* 等基因元件。

4.2.2 SCC*mec* 的类型

SCC*mec* 根据发现时间的先后分为Ⅰ、Ⅱ、Ⅲ、Ⅳ和Ⅴ 五种类型和多种亚型，但 Piriyaporn 等学者提出，SCC*mec* 的分型应该有一个更加规范的标准，根据他们提出的协议[298]，SCC*mec* 应该根据 *ccr* 复合物和 *mec* 复合物类型的不同组合进行分型。其中，*ccr* 复合物用数字表示其类型，*mec* 复合物则用字母表示其类型；对同一型的 SCC*mec*，再据根其 J 区域分为不同的亚型，分别用两个数字表示 J1、J2、J3 区域的不同，两个数字之间以及与字母之间用点隔开，下面详细说明。

4.2.2.1 Ⅰ型 SCC*mec*

Ⅰ型 SCC*mec* 携带 1 型 *ccr* 复合物和 B 类 *mec* 复合物，在 J1 区域携带 pls 调控子，大小为 34kb，其代表菌株为 NCTC10442，是 1961 年第一株临床分离获得的 MRSA 菌株[300,379]。Ⅰ型 SCC*mec* 包括一个亚型ⅠA，在 J3 区域携带质粒 pUB110[301]，根据新协议，Ⅰ型 SCC*mec* 表示为 1B.1.1，ⅠA 亚型为 1B.1.2。

4.2.2.2 Ⅱ型 SCC*mec*

Ⅱ型 SCC*mec*（Ⅱa）携带 2 型 *ccr* 复合物和 A 类 *mec* 复合物，在 J1 区域携带 kdp 调控子，J3 区域携带质粒 pUB110，大小为 53kb，其代表菌株为 N315，是 1982 年在日本分离的前 MRSA 菌株[302]。Ⅱ 型 SCC*mec* 根据 J1 和 J3 区域的不同有多个亚型和变型，其中亚型Ⅱb 带有特异的 J1 区域[302]，ⅡA、ⅡB、ⅡC、ⅡD 和ⅡE 均带有与Ⅳb 型 SCC*mec* 同样的 J1 区域而带有不同的 J3 区域，ⅡA 在 J3 区域携带质粒 pUB110 与插入序列 IS*1182*，ⅡB 仅携带质粒 pUB110，ⅡC 携带质粒 pUB110与缺失的插入序列 IS*1182*，ⅡD 仅携带插入序列 IS*1182*，ⅡE 仅携带缺失的插入序列 IS*1182*[303]；另外Ⅱ型 SCC*mec* 还有一变型，其 J1 区域携带 kdp 调控子，J3 区域不携带质粒 pUB110[304]。根据新协议，Ⅱ型 SCC*mec*（Ⅱa）表示为 2A.1.1，Ⅱb 为2A.2，ⅡA、ⅡB、ⅡC、ⅡD 和ⅡE 分别为 2A.3.1、2A.3.2、2A.3.3、2A.3.4 和 2A.3.5，Ⅱ型 SCC*mec* 的变型为 2A.1.2。

4.2.2.3 Ⅲ型 SCC*mec*

Ⅲ型 SCC*mec* 携带 3 型 *ccr* 复合物和 A 类 *mec* 复合物，在 J3 区域携带质粒 pT181，大小为 67kb，虽然Ⅲ型 SCC*mec* 的 J1 区域相对较小，但由于携带多个耐药基因，因此在各种 SCC*mec* 中是最大的，其代表菌株是 85/2082[379]。Ⅲ型 SCC*mec* 根据 J3 区域的不同有几个亚型，其中ⅢA 在 J3 区域不携带质粒 pT181 和 *ips* 基因，ⅢB 在 J3 区域不携带质粒 pT181[301]。根据新协议，Ⅲ型 SCC*mec* 表示为 3A.1.1，ⅢA 为 3A.1.2，ⅢB 为 3A.1.3。

4.2.2.4 Ⅳ型 SCC*mec*

Ⅳ型 SCC*mec* 携带 2 型 *ccr* 复合物和 B 类 *mec* 复合物，在 J3 区域携带转座子 Tn*4001*，大小为 21～25kb，是各种 SCC*mec* 中最小的。Ⅳ型 SCC*mec* 的亚型是最多的，主要的几种亚型Ⅳa、Ⅳb、Ⅳc 与Ⅳd 型分别带有特异的 J1 区域，其代表菌株分别为 CA05，8/6－3P[305]，81/108[306] 与 JCSC4469[307,317]；另外还包括亚型ⅣE，其 J1 区域与Ⅳc 相同，但带有特异的 J3 区域[303]；ⅣF，其 J1 区域与Ⅳb 相同，但带有特异的 J3 区域[303]；ⅣAb，其 J3 区域携带质粒 pUB110[304]。根据新协议，Ⅳa、Ⅳb、Ⅳc 与Ⅳd 分别表示为 2B.1、2B.2.1、2B.3.1 与 2B.4，ⅣE为 2B.3.3，ⅣF 为 2B.2.2，ⅣAb 为 2B.N.2。

4.2.2.5 Ⅴ型 SCC*mec*

Ⅴ型 SCC*mec* 携带 5 型 *ccr* 复合物和 C 类 *mec* 复合物，大小为 27kb，其结构上与Ⅳ型 SCC*mec* 十分相似，不同之处在于其携带一个完整的由 *hsdR*，*hsdS* 和 *hsdM* 基因组成的第一类限制修饰系统（restriction-modification system），其代表菌株为 WIS[299]，暂时没有相关亚型的报道。根据新协议，Ⅴ型 SCC*mec* 表示为 5C.1。

4.2.2.6 其他类型 SCC*mec*

2001 年，Oliveira 等报道在 pediatric 菌株中携带 4 型 *ccr* 复合物和 B 类 *mec* 复合物的 SCC*mec*[308]，其代表菌株 HDE288 若按照传统的分类方法，该 SCC*mec* 应该被归为Ⅵ型，但根据新协议则应表示为 4B。

4.2.3 SCC*mec* 的分布

Ⅰ、Ⅱ、Ⅲ型 SCC*mec* 存在于医院获得 MRSA（hospital-aquired MRSA，HA-MRSA）中，而Ⅳ、Ⅴ型 SCC*mec* 则存在于社区获得 MRSA（community-aquired MRSA，CA-MRSA）中。前者一般携带较大的 SCC*mec* 元件，并带有多个耐药基因；而后者的 SCC*mec* 元件一般小而轻便（21～28kb），除了 *mecA* 基因外不携带耐药基因，因此不表现为多重耐药，并且常伴有多种毒力基因，如 *pvl* 基因等[309]。带有多个耐抗生素和重金属基因的Ⅱ型和Ⅲ型 SCC*mec* 更加适合医院环境里的抗生素选择压力；但在社区里，选择压力使菌株倾向于向具有更高的生长率和更易于在人体内繁殖的方向进化，轻便的Ⅳ、Ⅴ型 SCC*mec* 相比之下显得更加适应。

不仅不同类型的 SCC*mec* 分布于不同环境，而且在世界不同地区的流行性 MRSA(EMRSA)菌株携带的 SCC*mec* 类型也是不同的。其中，在波兰、斯洛文尼亚和英国流行的 EMRSA3 株，在德国、丹麦、瑞士和英国流行的最早发现的 MRSA 株，在德国和斯洛文尼亚流行的南德国 MRSA 株以及在比利时、芬兰、法国、德国、葡萄牙、斯洛文尼亚、西班牙、瑞典、英国和美国流行的 EMRSA5、EMRSA17 株等携带 Ⅰ 型 SCC*mec*[310]；在芬兰、爱尔兰、日本和美国流行的 New York/Japan 株，在芬兰和英国流行的 EMRSA16 株，在爱尔兰、英国和美国流行的 Irish-1 株等携带 Ⅱ 型 SCC*mec*[311,312]；在比利时流行的 MRSA 株，在英国流行的 EMRSA7 株，在芬兰、德国、希腊、爱尔兰、荷兰、波兰、葡萄牙、斯洛文尼亚、瑞典、英国和美国流行的 EMRSA1、EMRSA4、EMRSA11 和 Vienna 株等携带 Ⅲ 型 SCC*mec*[310]；在法国、葡萄牙、英国和美国流行的 Pediatric 株，在芬兰、法国、德国、爱尔兰、荷兰、英国和美国流行的 EMRSA2 和 EMRSA6 株，在德国、爱尔兰、瑞典和英国流行的 EMRSA15 株，在比利时、芬兰、德国和瑞典流行的 Berlin 株，在德国和英国流行的 EMRSA10 株等携带 Ⅳ 型 SCC*mec*[312]；在澳大利亚流行的 MRSA 株携带 Ⅴ 型 SCC*mec*[313]。在亚洲，中国、印度、泰国、沙特阿拉伯、新加坡、越南等大多数国家分离的 MRSA 株携带 Ⅲ 型 SCC*mec*，而仅在日本和韩国分离的 MRSA 株则携带 Ⅱ 型 SCC*mec*[314]。

SCC 与 SCC*mec* 不仅存在于 MRSA 中，也广泛存在于 MRCNS 以及各种葡萄球菌中。2001 年，Katayama 等在溶血葡萄球菌 GIFU12263 中发现不携带 *mecA* 基因的 SCC12263[315]；2003 年，Katayama 等对 91 株 MRCNS 进行检测，结果显示 42 株携带 A 类 *mec* 复合物，为 Ⅱ 型或 Ⅲ 型 SCC*mec*，16 株携带 B 类 *mec* 复合物，为 Ⅰ 型 SCC*mec*[316]；同年，Hisata 等通过对从日本健康小儿分离获得的 MRCNS 进行研究发现，MRCNS 广泛分布于社区，绝大多数携带 Ⅳ 型 SCC*mec*[317]；2004 年，Ito 等报道约 30 株溶血葡萄球菌携带 Ⅴ 型 SCC*mec*[318]。

4.2.4 SCC*mec* 的进化

国际上流行的 MRSA 菌株，根据其不同的起源及进化路线可以分为 5 个克隆复合组(clonal complex，CC)：CC5，CC8，CC22，CC30 和 CC45。Enright 等通过对大量 MRSA 菌株的 7 个 *sas* 基因进行测序，并综合多位点序列分型(MLST)的结果，提出了 MRSA 的进化路线如下[319]：在 CC5 中，起源菌株 ST5-MSSA 通过获得 Ⅳ 型 SCC*mec* 进化为在葡萄牙流行的 ST5-MRSA-Ⅳ；ST5-MSSA 通过获得 Ⅱ 型 SCC*mec* 进化为日本和美国流行的 New York/Japan 株(ST5-MRSA-Ⅱ)；ST5-MSSA 通过获得 Ⅰ 型 SCC*mec*进化为 EMRSA3(ST5-MRSA-Ⅰ)和南德国流行株(ST228-MRSA-Ⅰ)。在 CC8 中，起源菌株 ST8-MSSA 通过获得 Ⅲ 型 SCC*mec* 进化为 EMRSA1、EMRSA4、EMRSA7、EMRSA11(ST239-MRSA-Ⅲ)，EMRSA9(ST240-MRSA-Ⅲ)；ST8-MSSA 通

过获得Ⅰ型 SCC*mec* 进化为 EMRSA8(ST250-MRSA-Ⅰ)和 EMRSA5(ST247-MRSA-Ⅰ);ST8-MSSA 通过获得Ⅳ型 SCC*mec* 进化为 EMRSA2、EMRSA6(ST8-MRSA-Ⅳ)和 EMRSA10(ST254-MRSA-Ⅳ)。在 CC22 中,起源菌株 ST22-MSSA 通过获得Ⅳ型 SCC*mec* 进化为柏林流行株和 EMRSA15(ST22-MRSA-Ⅳ)。在 CC30 中,起源菌株 ST30-MSSA 通过获得Ⅱ型 SCC*mec* 进化为在英国、芬兰等地流行的 EMRSA16(ST36-MRSA-Ⅱ)。在 CC45 中,起源菌株 ST45-MSSA 通过获得Ⅳ型 SCC*mec* 进化为在德国流行的柏林株(ST45-MRSA-Ⅳ)。总的来说,各种 MRSA 都是由 MSSA 通过重组酶 CcrA 和 CcrB 的位点特异性重组作用,在开放阅读框 *orfX* 的 3′端插入不同类型的 SCC*mec*,从而进化为不同的 MRSA 流行菌株。

4.2.5 SCC*mec* 的检测与鉴定

鉴于基因组岛 SCC*mec* 在介导葡萄球菌耐药性的关键作用,对其检测与分型有助于了解基因组岛 SCC*mec* 在葡萄球菌中的分布和流行状况,以深入对葡萄球菌的耐药机制和进化发展进行研究和阐述。SCC*mec* 的检测包括 *ccr* 复合物的检测和 *mec* 复合物的检测,在确定 *ccr* 复合物类型后,根据结果选择不同引物对,利用 PCR 分析 *mec* 复合物以确证 SCC*mec* 类型。

笔者曾经对 524 株 2001—2012 年分离自中国南方各医院的 MRSA 和 MRCNS 进行 SCC*mec* 分型,以探讨中国南方 SCC*mec* 的分型分布。

4.2.5.1 *ccr* 复合物的检测

1)DNA 模板的制备

对 *ccr* 复合物的检测首先需要对 DNA 进行精提。按照细菌基因组 DNA 快速提取试剂盒说明书进行全基因组 DNA 提取。具体操作步骤如下:取 1 mL 处于对数生长期的细菌液置于 1.5 mL 离心管中,12 000 r/min 离心 1 min,弃上清液,保留沉淀。将 180 μL 溶菌酶缓冲液加入离心得到的菌体沉淀中,振荡混匀。37℃处理 60 min 后,加入 4 μL RNase A 溶液,振荡混匀,室温放置 5 min。加入 20 μL 蛋白酶 K 溶液,55℃水浴 30 min。加入 220 μL 裂解液 MS 混匀,70℃水浴 15 min,离心,保留沉淀。加入 220 μL 无水乙醇后经离心、沉淀后用蛋白液 PS 与漂洗液 PE 进行漂洗,彻底去除纯化柱中残留的液体。将纯化柱置于新的 1.5 mL 离心管中,向纯化柱中央处悬空滴加 90 μL 洗脱液 AE(预热至 65℃),室温放置 2min 后 12 000 r/min 离心 2 min,管底即为高纯度基因组 DNA。最后,提取到的 DNA 经超微量紫外分光光度计测定浓度并经 1%(质量浓度)琼脂糖进行验证,置于 -20℃保存。

2)引物设计、合成及引物溶液配制

对于第 1～3 型的 *ccr* 复合物,在 *ccrB* 基因上有一段共同的序列,选择位于共同序列上的引物 *ccrB*(5′-ATTGCCTTGATAATAGCCITCT-3′),同时在 *ccrA1*～*ccrA3* 上选取一段各自不同的序列为引物,即 *ccrA1*(5′-AACCTATATCATCAATCAGTACGT-3′), *ccrA2*(5′-TAAAGGCATCAATGCACAAACACT-3′),*ccrA3*(5′-AGCTCAAAAGCAAGCAATAGAAT-3′)。对于第4、5型 *ccr* 复合物，则分别设计特异性引物对 *ccrA4*-F(5′-ATGGGATAAGAGAAAAAGCC-3′)、*ccrB4*-R(5′-TAATTTACCTTCGTTGGCAT-3′)和 *ccrC*-F(5′-ATGAATTCAAAGAGCATGGC-3′)、*ccrC2*(5′-GATTTAGAATTGTCGTGATTGC-3′)。把以上引物同时加入到反应体系中进行多重 PCR 反应，根据反应的产物判断 *ccr* 复合物，产物长度为700 bp 为第1型，1000 bp 为第2型，1600 bp 为第3型，1400 bp 为第4型，520 bp 为第5型。阳性对照设置为10442(*ccr1*)、N315(*ccr2*)和 JP25(*ccr3*)，如扩增出疑似第4和第5型 *ccr* 复合物条带，则再进一步进行鉴定。

引物稀释及引物混合液的配制如下：首先把合成的引物稍离心，使分散于管壁上的 DNA 粉末悬于管底；然后用无菌水分别将引物配制成浓度为100 pmol/μL 的储液，置于 -20℃保存；在 PCR 反应中，把引物储液稀释10倍为工作液，浓度为10 pmol/μL，置于 -20℃保存备用；根据不同反应需要取不同量于 PCR 反应体系中。多重 PCR 中，不同引物对所用浓度有所不同；而在普通 PCR 中，在25 μL 反应体系中均加入1.5 μL，使其终浓度达到0.6 μmol/kg。

3)多重 PCR 检测

在经过高温灭菌并烘干的0.2 mL PCR 管中按照表4-3配制 PCR 反应体系，配制过程在冰盒上完成。将 PCR 反应液混合均匀后放置于 PCR 反应仪中，设定程序并运行。所有 PCR 及多重 PCR 的反应程序均为：94℃预变性5 min，然后按94℃变性30 s、T_m 温度下退火30 s、72℃延伸1.5 min 进行30个循环，最后72℃延伸7 min。PCR 扩增产物放置于 -20℃保存备用。

表4-3 多重 PCR 反应体系

组分	体积/μL
10×PCR 缓冲液	12.5
dNTP 混合液（2.5 mol/kg）	2
Primer *ccrA1*/*ccrA2*/*ccrA3* 工作液	1
Primer *ccrB* 工作液	2
Taq DNA 聚合酶(5U/μL)	0.125
DNA 模板	1
加无菌水至终体积	25

4)凝胶电泳

得到 PCR 产物后进行琼脂糖凝胶电泳，电泳方法如下：①制作琼脂糖凝胶。将干净、干燥的电泳凝胶槽水平放置在工作台，插入样品梳，在电泳缓冲液中溶解琼脂糖，琼脂糖质量浓度为 1.5%，在微波炉内将琼脂糖溶液以最短的时间完全溶解，待冷却至 60℃左右，将温热的凝胶倒入胶模中，凝胶厚度为 3～5 mm，置于室温下凝固，小心移去梳子，将凝胶置于电泳槽中，凝胶孔端位于负极，加入 TAE 电泳缓冲液，使液面高出凝胶 1～2 mm。②加样。微量移液器将样品与 1 μL 10×PCR 缓冲液混合后，将混合液小心加入加样孔内，同时加入 DS2000 DNA Marker 作为对照。③电泳。盖上电泳槽盖，调节电压到 100V，电泳 25 min 左右，当溴酚蓝染料移动到凝胶中间时，电泳完毕。④染色和观察。电泳完毕后，将凝胶置于溴化乙啶溶液中染色 10 min，然后水洗 10 min，取出凝胶，置于 Bio-Rao Gel Doc EQ 凝胶成像系统上观察结果。

4.2.5.2　*mec* 复合物的检测

mec 复合物上带有最重要的耐药基因 *mecA* 及其他耐药辅助因子，因此如果说 *ccr* 复合物是 SCC*mec* 耐药性形成的原因，则 *mec* 复合物就是 SCC*mec* 耐药性的体现。在确定 *ccr* 复合物类型后，根据结果选择不同引物对，利用 PCR 分析 *mec* 复合物以确证 SCC*mec* 类型。在确定 SCC*mec* 类型后，还可进一步根据 J 区域的信息，对 SCC*mec* 的亚型进行分析。

1) DNA 模板的制备

方法与 4.2.5.1 节中的“DNA 模板的制备”部分同。

2) 引物设计、合成及反应液的配制

根据 *ccr* 类型，选择不同的引物对进行 *mec* 复合物的检测，所有引物参见表 4－4。如 *ccr* 复合物为 1 型，则选用引物对 IS5 和 mA6 扩增 IS*1272*-*mecA*（B 类 *mec* 复合物独有），如产物为 2 kb，可确认为 B 类 *mec* 复合物，则 SCC*mec* 类型为 1B（Ⅰ型 SCC*mec*）；对Ⅰ型 SCC*mec*，进一步用引物对 IS*431*-P4 和 pUB110-R1 进行 PCR，若扩增产物为 381bp（为 pUB110 插入元件），则为ⅠA 型，否则为Ⅰ型。如 *ccr* 复合物为 2 型，则分别选用引物对 IS5 和 mA6 扩增 IS*1272*-*mecA*（B 类 *mec* 复合物独有）和引物对 mI4 和 mcR3 扩增 *mecI*-*mecR1*（A 类 *mec* 复合物独有），如引物对 IS5 和 mA6 扩增出 2 kb 产物且引物对 mI4 和 mcR3 扩增阴性，可确认为 B 类 *mec* 复合物，则 SCC*mec* 类型为 2B（Ⅳ型 SCC*mec*），需进一步区分亚型；如引物对 mI4 和 mcR3 扩增出 1.8 kb 产物且引物对 IS5 和 mA6 扩增阴性，可确认为 A 类 *mec* 复合物，则 SCC*mec* 类型为 2A（Ⅱ型 SCC*mec*）。如 *ccr* 复合物为 3 型，则选用引物 mI4 和 mcR3 扩增 *mecI*-*mecR1*（A 类 *mec* 复合物独有），如产物为 1.8 kb，可确认为 A 类 *mec* 复合物，则 SCC*mec* 类型为 3A（Ⅲ型 SCC*mec*）；对于Ⅲ型 SCC*mec*，进一步用引物对 IS*431*-P4 和 pT181-R1 进行 PCR，若扩增产物为 303bp（为 pT181 插入元件），则为Ⅲ型，否则为ⅢA 型。如 *ccr* 复合物为 4 型，选用引物对 IS5 和 mA6 扩增 IS*1272*-*mecA*（B 类 *mec* 复合物独有），如产物为 2 kb，可确认为 B 类 *mec* 复合物，则 SCC*mec* 类型为 4B（Ⅵ型 SCC*mec*）。如 *ccr* 复合物为 5 型，选用引物对 mA2 和 IS2

扩增 IS*431mecR1-mecA*(C 类 *mec* 复合物)，如产物为 2 kb，可确认为 C 类 *mec* 复合物，则 SCC*mec* 类型为 5C(Ⅴ型 SCC*mec*)。每个 PCR 反应均设置了阳性与阴性对照，阳性对照为 N315(A 类 *mec* 复合物)、10442(B 类 *mec* 复合物)和 WIS(C 类 *mec* 复合物)，阴性对照为超纯水。

表 4-4 PCR 反应所用到引物

引物名称	序列(5′—3′)	靶点	产物/bp	检测目的	T_m/℃	参考文献
ccrB	ATTGCCTTGATAATAGCCITCT	*ccrAB1*	700	1 型 *ccr*	48	[192, 205, 340]
ccrA1	AACCTATATCATCAATCAGTACGT					
ccrB	ATTGCCTTGATAATAGCCITCT	*ccrAB2*	1000	2 型 *ccr*		
ccrA2	TAAAGGCATCAATGCACAAACACT					
ccrB	ATTGCCTTGATAATAGCCITCT	*ccrAB3*	1600	3 型 *ccr*		
ccrA3	AGCTCAAAAGCAAGCAATAGAAT					
ccrA4-F	ATGGGATAAGAGAAAAAGCC	*ccrAB4*	1400	4 型 *ccr*		
ccrB4-R	TAATTTACCTTCGTTGGCAT					
ccrC-F	ATGAATTCAAAGAGCATGGC	*ccrC*	520	5 型 *ccr*		
ccrC-R	GATTTAGAATTGTCGTGATTGC					
mI4	CAAGTGAATTGAAACCGCCT	*mecI-mecR1*	1800	A 类 *mec*	50	
mcR3	GTCTCCACGTTAATTCCATT					
IS5	AACGCCACTCATAACATATGGAA	IS*1272-mecA*	2000	B 类 *mec*	52	
mA6	TATACCAAACCCGACAAC					
mA2	AACGTTGTAACCACCCCAAGA	IS*431-mecR1-mecA*	2000	C 类 *mec*	53	
IS2	TGAGGTTATTCAGATATTTCGATGT					
IS*431*-P4	CAGGTCTCTTCAGATCTACG	pUB110	381	Ⅰ或ⅠA 型 SCC*mec*	55	
pUB110-R1	GAGCCATAAACACCAATAGCC					
IS*431*-P4	CAGGTCTCTTCAGATCTACG	pT181	303	Ⅲ或ⅢA 型 SCC*mec*	52	
pT181-R1	GAAGAATGGGGAAAGCTTCAC					

3) PCR 检测及凝胶电泳

多重 PCR 检测与琼脂糖凝胶电泳方法参见 4.2.5.1 节中的“多重 PCR 检测”和“凝胶电泳”两部分。

4.2.5.3 基因组岛 SCC*mec* 的研究与分析

对 524 株 MRSA 和 MRCNS 菌株进行 SCC*mec* 分型，首先检测菌株的 *ccr* 复合物类型，再根据 *ccr* 复合物类型选择引物进行 *mec* 复合物类型的确定。

1）PCR 检测 *ccr* 复合物

在多重 PCR 检测菌株的 *ccr* 复合物类型中，如扩增出 700 bp 片段则为 1 型 *ccr*，1000 bp 片段为 2 型 *ccr*，而 1600 bp 则为 3 型 *ccr*。在 2001—2006 年的 262 株葡萄球菌中（见图 4－1），有 13、27、213 株分别扩增出 700、1000 和 1600 bp 条带，证实其携带第 1、2、3 型 *ccr* 复合物，可进一步验证 *mec* 复合物；另有 9 株为阴性，属于无法分型。在 2006—2012 年的 262 株葡萄球菌中（见图 4－2），有 69、153、5 与 10 株菌分别携带 2、3、4 和 5 型 *ccr* 复合物，5 株同时检出携带有 2、3 型 *ccr* 复合物，1 株分型不确定，其余 19 株 MSSA 和 MSCNS 没有扩增出 *ccr* 复合物。

图 4－1　2001—2006 年 *ccr* 复合物多重 PCR 扩增结果

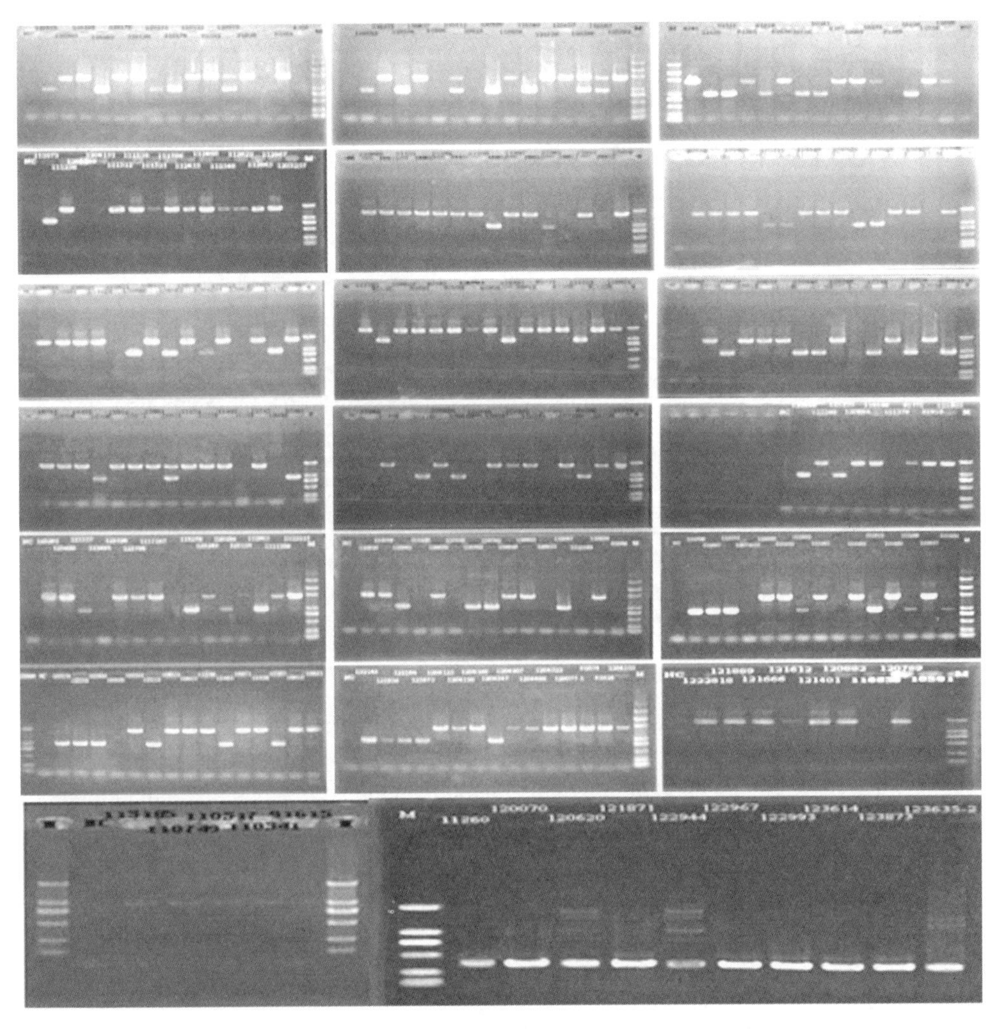

图 4－2　2006—2012 年 *ccr* 复合物多重 PCR 扩增结果

2）PCR 检测 *mec* 复合物

对于携带第 1 型 *ccr* 复合物的菌株，选用引物 IS5 和 mA6 对基因元件 IS*1272*-*mecA* 进行扩增，如果扩增出 2000 bp 的特异性产物，可判断为 B 类 *mec* 复合物，则 SCC*mec* 类型为 1B（Ⅰ型 SCC*mec*）；对于携带第 2、3 型 *ccr* 复合物的菌株，选用引物 mI4 和 mcR3 对基因元件 *mecI*-*mecR1* 进行扩增，如扩增出 1800 bp 的特异性产物，可判断为 A 类 *mec* 复合物，则 SCC*mec* 类型分别为 2A（Ⅱ型 SCC*mec*）和 3A（Ⅲ型 SCC*mec*）。2001—2012 年 *mec* 复合物的检测结果如图 4－3 和图 4－4 所示。

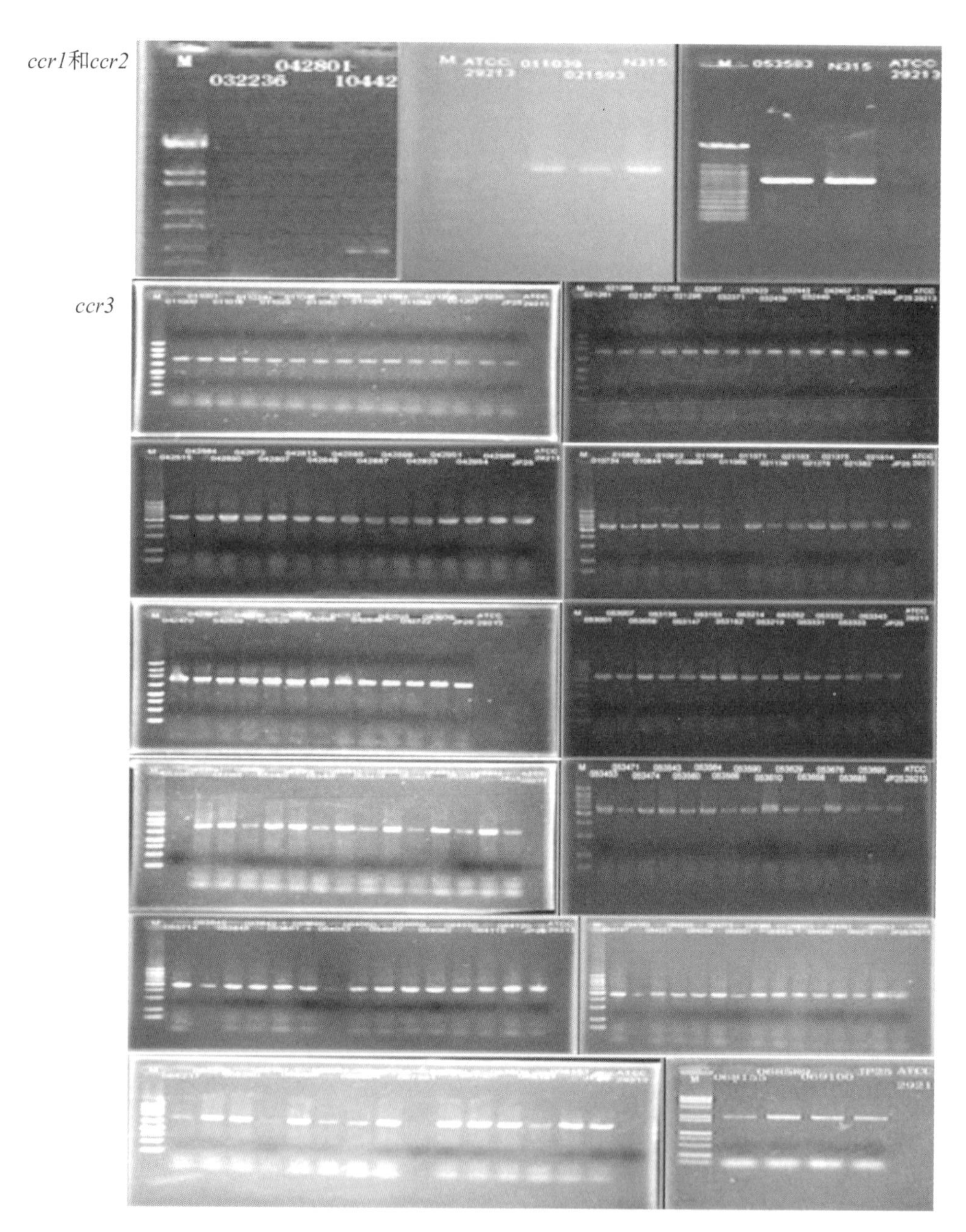

图 4－3　2001—2006 年 1、2、3 型 *ccr* 的 MRSA 菌株检测 *mec* 复合物的结果

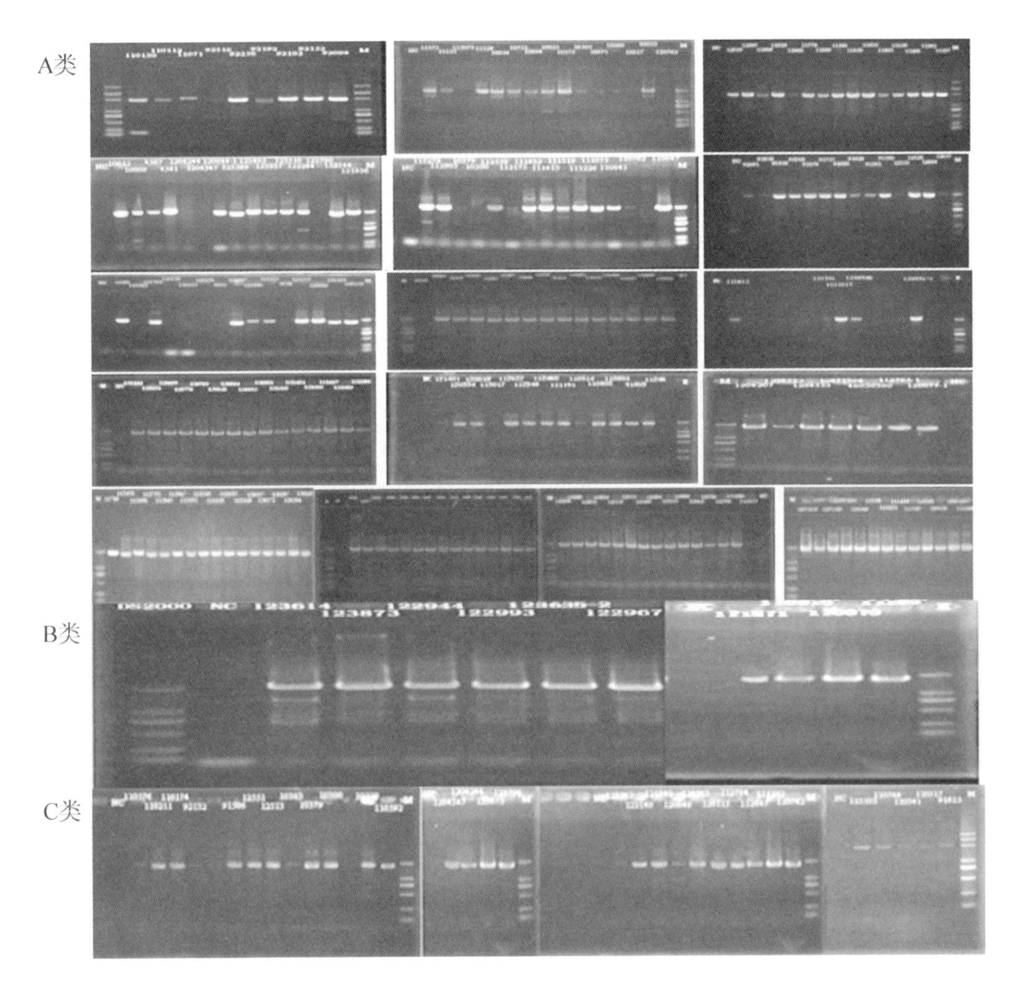

图4－4 2006—2012年A、B、C类*mec*复合物的检测结果

3)基因组岛SCC*mec*类型

综合以上，根据Piriyaporn等学者提出的协议[298]，对实验葡萄球菌进行SCC*mec*基因组岛分型的结果如表4－5所示。

表4－5 SCC*mec*基因组岛的分型结果

SCC*mec*分型	大小/kb	*mec*复合物类型	*ccr*复合物类型	菌株数量/株		总数/株	比例/%
				2001—2006年	2006—2012年		
Ⅰ	34	B	1	9	0	9	1.7
Ⅱ	53	A	2	27	43	70	13.4
Ⅲ	67	A	3	211	138	349	66.6
ⅢA	65	A	3	0	15	15	2.9

续表 4－5

SCC*mec* 分型	大小/kb	*mec* 复合物类型	*ccr* 复合物类型	菌株数量/株		总数/株	比例/%
				2001—2006 年	2006—2012 年		
Ⅳ	24	B	2	0	26	26	5.0
Ⅴ	28	C	5	0	10	10	1.9
Ⅵ	21	B	4	0	5	5	1.0
无法分型				15	6	21	4.0

SCC*mec* 根据发现时间的先后，分为Ⅰ、Ⅱ、Ⅲ、Ⅳ、Ⅴ五种类型和多种亚型。在 524 株葡萄球菌中，9 株（1.7%）为Ⅰ型，70 株（13.4%）为Ⅱ型，349 株（66.6%）与 15 株(2.9%)分别为Ⅲ和ⅢA 型，26 株(5.0%)为Ⅳ型，10 株(1.9%)为Ⅴ型，5 株(1.0%)为Ⅵ型 SCC*mec*，21 株(4.0%)无法分型，另有 19 株不携带 *mecA* 的葡萄球菌均不携带基因组岛 SCC*mec*。由数据可得，Ⅲ型 SCC*mec* 为主要流行株(66.6%)，其次是Ⅱ型 SCC*mec*(13.4%)。值得注意的是，在 2001—2006 年中未发现Ⅳ、Ⅴ、Ⅵ型 SCC*mec*，而 2006—2012 年发现 26 株Ⅳ型 SCC*mec*、10 株Ⅴ型 SCC*mec*、5 株Ⅵ型 SCC*mec*，可推测 SCC*mec* 的流行型正在发生演变，葡萄球菌的耐药机制在不断发展。

目前，基因组岛 SCC*mec* 被认为是在葡萄球菌基因组中重要的基因重组与交换元件，在菌株基因组进化中起重要作用。SCC*mec* 从 21 kb 至 67 kb 不等，包括 *ccr* 复合物和 *mec* 复合物。SCC*mec* 可从染色体上分离形成环状体，在一定条件下移动至其他葡萄球菌染色体上，从而进行基因交换。

Ⅰ、Ⅱ和 Ⅲ型 SCC*mec* 存在于医院获得 MRSA 中，属于复合型基因组岛，通常较大，一般为 50～60 kp，通常带有多种耐药性质粒或者转座子，所以表现为对多种抗生素耐药，但是该类型菌株毒性较小。自从抗生素出现以来，各种携带有复合型 SCC*mec* 的 MRSA 克隆株在全世界广泛传播。由于 SCC*mec* 是一个可移动性元件，它的流行一定程度上反映着葡萄球菌的进化情况。研究报道，Ⅱ型 SCC*mec* 基因组岛在世界范围内多属于纽约/日本克隆系（ST5-Ⅱ），也曾在我国一些城市(沈阳和大连流行[320]，随后传播至欧洲和亚洲一些国家，在欧洲大多进化为 EMRSA16（ST36-Ⅱ）。Ⅲ型 SCC*mec* 经常在亚洲包括中国、印度、菲律宾、新加坡、沙特阿拉伯、斯里兰卡、泰国、越南等地有研究报道，我国的台湾和香港地区均是以Ⅲ型 SCC*mec* 为主要流行株[321]。Lim 等对马来西亚 162 株金葡菌进行基因组岛分型，结果显示，90% 的菌株为Ⅲ型 SCC*mec*[322]。根据国内各地学者研究报道，目前在中国分离的 SCC*mec* 基因型大多以Ⅲ型 SCC*mec* 为主[322,323]。本实验检测到大部分（82.9%）为Ⅱ型、Ⅲ型 SCC*mec* 基因组岛，与之前的报道较为相符。

Ⅳ、Ⅴ、Ⅵ型 SCC*mec* 基因组岛属于轻便型 SCC*mec*，该类基因元件出现于

20 世纪90 年代中期，一般较小，为 21 ～ 28 kb，存在于社区获得 MRSA 中，耐药性差，只对 β - 内酰胺类抗生素耐药，但是携带 PVL 毒力因子的概率较高。Ⅳ型 SCC*mec* 基因组岛是各种类型中最小的，移动性强，比其他类型更容易转移，根据 SCC*mec* 基因组岛上 J 区域的不同又可分为亚型Ⅳa、Ⅳb、Ⅳc、Ⅳd、Ⅳg、Ⅳh、Ⅳi 和Ⅳj 等类型，不过随着研究的不断深入，可能还会有新型的 SCC*mec* 元件被发现[324,325,326,161]。目前，Ⅳ型 SCC*mec* 多发于社区进化过程中，例如曾有报道，在美国社区最流行的是 ST8-Ⅳ(USA300)，在大多数欧洲国家 Barnim EMRSA 呈大范围流行，而在德国、比利时 CC45-Ⅳ 占据主要流行地位[162,163]。2001 年，Ⅵ型 SCC*mec* 首次在 Pediatric 克隆株中被发现。随后，在葡萄牙、阿根廷、波兰、哥伦比亚和美国都有报道[256]，而本实验发现有 5 株Ⅵ型。对 2001—2006 年流行性金葡菌进行研究的结果显示，全部葡萄球菌均携带Ⅰ、Ⅱ或Ⅲ型基因组岛，未发现Ⅳ、Ⅴ或者Ⅵ型 SCC*mec*[164]；而 2006—2012 年的数据显示，轻便型(Ⅳ、Ⅴ或Ⅵ型)基因组岛共占 7.9%，说明该类型基因组岛的分离率在呈现上升趋势。分析其原因，可能是由于 SCC*mec* 水平转移及不同分型的克隆株Ⅳ型、Ⅴ型和Ⅵ型在全球的快速播散。类似的研究，全球范围在 20 世纪 90 年代开始就有多个国家和地区的报道，轻便型金葡菌分离率逐年上升，甚至已超过复合型金葡菌，有取代后者的潜力。有研究对来自韩国及其他东南亚国家的金葡菌进行 SCC*mec* 分型，结果显示Ⅳ、Ⅴ型携带率分别为 30.3% 和 0.6%[327]。在美国太平洋岛的夏威夷，轻便型 SCC*mec* 的分离率达到了 51%[328]。在北欧国家，复合型 MRSA 出现很少，大多是轻便型 MRSA[167]。本研究表明，该现象在国内也存在，但出现一定滞后性。由于轻便型基因组岛长度较短，相对轻便，比较容易在不同遗传背景的流行株中转移，所以可能会造成较大范围的流行。

4.3 葡萄球菌耐药机制的进化和发展

SCC*mec* 是一种仅存在于葡萄球菌属的基因岛，是 SCC 家族中唯一携带 β - 内酰胺类抗生素耐药基因 *mecA* 的新型移动基因元件。Ito 等发现，SCC*mec* 通过重组酶 CcrA 和 CcrB 的位点特异性重组作用，可以使多种耐药及耐重金属基因嵌入到 SCC*mec* 中[312]；同时，Katayama 等发现不同类型的重组酶 CcrA 和 CcrB 催化相应的 SCC*mec* 进行精确的切除和整合作用，从而使其能在不同的葡萄球菌属中交换基因信息[315]。从基因组岛 SCC*mec* 的发展历程来看，这种位点特异性重组作用一直被普遍认为是葡萄球菌获得耐药性的关键因子，在葡萄球菌耐药性发展与进化的过程中起决定性作用[311,312,315]。通过 SCC*mec* 捕获外源基因和菌属间交换基因信息，葡萄球菌得以迅速适应周围变化的环境和抗生素选择压力。然而，自基因组岛 SCC*mec* 出现后的 20 世纪 60 ～ 90 年代，分离的葡萄球菌所携带的 SCC*mec* 均为Ⅰ、Ⅱ和Ⅲ型，Ito、Katayama 和 Oliveira 等人的研究显示，这些医院环境来源的基因组岛 SCC*mec* 除 β－内酰胺类抗生素耐药基因 *mecA* 外，还伴随带有多个耐抗生素和重金属基因。虽然 SCC*mec* 可以捕获外源基因以及在菌属间交换基因，但获得基因的性状类型与功能，则由微生物的生存环境决定[308,311,312,315]。Oliveira 等人发现，SCC*mec* 在过去数十年均以显示多重耐药性的Ⅰ、Ⅱ和Ⅲ型为主，说明其更加适合在医院环境中的抗生素压力[307]。但自 20 世纪 90 年代后，Ma 等人相继在社区来源的葡萄球菌中分离到Ⅳ和Ⅴ型 SCC*mec*，与传统的Ⅰ、Ⅱ和Ⅲ型相比，Ⅳ和Ⅴ型 SCC*mec* 片段较短，较为轻便，基因多样性较高，携带耐药基因较少，但毒素基因携带率高[309]。Ito 和 Hisata 等认为，与医院严重的抗生素选择压力环境不同，在社区里，选择压力是细菌的繁殖与侵袭能力，因此轻便而不呈现多重耐药性的Ⅳ和Ⅴ型 SCC*mec* 相比之下更加适合，使菌株倾向于向具有更高的生长率和更易于在人体内繁殖的方向进化[307,311,312]。这与基因组岛 SCC*mec* 的进化发展历程类似[307,308,311,318]。但在本实验中，243 株葡萄球菌含Ⅰ～Ⅵ型 SCC*mec* 中，绝大多数为Ⅲ型 SCC*mec*（56.8%，138/243），表明目前在国内流行的葡萄球菌还是以耐药型为主。耐药性更强、更适合医院环境的Ⅲ型基因组岛 SCC*mec* 占主导，出现与国际相关报道相反的趋势，这可能与目前国内抗生素的严重滥用以及系统监控的缺乏有关。

在欧美国家，随着近年来对抗生素的规范应用以及对院内感染的严格控制，医院来源的 MRSA 和 MRCNS 开始呈下降趋势；相反，社区来源的 MRSA 和 MRCNS 报道日益增多，呈现取代医院来源菌株的趋势。葡萄球菌的发展途径为从医院进入社区环境，基因组岛 SCC*mec* 从笨重的耐药型至轻便的侵袭型，葡萄球菌的表型也从高度多重耐药性至低耐药性、强侵袭性。在中国，具有抗生素使用常识或培训的工作人员严重不足，对抗生素规范应用知识的缺乏和合理使用规定的无法执行，再加上监控系统与机制的落后，导致抗生素滥用的现象在畜牧业和临床医学上均十分严重。在这种选择压力下，葡萄球菌不断发展进化，菌株表型的多重耐药性更强而耐药谱更广。目前糖肽类抗生素是治疗耐药性葡萄球菌的最后一道防线，但随着万古霉素耐药性的出现，具有多重耐药性的葡萄球菌将出现无适合抗生素应用的局面，并导致最终治疗失败。耐药型基因组岛 SCC*mec* 使葡萄球菌多重耐药性更强，耐药谱更广，推动着葡萄球菌进化发展成为无药可治的“超级细菌”，严重威胁将来人类的生存。

5 葡萄球菌的指纹图谱分析与基因组背景分析

对葡萄球菌基因组的深入研究与分析涉及多种基因分型方法。其中，最精确的方法是基因组测序，通过对葡萄球菌进行基因组测序，能获得其全基因组的所有序列，但基因组测序工序繁琐、费用高、耗时较长，获得序列后还需进行拼接、比对以及注释等处理，因此一般较少应用。在其余基因分型方法中，可分为：①基于基因电泳图的指纹图谱分析技术，包括基于各种随机引物和 DNA 多态性扩增获得电泳图指纹图谱，操作快速、简便，分辨率高，但稳定性低，无法在不同实验室、不同地区之间进行横向对比等。除各种基因多态性扩增技术外，脉冲场电泳在指纹图谱分析中亦应用较广，其分辨力和稳定性比多态性扩增技术好，能用于不同实验室间的平行比较，但脉冲场电泳耗时长(一般需要 3 ～ 7 天)、费用高、操作繁琐、技术要求高。②基于测序和软件分析的序列分型技术：分辨力低，但稳定性好，结果易于在不同实验室间比对，可更方便快捷地提供或获知葡萄球菌在某区域甚至全球的流行分布状况和进化演变信息。笔者通过多种指纹图谱分析与基因分型技术对葡萄球菌基因组背景进行解析，从而对其传播渠道、侵袭途径以及克隆进化等进行研究与分析。

5.1 葡萄球菌传播渠道和侵袭途径的研究

笔者通过随机扩增多态性 DNA(RAPD-PCR)技术，对 29 株分离自我国华南地区某医院的 MRSA 菌株进行指纹图谱分析，以期深入研究和探讨葡萄球菌的传播渠道与侵袭途径。

5.1.1 23 株 MRSA 菌株的指纹图谱及基因相似性分析

本部分实验以 RAPD-PCR 技术，应用 3 种随机引物 AP1、AP7 和 ERIC2，对 23 株分离自我国华南地区某医院的 MRSA 菌株进行指纹图谱和基因相似性分析。菌株编号为：1-050485、2-050555、3-050512、4-032120、5-032121、6-042242、7-042243、8-042244、9-032133、10-032142、11-032145、12-032146、13-050581、14-050582、15-050583、16-050585、17-050556、18-050584、19-050586、20-050557、21-050558、

22-050561、23-050562。

对 DNA 模板进行质量检测与定量分析：①取上述制备好的模板 5 μL 于 145 μL TE 缓冲液中混匀。②打开分光光度计，预热 30 min。③将上述制备好的稀释液移入比色杯中，测定 OD_{260} 和 OD_{280} 值，若 OD_{260}/OD_{280} 值小于 1.8，则需重新进行模板制备。④按公式计算 DNA 含量：DNA 浓度 = OD_{260} ×50 ×稀释倍数(ng/μL)。⑤将 DNA 模板以 TE 缓冲液稀释至终浓度为 100 ng/μL，－20℃贮存备用；若计算得该模板浓度低于 100 ng/μL，则可使用 DNA 浓缩仪浓缩后再定量稀释或重新制备该模板。在 DNA 模板质量检测与定量后，进行引物设计、合成及引物溶液配制，使用 3 种随机引物 AP1、AP7 和 ERIC2，分别进行 3 组 RAPD-PCR 反应，序列分别为 AP1(5′－GGTTGGGTGAGAATTGCACG －3′)、AP7(5′－ GTGGATGCGA －3′)和 ERIC2(5′－AAGTAAGTGACTGGGGTGAGCG －3′)。扩增体系配制如下：5 μL 10 × Ex Buffer、4 μL dNTP Mixture(2.5 mmol/L)、3 μL 引物工作液(每条引物)、0.25 μL Ex *Taq* 酶(5U/μL)、1μL DNA 模板(100ng/μL)，最后加无菌水至终体积为 50 μL。PCR 扩增程序为 94℃预变性 5 min；然后按 94℃变性 1 min、38℃退火 1 min、72℃延伸 2 min 进行 8 个循环；接着按 94℃变性 1 min、45℃退火 1 min、72℃延伸 2 min 进行 25 个循环；最后 72℃ 延伸 7 min。配置质量浓度为 2% 的琼脂糖凝胶，使用扩增产物 9 μL 与1 μL 10 ×Loading Buffer 混合；电泳电压为 100 V，电泳 50 min，而后在凝胶成像系统中观察。得到凝胶图像后，应用计算机软件(BIO-RAD Quality One，version 4.5)对电泳所得的指纹图谱进行分析，建立遗传相似性系数(Dice 系数)矩阵，基于该矩阵，采用 UPGMA 法(非加权配对法)建立 UPGMA 的聚类分析图即遗传分析的树状图。

通过对 23 株 MRSA 进行 RAPD－PCR 反应，结果显示：全部菌株均能扩增出指纹图谱，分型率为 100%；指纹图谱由 4 ～ 10 种带型组成，范围是 400 ～ 5000 bp，有较高的分辨率。应用计算机软件得到指纹图谱的 Dice 遗传相似性系数矩阵，并据此采用 UPGMA 法得到遗传分析的树状图(如图 5－1 所示)。由图知，不同组别均扩增出特异性指纹图谱，在构建遗传相关性树状图过程中应用低 Dice 相关系数仍可分为不同的基因组，因此，基因型分组可信度高。根据指纹图谱，AP1、AP7 和 ERIC2 三种多态性分析分别分出 6、6 和 7 种基因型。23 株 MRSA 被分为 9 种基因型，其中，菌株 1-050485 为 AAA，2-050555 为 AAB，3-050512 为 BBC，4-032120和 5-032121 为 BBD，6-042242、7-042243 和 8-042244 为 CCE，9-032133、10-032142、11-032145 和 12-032146 为 DCE，13-050581、14-050582、15-050583 和 16-050585 为 EDF，17-050556、18-050584 和 19-050586 为 EEF，20-050557、21-050558、22-050561 和 23-050562 为 FFG，可认为属于同一基因型组别的菌株来源于同一克隆起源。

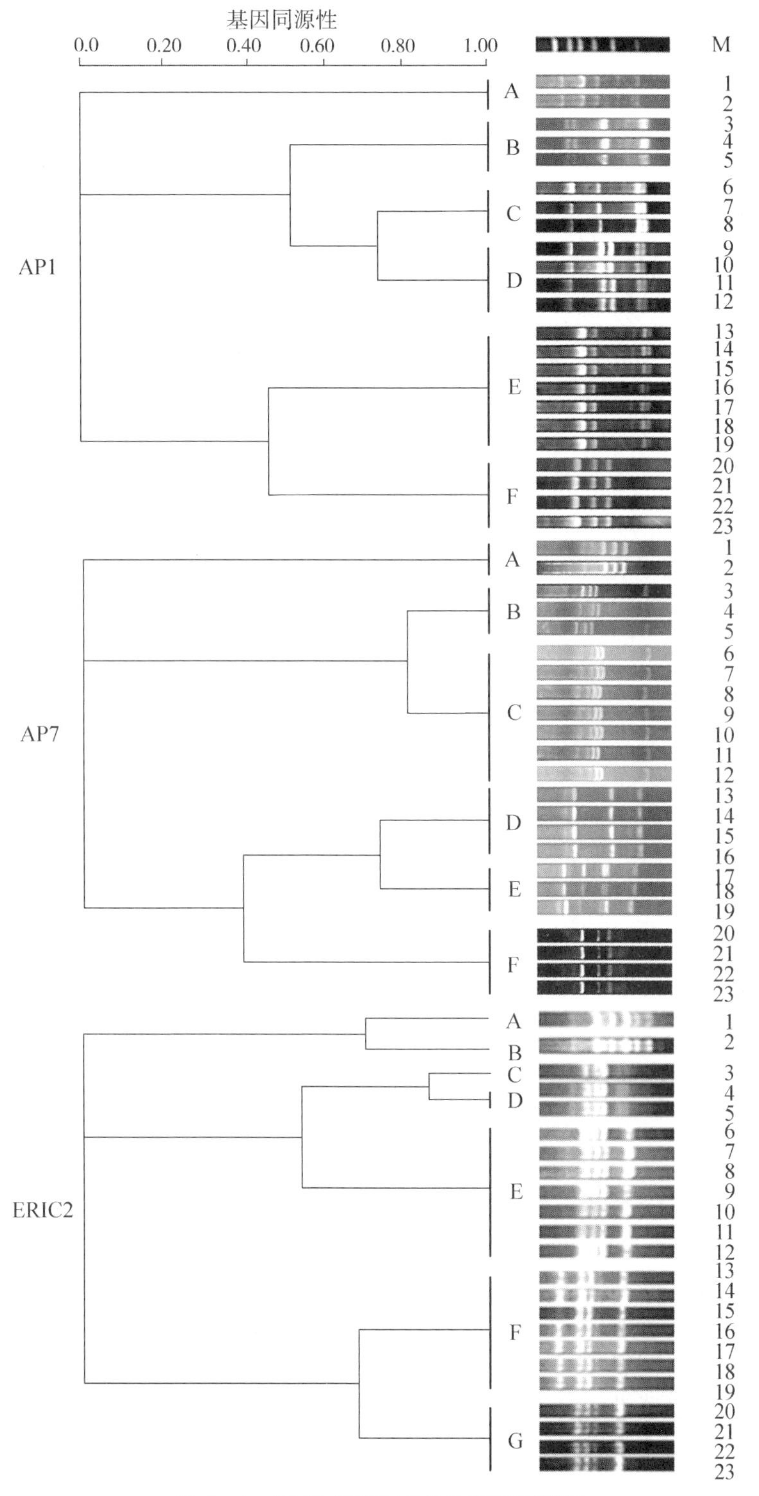

图 5－1　23 株 MRSA 菌株的基因同源树

结合临床数据，从分离时间上分析，部分属于同一基因组的菌株，其分离时间非常接近。同属于 BBD 组的两株 MRSA 菌株分离于 2005 年 3 月 26 日；同属于 CCE 组的三株 MRSA 菌株分离于 2005 年 4 月 1 日；同属于 DCE 组的菌株 9-032133 和 10-032142 分别分离于 2005 年 3 月 27 和 30 日，而 11-032145 和 12-032146 分离于 2005 年 3 月 31 日；同属于 EDF 组的 4 株 MRSA 菌株分离于 2005 年 5 月 30 日；同属于 EEF 组的 17-050556 分离于 2005 年 5 月 26 日，18-050584 和 19-050586 分离于 30 日；同属于 FFG 组的菌株 20-050557 和 21-050558 分离于 2005 年 5 月 26 日，22-050561 和 23-050562 则分离于 27 日。综上分析，在 3 月份流行的菌株属于 BBD 和 DCE 型，4 月份流行的为 CCE 型，而 5 月份流行的则为 EDF、EEF 和 FFG 型；由此可见，在同一院区内，不同时间的流行菌株各异，致病菌株在院区内的流行状况随时间变化而变化。从分离地点和部位上分析，部分属于同一基因组的菌株在分离空间上非常接近。同属于 FFG 组的菌株 20-050557、21-050558 和 22-050561 分离于病床号连续的三个病人，同属于 EDF 组的菌株 14-050582、15-050583 和 16-050585 则分别分离于病人与医护人员的鼻腔（通过鼻拭子取样），表明在病人与病人、病人与医护人员之间存在直接与间接接触而引起的细菌传播和感染。从标本类型上分析，23 株 MRSA 菌株中，6 株分离自环境样品，17 株分离自临床样品，部分分离自环境和临床的不同样品类型的菌株属于同一基因组。同属于 BBD 组的 4-032120和 5-032121 分别分离自环境和临床样品；同属于 EDF 组的 13-050581 分离自环境样品，其余 3 株分离自临床病人；同属于 EEF 组的 19-050586 分离自环境样品，其余 2 株来自于临床样品。基因分组与临床数据表明，存在环境（医疗器械和设备、医用材料和耗品等）与临床病人间的细菌传播和侵袭。Obayashi 等认为，葡萄球菌易于通过院内途径进行传播，因此葡萄球菌是院内感染的一个重要因素[330]。Van Belkum 等认为葡萄球菌在不同地区的流行状况有所差异，但其在医院内的存在可通过各种途径引起严重的院内感染甚至爆发，具体的传播和侵袭途径尚有待进一步研究，同时葡萄球菌流行状况在不同地区也有所差异[331]。Chang 等指出，目前葡萄球菌引起的院内感染给临床、医疗工作者和流行病学研究人员带来巨大的挑战，对葡萄球菌感染途径的深入研究，将有助于院内感染的系统监测以及控制。本实验通过对 23 株耐甲氧西林金葡菌的传播渠道和侵袭途径进行研究和分析，发现存在潜在的病人与病人、病人与医护人员间直接和间接接触，以及环境样品与临床病人间的感染，同时，引起感染的流行菌株随时间不断变迁。

5.1.2 6 株 MRSA 菌株的指纹图谱分析

对 6 株 MRSA（032147、032148、050513、050518、050559 和 050560）进行基因多态性分析，其中随机引物 AP1 和 ERIC2 分为 2 组分别进行 RAPD-PCR，随机引物 IS*256*-L 和 IS*256*-R 同时在 1 组 RAPD-PCR 反应中使用。AP1 和 ERIC2 的引物序列与 5.1.1 节中相同，引物 IS*256*-L 的序列为 5′－GGACTGTTATATGGCCTTTT－3′，

引物 IS*256*-R 的序列为 5′－GAGCCGTTCTTATGGACCT－3′。RAPD-RCR 反应、凝胶电泳及基因相似性树状图的构建步骤与 5.1.1 节相同。

结果显示，全部菌株均能扩增出指纹图谱，分型率为 100%；指纹图谱由 4～10 种带型组成，范围是 400～5000 bp，有较高的分辨率。不同组别均扩增出特异性指纹图谱，且三组指纹图谱分析结果的相关性较好，因此，基因型分组可信度高。如图 5－2 所示，6 株 MRSA 的基因指纹图谱一致，基因同源性极高，可认为这 6 株 MRSA 来源于同一克隆起源。

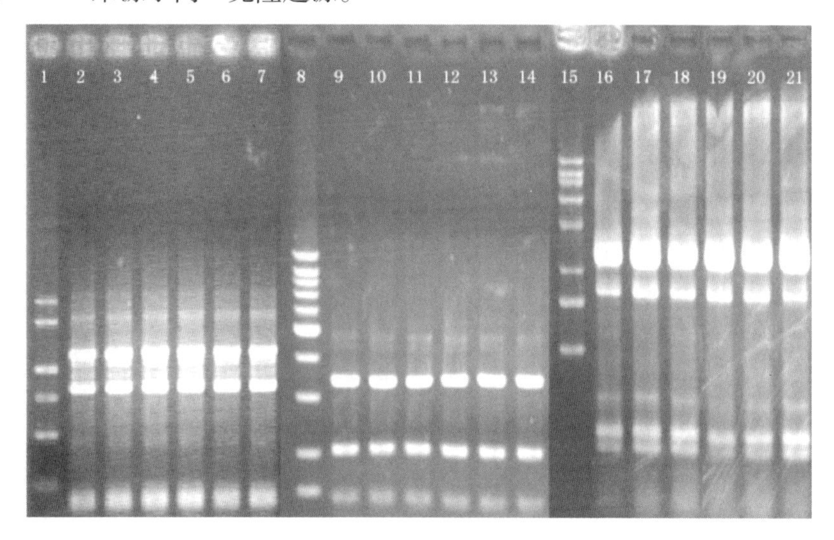

图 5－2　6 株 MRSA 菌株的基因指纹图谱

菌株 032147 和 032148 于 2005 年 3 月 31 日分离自医院心内科治疗室中的操作台和门把手。菌株 050513 和 050559 分离于同一病人，菌株 050518 和 050560 分离于另一病人。其中一位病人于 2005 年 5 月 1 日由于心脏功能衰竭入住该科室，于 5 月17 日接受心脏移植手术，手术后被送至治疗室进行药物注射和酸碱平衡调整；该病人于 5 月 19 日后出现手术感染，在病人体内分离得到菌株 050513；自 5 月 19 日至 27 日接受抗菌治疗，但情况未见好转，于 5 月 27 日再次在该病人体内分离得到菌株 050559；最终病人因严重感染，于 6 月 2 日去世。另一位病人于 2005 年 5 月10 日入住该科室，由于心脏功能衰竭，于 5 月 16 日接受主动脉瓣移植手术，手术后被送至治疗室进行药物注射和酸碱平衡调整；该病人于 5 月 20 日出现 MRSA 感染，在病人体内分离得到菌株 050518；在 5 月 20—27 日接受抗菌治疗，但情况未见好转，于 5 月 27 日分离得到菌株 050560；鉴于病人身体状况许可，在加大剂量（万古霉素 2 g/日）和联合用药（联用利福平）下，经过约 2 个月治疗，最终病人于 8 月 2 日出院。6 株 MRSA 的指纹图谱分析结果显示，菌株之间具有极高的基因同源性，可认为来源于同一克隆起源。首先，结合实验结果和以上临床证据可知，存在于环境样品中的 MRSA 来源于同一克隆起源，同一特异克隆的耐甲氧西林金葡菌菌株被 2 次分离于环境样品，分别来源于治疗室的操作台和门把手。治疗室是作为病人治疗和药物注射的主要场所，分布于该区间的耐甲氧西林金葡菌菌株无疑对病人是巨大的潜在危险。该相同克隆起源的 MRSA 菌株在同一环境内存在了至少两个月(3 月份至 5 月份)，随后分离于不同病人。被分离于治疗室的操作台和门把手，可认为该克隆菌株存在于治疗室相关的区域内；根据病例报告，两病人在手术前均为细菌感染症状，但在手术后均被送至治疗室，并随即出现细菌感染症状，表明其传播渠道可能为医院环境和病人间的院内感染，侵袭途径则可能是治疗室内环境中分布的 MRSA 菌株。手术后的病人均在此治疗室内治疗，并因该科室内的克隆 MRSA 菌株引起严重的院内感染，致一病人死亡，另一病人抗菌治疗两个月，可判断该 MRSA 菌株具高侵袭性和强致病性。此实验结果再次证实，MRSA 可通过人与人(病人与病人、病人与医护人员)、人与环境的途径传播，引起院内感染。

5.2 葡萄球菌基因来源与克隆起源的研究

笔者采用 RAPD-PCR 技术，对 23 株携带基因盒 *dfrA12-orfF-aadA2* 的 MRCNS 菌株、209 株 MRSA 菌株进行指纹图谱及基因相似性分析，以研究探讨葡萄球菌基因来源与克隆起源。

5.2.1 23 株携带基因盒 *dfrA12-orfF-aadA2* 的 MRCNS 菌株的指纹图谱及基因相似性分析

本部分实验使用随机引物 KZ 和 M13，对 23 株(12 株表皮葡萄球菌，5 株溶血葡萄球菌和 6 株人葡萄球菌)携带基因盒 *dfrA12-orfF-aadA2* 的 MRCNS 菌株进行指纹图谱和基因相似性分析。引物 KZ 的序列为 5′ – CCCATGTGTACGCGTGTGGG – 3′，M13 的序列为 5′ – GGAAACAGCTATGACCATG – 3′，RAPD-RCR 分析、凝胶电泳及基因相似性树状图的构建步骤同 5.1.1 节。

结果显示(见图 5 – 3)，全部菌株均能扩增出指纹图谱，分型率为 100%，指纹图谱由 4 ～ 10 种带型组成，范围是 400 ～ 5000 bp，有较高的分辨率。不同组别均扩增出特异性指纹图谱，在构建遗传相关性树状图过程中应用低 Dice 相关系数下仍可分为不同的基因组，因此，基因型分组可信度高。23 株携带高度同源的基因盒 *dfrA12-orfF-aadA2* 的 MRCNS 菌株基因同源性较低，即使在同一菌种中，同源性最高仅为 50%～60%。12 株表皮葡萄球菌中，基因同源性大多低于 45%，最高仅 60%；5 株溶血葡萄球菌中，基因同源性大多低于 50%，最高约 60%；6 株人葡萄球菌中，大多数菌株的基因同源性低于 40%，最高约 50%。因此，该 23 株 MRCNS 的基因同源性较低，同一种金葡菌并无来源于同一克隆起源的情况出现，可判断其来源于各自特异的克隆起源，其整合子为多克隆来源。

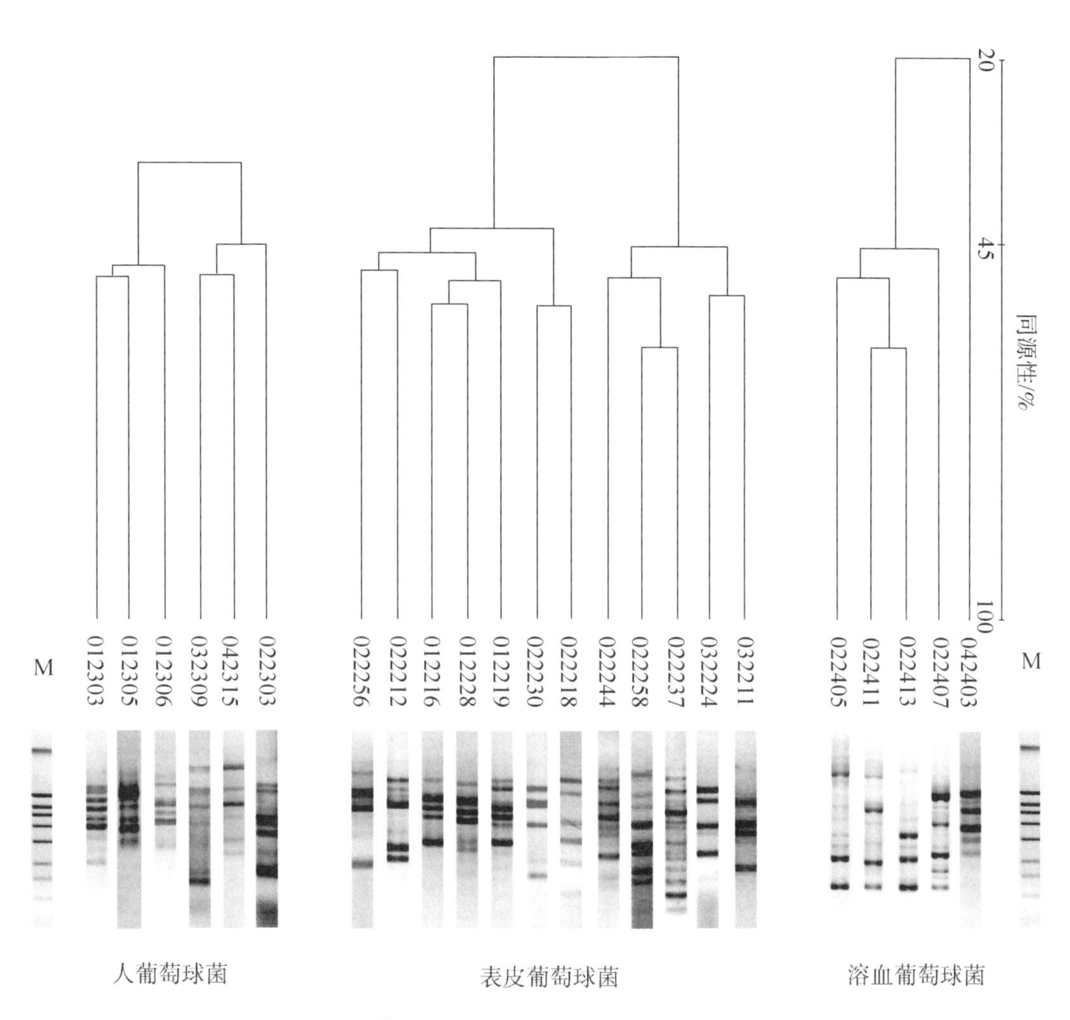

图 5－3 23 株携带 *dfrA12-orfF-aadA2* 的 MRCNS 菌株的基因同源树

5.2.2 30 株 MRSA 菌株的指纹图谱及基因相似性分析

本部分实验以 KZ 和 M13 为随机引物，对 30 株分离自我国华南地区某医院的 MRSA 菌株进行指纹图谱和基因相似性分析。使用的引物序列同 5.2.1 节。RAPD-PCR 分析、凝胶电泳及基因相似性树状图的构建步骤同 5.1.1 节。

结果显示(见图 5－4)，全部菌株均能扩增出指纹图谱，分型率为 100%，指纹图谱由 4～10 种带型组成，范围是 400～5000 bp，有较高的分辨率。不同组别均扩增出特异性指纹图谱，在构建遗传相关性树状图过程中应用低 Dice 相关系数下仍可分为不同的基因组，基因型分组可信度高。30 株 MRSA 可分为 6 个基因组；14 株整合子阴性 MRSA 菌株归类于基因型 A、B、C、D，而 16 株整合子阳性

MRSA 菌株(5 株来源于环境样品，11 株来源于临床样品)为基因型 E 和 F。且在低 Dice 相关系数下，E 和 F 基因型菌株相似性低于 80%，可认为这两个基因组别的菌株来源于两种不同的特异克隆起源，通过纵向的垂直传播，形成两种基因型的整合子阳性 MRSA 菌株。

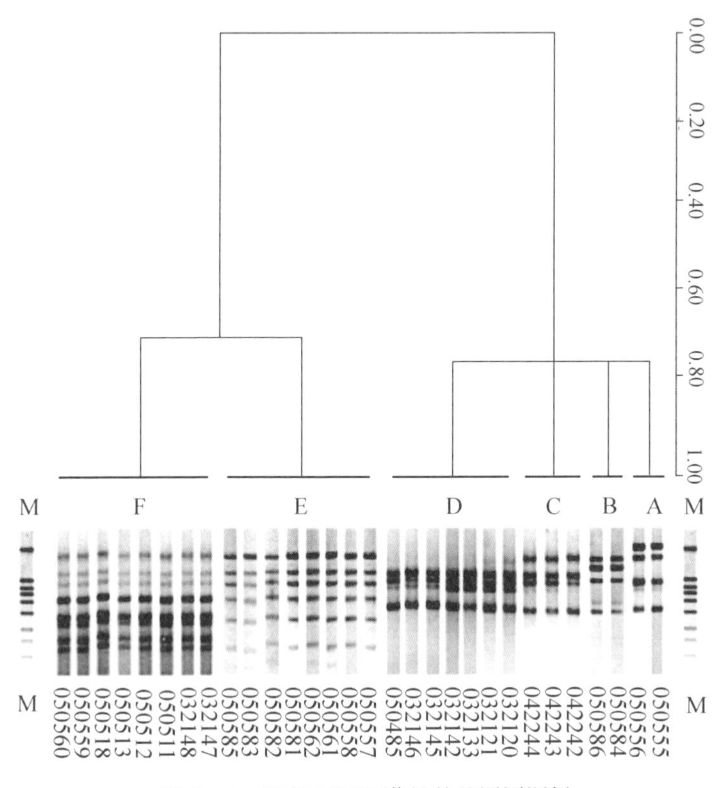

图 5-4　30 株 MRSA 菌株的基因同源树

5.2.3　179 株 MRSA 菌株的指纹图谱及基因相似性分析

本部分实验使用随机引物 AP1、AP7 和 ERIC2，对 179 株分离自我国华南地区某医院的 MRSA 菌株进行指纹图谱分析。DNA 模板的提取定量、使用的引物序列、后续 RAPD-PCR 分析、凝胶电泳及基因相似性树状图的构建同 5.1.1 节。

结果显示，全部菌株均能扩增出指纹图谱，分型率为 100%，指纹图谱由 4～10 种带型组成，范围是 400～5000 bp，有较高的分辨率。不同组别均扩增出特异性指纹图谱，基因型分组可信度高。如图 5-5 所示，AP1、AP7 和 ERIC2 此 3 组指纹图谱分析体系分别把 179 株 MRSA 区分为 8、6 和 10 种基因型，综合 3 组分析体系，179 株 MRSA 共分为 16 种基因型。其中，76 株整合子阳性 MRSA 菌株可归于 8 个不同的基因组，而 103 株整合子阴性 MRSA 菌株可归于 10 个不同的基因组，其中有 2 个基因组同时包括整合子阳性和阴性菌株。在 76 株整合子阳性 MRSA 菌株中，基因组 AAA 流行于 2001—2004 年，属于该组的菌株主要携带 *dfrA12-orfF-aadA2* 基因盒，也有少数携带 *aadA2* 基因盒；基因组 BBB 出现于 2001—2003 年，菌株携带基因盒为 *dfrA12-orfF-aadA2*；CBC 流行于 2001—2002 年，菌株携带基因盒为 *dfrA12-orfF-aadA2*；基因组 DAA 仅出现于 2002 年，菌株携带基因盒为 *dfrA12-orfF-aadA2*；属于基因组 AAE 和 AAF 的菌株较少，只有 2 株，分别携带 *aacA4-cmLA1* 和 *dfrA17-aadA5* 基因盒；基因组 FEI 和 GEJ 主要流行于 2004—2006 年，前者菌株携带的基因盒包括 *aadA2* 和 *dfrA12-orfF-aadA2*，后者菌株只携带 *aadA2* 基因盒。整合子阳性 MRSA 菌株分别属于 8 个基因组，其中 BBB 和 CBC 基因组中包含了整合子阳性和阴性菌株。同一基因组中的菌株可认为来源于同一克隆起源，因此可推断该 76 株整合子阳性 MRSA 菌株来源于 8 个特异的克隆起源，其中流行于 2001 年的基因组为 AAA、BBB 和 CBC，2002 年为 AAA、BBB、CBC 和 DAA，2003 年为 AAA、BBB、AAE 和 AAF，2004 年为 AAA、FEI 和 GEJ，2005 和 2006 年均为 FEI 和 GEJ。与甲氧西林凝固酶阴性葡萄球菌不同，MRSA 为寡克隆来源，即通过纵向的垂直传播，大量携带整合子的 MRSA 菌株仅来源于少数特异性克隆起源。但值得注意的是，在基因组 BBB 和 CBC 中，同时包含了整合子阳性和阴性菌株，表明属于该基因组的整合子阳性与阴性菌株间存在整合子的横向水平转移。因此，在 MRSA 菌株中，同时存在耐药基因的横向水平转移和纵向垂直传播，但以后者为主。

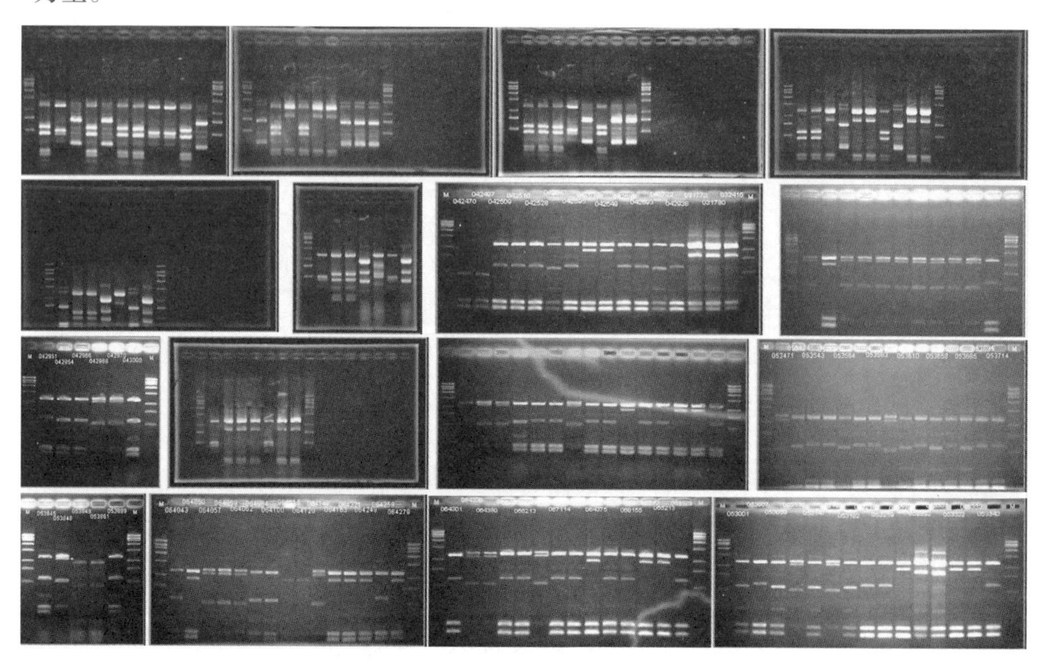

图 5－5　179 株 MRSA 的基因指纹图谱

5.3 葡萄球菌基因组进化与流行变迁的研究

笔者通过对分别分离自我国华南地区两所医院的46株MRSA菌株进行多位点序列分型，对22株MRSA菌株进行表面蛋白A基因和凝固酶基因分型，以深入研究葡萄球菌的基因组背景信息及探讨其基因组进化与流行变迁的关系。

5.3.1 MRSA菌株的多位点序列分型

同一个看家基因在不同基因型的菌株基因中可能由于不同的等位基因而具有不同的序列，多个看家基因的序列差异可反映菌株间基因型的差异。国际通用的多位点序列分型(MLST)方法是，对于特定的一种基因型细菌，选取通用的几个看家基因，设计引物扩增基因，测定扩增产物序列；登录MLST网站(http://www.mlst.net)，通过与网站上现存的序列进行比较，获得每一看家基因的等位号码，综合所有的等位号码，确定该菌株的序列型(sequence type，ST)；再通过与不同地区流行菌株的序列型进行比较，鉴定其是一种新的序列型还是原有序列型。MLST是一种具有高分辨力的分型方法，适合于在全球进行长时期、大范围的流行病学调查研究；而且可比性极高，不同地区和实验室之间的数据可方便地进行比较；序列资料更可作为数据库，为细菌的长期进化机理提供理论依据。该技术的缺点包括耗时长，需要对多个基因进行鉴定；花费大，涉及多个基因的测序工作；技术要求严格，少数核苷酸序列的不同即可导致分型不同。

按照国际上的标准，金葡菌的MLST选用的7个看家基因分别为*arcC*、*aroE*、*glpF*、*gmk*、*pta*、*tpi*、*yqiL*，扩增产物片段长度相应为456、456、465、429、474、402、516bp。对于MRSA，还可综合SCC*mec*分型和MLST的结果，通过MLST网站上提供的BURST (based upon related sequence types)程序确定该菌株的克隆复合组(clonal complex，CC)。引物序列如下：引物对*arcC*-Up(TTGATTCACCAGCGCGTATTGTC)和*arcC*-Dn(AGGTATCTGCTTCAATCAGCG)特异性扩增氨基甲酸激酶(carbamate kinase)基因*arcC*；引物对*aroE*-Up(ATCGGAAATCCTATTTCACATTC)和*aroE*-Dn(GGTGTTGTATTAATAACGATATC)特异性扩增莽草酸脱氢酶(shikimate dehydrogenase)基因*aroE*；引物对*glpF*-Up(CTAGGAACTGCAATCTTAATCC)和*glpF*-Dn(TGGTAAAATCGCATGTCCAATTC)特异性扩增甘油激酶(glycerol kinase)基因*glpF*；引物对*gmk*-Up(ATCGTTTTATCGGGACCATC)和*gmk*-Dn(TCATTAACTACAACGTAATCGTA)特异性扩增鸟嘌呤核苷酸激酶(guanylate kinase)基因*gmk*；引物对*pta*-Up(GTTAAAATCGTATTACCTGAAGG)和*pta*-Dn(GACCCTTTTGTTGAAAAGCTTAA)特异性扩增磷酸转乙酰酶(phosphotransacetylase)基因*pta*；引物对*tpi*-Up(TCGTTCATTCTGAACGTCGTGAA)和*tpi*-Dn(TTTGCACCTTCTAACAATTGTAC)特异

性扩增磷酸丙糖异构酶（triosephosphate isomerase）基因 *tpi*；引物对 *yqiL*-Up（CAGCATACAGGACACCTATTGGC）和 *yqiL*-Dn（CGTTGAGGAATCGATACTGGAAC）特异性扩增乙酰辅酶 A 乙酰转移酶（acetylecoenzyme A acetyhransferase）基因 *yqiL*。PCR 反应体系配置如下：2.5μL 10×PCR Buffer、2μL dNTP Mixture（2.5 mmol/L）、1μL Primer 工作液、0.125μL *Taq* DNA 聚合酶（5U/μL）、1μL DNA 模板，加无菌水至终体积为 25μL。扩增程序为：94℃预变性 5 min，然后按 94℃变性 30 s、T_m 温度下退火 30 s、72℃延伸 1.5 min 进行 30 个循环，最后 72℃延伸 7 min。本部分实验用菌株送到上海博亚生物技术有限公司进行 DNA 序列测定。使用 DNATools 软件对 DNA 序列进行分析，在美国生物技术信息中心（NCBI）网站（http://www.ncbi.nlm.nih.gov）应用 BLAST 程序对获得的基因片段进行同源性检索，然后根据 MLST 网站的等位号码和 BURST 程序确定菌株的序列型和克隆复合组，分析菌株间关系。

结果显示，46 株 MRSA 的 7 个管家基因序列全部一致（见表 5-1），等位基因谱（*arcC-aroE-glpF-gmk-pta-tpi-yqiL*）均为：2-3-1-1-4-4-3，其序列型为 ST239，克隆复合组是 CC8，该序列型是目前国内最为流行和常见一型，并普遍流行于除日本和韩国以外的大多数亚洲国家，包括新加坡、印尼、泰国等。

表 5-1 MLST 的测序结果与序列型分析

arcC							
10	20	30	40	50	60	70	80
atgtttttta	aaaggagcga	caaaaatatg	aaagagaaaa	ttgtcattgc	attaggcggt	aatgcgatac	agacaaaaga
90	100	110	120	130	140	150	160
agcaacagct	gaagcacaac	aaacagctat	tagacgtgcg	atgcaaaacc	ttaaaccttt	atttgattca	ccagcgcgta
170	180	190	200	210	220	230	240
ttgtcatttc	acatggtaat	ggtccacaaa	ttggaggttt	attaatccaa	caagctaaat	cgaacagtga	cacaacgccg
250	260	270	280	290	300	310	320
gcaatgccat	tggatacttg	tggtgcaatg	tcacaaggta	tgataggcta	ttggttggaa	actgaaatca	atcgcatttt
330	340	350	360	370	380	390	400
aactgaaatg	aatagtgata	gaactgtagg	cacaatcgta	acacgtgtgg	aagtagataa	agatgatcca	cgatttgata
410	420	430	440	450	460	470	480
acccaactaa	accaattggt	ccttttata	cgaaagaaga	agttgaagaa	ttacaaaaag	aacagccagg	ctcagtcttt
490	500	510	520	530	540	550	560
aaagaagatg	caggacgtgg	ttatagaaaa	gtagttgcgt	caccactacc	tcaatctata	ctagaacacc	agttaattcg
570	580	590	600	610	620	630	640
aactttagca	gacggtaaaa	atattgtcat	tgcatgcggt	ggtggcggta	ttccagttat	aaaaaaagaa	aatacctatg
650	660	670	680	690	700	710	720
aaggtgttga	agcggttata	gataaagatt	ttgctagtga	gaaattagca	acgctgattg	aagcagatac	cttaatgatt
730	740	750	760	770	780	790	800
cttacgaatg	tagaaaatgt	atttattaac	tttaatgaac	ctaatcaaca	acaaatcgat	gatattgatg	tagcaacact

续表 5－1

810	820	830	840	850	860	870	880
gaaaaaatac	gcggcacaag	gtaagtttgc	ggaaggatcg	atgttgccaa	aaatagaagc	tgcgatacga	tttgttgaaa
890	900	910	920	930	940	950	960
gtggggaaaa	caaaaaagtt	atcattacca	atttagagca	ggcatacgaa	gctttgattg	gtaataaagg	tacacacatt
961							
cacatgtag							
			BURST 结果：allele－2				
aroE							
10	20	30	40	50	60	70	80
atgaaatttg	cagttatcgg	aaatcctatt	tcacattcct	tgtcgcccgt	tatgcataga	gcaaatttta	attctttagg
90	100	110	120	130	140	150	160
attagatgat	acttatgaag	ctttaaatat	tccaattgaa	gattttcatt	taattaaaga	aattatttca	aaaaaagaat
170	180	190	200	210	220	230	240
tagatggctt	taatatcaca	attcctcata	aagagcgtat	cataccgtat	ttagatcatg	ttgatgaaca	agcgattaat
250	260	270	280	290	300	310	320
gcaggtgcag	ttaacactgt	tttgataaaa	gatggcaagt	ggatagggta	taatacagat	ggtattggtt	atgttaaagg
330	340	350	360	370	380	390	400
attgcacagc	gtttatccag	atttagaaaa	tgcatacatt	ttaattttgg	gagcaggtgg	tgcaagtaaa	ggtattgctt
410	420	430	440	450	460	470	480
atgaattagc	aaaatttgta	aagcccaaat	taactgttgc	gaatagaacg	atggctcgtt	ttgaatcttg	gaatttaaat
490	500	510	520	530	540	550	560
ataaaccaaa	tttcattggc	agatgctgaa	aagtatttag	ctgaattcga	tattgttatt	aatacaacac	cagcgggtat
570	580	590	600	610	620	630	640
ggctggaaat	aacgaaagta	ttattaattt	aaagcatctt	tctcccaata	ctttaatgag	tgatattgtt	tatataccat
650	660	670	680	690	700	710	720
ataaaacacc	tattttagag	gaagcagagc	gcaagggaaa	ccatatttat	aatggcttag	atatgtttgt	ttaccaaggt
730	740	750	760	770	780	790	800
gcggaaagct	ttaaaatttg	gactaataaa	gatgctgata	ttaattctat	gaaaacagca	gttttacaac	aattaaaagg
810							
agaataa							
			BURST 结果：allele－3				
glpF							
10	20	30	40	50	60	70	80
atgaatgtat	atttagcaga	attcctagga	actgcaatct	taatcctttt	tggtggtggc	gtttgtgcca	atgtcaattt
90	100	110	120	130	140	150	160
aaagagaagt	gctgcgaatg	gtgctgattg	gattgtcatc	acagctggat	ggggattagc	ggttacaatg	ggtgtgtatg
170	180	190	200	210	220	230	240
ctgttggtca	attctcaggt	gcacatttaa	acccagcggt	gtctttagct	cttgcattag	acggaagttt	tgattggtca
250	260	270	280	290	300	310	320
ttagttcctg	gttatattgt	tgctcaaatg	ttaggtgcaa	ttgtcggagc	aacaattgta	tggttaatgt	acttgccaca
330	340	350	360	370	380	390	400
ttggaaagcg	acagaagaag	ctggcgcgaa	attaggtgtt	ttctctacag	caccggctat	taagaattac	tttgccaact

续表 5 - 1

410	420	430	440	450	460	470	480
ttttaagtga	aattatcgga	acaatggcat	taactttagg	tattttattt	atcggtgtaa	acaaaattgc	tgatggttta
490	500	510	520	530	540	550	560
aatcctttaa	ttgtcggagc	attaattgtt	gcaatcggat	taagtttagg	cggtgctact	ggttatgcaa	tcaacccagc
570	580	590	600	610	620	630	640
acgtgattta	ggtccgagaa	ttgcacatgc	gattttacca	atagctggca	aaggtggttc	aaattggtca	tatgcaatcg
650	660	670	680	690	700	710	720
ttcctatctt	aggaccaatt	gccggtggtt	tattaggtgc	ggtagtatac	gctgtatttt	ataaacatac	atttaatatt
730	740	750	760	770	780	790	800
ggttgtgcaa	ttgcaattgt	tgtagttatt	attactttga	ttttaggtta	cattttaaat	aaatcatcaa	aaaaaggtga
810	820						
tatcgaatca	atttactaa						

BURST 结果：allele - 1

gmk

10	20	30	40	50	60	70	80
atggataatg	aaaaaggatt	gttaatcgtt	ttatcaggac	catctggagt	aggtaaaggt	actgttagaa	aacgaatatt
90	100	110	120	130	140	150	160
tgaagatcca	agtacatcat	ataagtattc	tatttcaatg	acaacacgtc	aaatgcgtga	aggtgaagtt	gatggcgtag
170	180	190	200	210	220	230	240
attacttttt	taaaactagg	gatgcgtttg	aagctttaat	taaagatgac	caatttatag	aatatgctga	atatgtaggc
250	260	270	280	290	300	310	320
aactattatg	gtacaccagt	tcaatatgtt	aaagatacaa	tggacgaagg	tcatgatgta	tttttagaaa	ttgaagtaga
330	340	350	360	370	380	390	400
aggtgcaaag	caagttagaa	agaaatttcc	agatgcgtta	tttattttct	tagcacctcc	aagtttagat	cacttgagag
410	420	430	440	450	460	470	480
agcgattagt	aggtagagga	acagaatctg	atgagaaaat	acaaagtcgt	attaacgaag	cacgtaaaga	agtcgaaatg
490	500	510	520	530	540	550	560
atgaatttat	acgattacgt	tgtagttaat	gatgaagtag	aacttgcgaa	gaatagaatt	caatgtattg	tagaagctga
570	580	590	600	610	620	630	
gcacttaaaa	agagagcgcg	tagaagctaa	gtatagaaaa	atgattttgg	aggctaaaaa	ataa	

BURST 结果：allele - 1

pta

10	20	30	40	50	60	70	80
atggctgatt	tattaaatgt	attaaaagac	aaactttctg	gtaaaaacgt	taaaatcgta	ttacctgaag	gagaggacga
90	100	110	120	130	140	150	160
gcgtgttcta	acagctgcaa	cacaattaca	agcaacagat	tatgttacac	caatcgtgtt	aggtgatgag	actaaggttc
170	180	190	200	210	220	230	240
aatctttagc	gcaaaaactt	aatcttgata	tttctaatat	tgaattaatt	aatcctgcga	caagtgaatt	gaaagctgaa
250	260	270	280	290	300	310	320
ttagttcaat	catttgttga	acgacgtaaa	ggtaaaacga	ctgaagaaca	agcacaagaa	ttattaaaca	atgtgaacta
330	340	350	360	370	380	390	400
cttcggtaca	atgcttgttt	atgctggtaa	agcagatggt	ttagttagtg	gtgcagcaca	ttcaacaggc	gacactgtgc

续表 5－1

410	420	430	440	450	460	470	480
gtccagcttt	acaaatcatc	aaaacgaaac	caggtgtatc	aagaacatca	ggtatcttct	ttatgattaa	aggtgatgaa
490	500	510	520	530	540	550	560
cagtacatct	ttggtgattg	tgcaatcaat	ccagaacttg	attcacaagg	acttgcagaa	attgcagtag	aaagtgcaaa
570	580	590	600	610	620	630	640
atcagcatta	agctttggca	tggatccaaa	agttgcaatg	ttaagctttt	caacaaaagg	gtctgctaaa	tcagacgatg
650	660	670	680	690	700	710	720
tgacaaaagt	tcaagaagct	gtcaaattag	cacaacaaaa	agctgaagaa	gaaaaattag	aagcaatcat	tgatggcgaa
730	740	750	760	770	780	790	800
ttccaatttg	atgctgcgat	tgtaccaggt	gttgctgaga	aaaaagcgcc	aggtgctaaa	ttacaaggtg	atgcaaatgt
810	820	830	840	850	860	870	880
ctttgtattc	ccaagtttag	aagctggtaa	tattggttac	aaaattgcac	aacgtttagg	tggatatgat	gcagttggtc
890	1000	1010	1020	1030	1040	1050	1060
cagtattaca	aggtttaaat	tctccagtaa	atgacttatc	acgtggctgc	tcaattgaag	atgtatacaa	tctttcattc
1070	1080	1090					
atcacagcag	cgcaagcctt	acaataa					

BURST 结果：allele－4

tpi

10	20	30	40	50	60	70	80
atgagaacac	caattatagc	tggtaactgg	aaaatgaaca	aaacagtaca	agaagcaaaa	gacttcgtca	atgcattgcc
90	100	110	120	130	140	150	160
aacattacca	gattcaaaag	aagtagaatc	agtaatttgt	gcaccagcaa	ttcaattaga	tgcattaact	actgcagtta
170	180	190	200	210	220	230	240
aagaaggaaa	agcacaaggt	ttagaaatcg	gtgctcaaaa	tacgtatttc	gaagataacg	gtgcgttcac	aggtgaaacg
250	260	270	280	290	300	310	320
tctccagttg	cattagcaga	tttaggcgtt	aaatacgttg	ttatcggtca	ttctgaacgt	cgtgaattat	tccacgaaac
330	340	350	360	370	380	390	400
agatgaagaa	attaacaaaa	aagcgcacgc	tattttcaaa	catggaatga	ctccaattat	ttgtgttggt	gaaacagacg
410	420	430	440	450	460	470	480
aagagcgtga	aagtggtaaa	gctaacgatg	ttgtaggtga	gcaagttaag	aaagctgttg	caggtttatc	tgaagatcaa
490	500	510	520	530	540	550	560
cttaaatcag	ttgtaattgc	ttatgaacca	atctgggcaa	tcggaactgg	taaatcatca	acatctgaag	atgcgaatga
570	580	590	600	610	620	630	640
aatgtgtgca	tttgtacgtc	aaactattgc	tgacttatca	agcaaagaag	tatcagaagc	aactcgtatt	caatatggtg
650	660	670	680	690	700	710	720
gtagtgttaa	acctaacaac	attaaagaat	acatggcaca	aactgatatt	gatggggcat	tagtaggtgg	cgcatcactt
730	740	750	760	770			
aaagttgaag	atttcgtaca	attgttagaa	ggtgcaaaat	aa			

BURST 结果：allele－4

yqiL

10	20	30	40	50	60	70	80
atgaaaagta	aatacgaacc	attgtttgat	aaagtagtat	taccaaatgg	agtagagttg	agaaatcgat	ttgtgttagc
90	100	110	120	130	140	150	160
ccctttaaca	catatttctt	caaatgatga	tggtactatt	tcagatatag	aacttcctta	tattgaaaag	cgttcacaag

续表 5 - 1

170	180	190	200	210	220	230	240
atgttggtat	tacaagtaat	gctgcgagta	atgtgagtga	tgtcggaaaa	gcatttccag	gacagccgtc	aatcgcgcat
250	260	270	280	290	300	310	320
gacagtgata	ttgaaggact	aaaacgatta	gctacagcaa	tgaagaaaaa	cggtgccaaa	gcactcgtac	aaatacatca
330	340	350	360	370	380	390	400
tggcggtgca	caagcattgc	ctgaattaac	acctgatgga	gacgtcgtag	caccaagtcc	aatttcttta	aaaagtttcg
410	420	430	440	450	460	470	480
gtcagaaaca	agaacatagt	gctagagaaa	tgacgaatga	agagattgaa	caagcaatca	aggattttgg	tgaagcaacg
490	500	510	520	530	540	550	560
cgacgtgcaa	ttgaagcagg	gtttgatggt	gttgaaattc	atggcgcgaa	tcattactta	attcatcaat	ttgtatcacc
570	580	590	600	610	620	630	640
atactataat	agaagaaatg	atgtatgggc	aaatcaatat	aaattcccga	tcgctgtgat	tgaagaagtg	cttaaatcga
650	660	670	680	690	700	710	720
aagaagtgta	tggtaataaa	gactttatag	ttggatacag	attatctcca	gaggaagcgg	agtctccagg	aatcacaatg
730	740	750	760	770	780	790	800
gaaattacag	aggaactcgt	taataaaatt	agccatatgc	caatcgacta	tattcatgtt	tcaatgatgg	atacgcatgc
810	820	830	840	850	860	870	880
aacggcacgt	gaaggtaaat	acgctggaca	agaaagactg	cctttaattc	acaaatggat	aaatggtcgt	atgccactta
890	1000	1010	1020	1030	1040	1050	1060
tcggtattgg	ttcaattttc	acagctgacg	acgctttaga	tgcagttgaa	aatgttggtg	ttgacttagt	agccattggt
1070	1080	1090	1100	1110	1120	1130	1140
agagagctac	tactagatta	tcaatttgtt	gaaaaaatta	aagatggacg	ggaagatgaa	attattaatt	actttgatcc
1150	1160	1170	1180	1190	1200	1210	1220
agagagagaa	gataatcatc	acttaactcc	taatttatgg	catcaattta	atgaagggtt	ctatccatta	ccacgtaaag
1230							
ataaataa							
BURST 结果：allele - 3							

5.3.2 MRSA 菌株的表面蛋白 A 基因分型

MRSA 表面蛋白 A 的编码基因 *spaA* 含有几种不同的功能区，其中 Fc 结合区含有 2～5 个长为 160bp 的重复序列，X 区含有多个长为 24 bp 的重复片段，由于重复序列的数目和具体序列不同而具有高度的多态性，即不同基因型的 MRSA 菌株的 *spaA* 基因中 X 区的重复序列不同，通过对该区域重复片段的数目和序列进行检测比较可确定菌株的基因型。

本部分实验分别对分离自我国华南地区两所医院 6 株与 16 株 MRSA 菌株（后者是分离自同一医院的 179 株 MRSA 指纹图谱中 16 个基因组别中的随机代表菌株）进行表面蛋白 A 基因分型（*spaA* typing）。如图 5 - 6 所示，设计引物 *spa*-F 和 *spa*-R 对 *spaA* 基因的 X 区进行选择性扩增。引物 *spa*-F 的序列为 5′ - GTAAAACGACGGCCAGTGCTAAAAAGCTAAACGATGC - 3′，*spa*-R 的序列为 5′ - CAGGAAACAGCTATGACCCCACCAAATACAGTTGTACC - 3′。其余实验条件同 5.3.1 节。在完成序列测定后，可使用软件 Genetics Computer Group（GCG）

Wisconsin Package 9.1 中的 FINDPATTERNS 程序或 EMBOSS 数据库中的 fuzznuc 程序分析符合以下算法的序列。两程序的算法规则稍有不同，前者为 AAAGAAGAXXXXAAXAAX{1，4}CCXXXX 或 GAGGAAGAXXXXAAXAAX{1，4}CCXXXX 的重复片段，X 代表任何一个碱基，如 N{1，4}表示 N 碱基重复 1～4 次；后者为 AAAGAAGANNNNAANAAN(1，4)CCNNNN 或 GAGGAAGANNNNAANAAN(1，4)CCNNNN 的重复片段。然后参照国际上现行的表面蛋白 A 基因型序列表(见图 5-7)，确定菌株的表面蛋白 A 基因型，还可进一步与不同流行地区的菌株进行基因背景分析和对比，了解菌株的基因组的进化及演变。

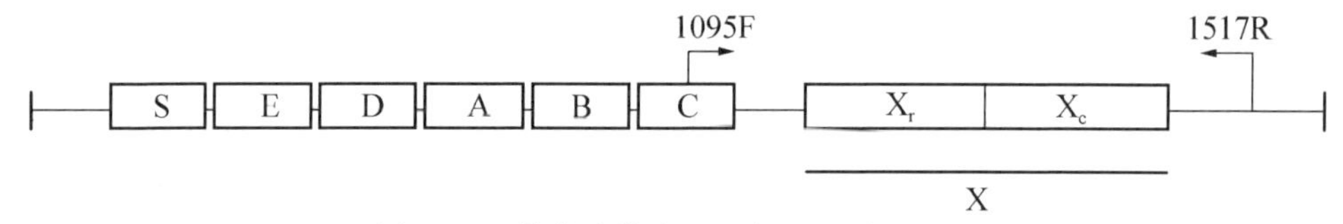

图 5-6　葡萄球菌表面蛋白 A 基因(*spaA*)

注：各基因盒分别表示如下，S：编码信号序列；带区 A～D：免疫球蛋白 G；带区 E：与 A～D 同源区域；X：—COOH 末端，包括 SSRs(X_r)及细胞壁附体序列(X_c)。引物从金黄色葡萄球菌正义链的 5′端开始编号。(GenBank accession no. J01786)

A Repeat Code	DNA Sequence	B Repeat Code	Amino Acid Sequence
Consensus	---AAAGAAG ACAACAACAA GCCTGGC	Consensus	-KEDNNKPG
H2	~~~g-g---- ---------- a------	H2	~e-------
S1	~~~g-g---- -------a-- a------	S1	~e---k---
D2	~~~g-g---- ----t----- a-----t	D2	~e-------
U1	~~~g-g---- ---------- a-----t	U1	~e-------
T1	~~~g-g---- -------a-- a-----t	T1	~e---k---
F2	~~~g-g---- ----t----- ----a-t	F2	~e------s
Z1	~~~g-g---- ----t----- ------t	Z1	~e-------
X1	~~~g-g---- ---------- ------t	X1	~e-------
V1	~~~g-g---- ---------- ----a--	V1	~e------s
W1	~~~g-g---- ---------- -------	W1	~e-------
Y1	~~~g-g---- ----t----- -------	Y1	~e-------
A2	~~~g-g---- --gg------ a-----t	A2	~e--g----
K2	~~~------- -tgg------ ----a-t	K2	~---g---s
Q1	~~~------- -tgg------ ------t	Q1	~---g----
N1	~~~------- -tgg------ a------	N1	~---g----
O1	~~~------- -tgg------ a-----t	O1	~---g----
R1	~~~------- -tggt----- a------	R1	~---g----
L1	~~~------- --gg------ -------	L1	~---g----
P1	~~~------- -tgg------ -------	P1	~---g----
G2	~~~------- --gg---a-- a------	G2	~---gk---
J1	~~~------- --gg------ a------	J1	~---g----
K1	~~~------- --gg------ a-----t	K1	~---g----
M1	~~~------- --gg------ ------t	M1	~---g----
I2	~~~------- -------a-- ----a--	I2	~----k--s
J2	~~~------- -------a-- ----a--	J2	~----k--s
A1	~~~------- -------a-- a------	A1	~----k---
B1	~~~------- -------a-- a-----t	B1	~----k---
B2	~~~------- -------a-- ------t	B2	~----k---
C1	~~~------- -------a-- -------	C1	~----k---
D1	~~~------- ---------- a------	D1	~--------
E1	~~~------- ---------- a-----t	E1	~--------
E2	~~~------- ---g------ -------	E2	~---s----
F1	~~~------- ---------- -------	F1	~--------
C2	~~~------- ----t----- ------t	C2	~--------
G1	~~~------- ---------- ------t	G1	~--------
H1	~~~------- ----t----- -------	H1	~--------
I1	aaag----c- g------a-- a-----t	I1	kedg-k---

图 5-7　表面蛋白 A 的基因型

对22株MRSA进行表面蛋白A基因PCR扩增，对扩增结果进行测序，结果见表5-2，用EMBOSS中的fuzznuc程序寻找符合公式的重复片段，如图5-8所示。

表5-2　表面蛋白A基因的测序结果

spaA					
10	20	30	40	50	60
CTAACGATGC	TCAAGCACCA	AAAGAGGAAG	ACAACAACAA	GCCTGGCAAA	GAAGACAACA
70	80	90	100	110	120
ACAAGCCTGG	TAAAGAAGAC	GGCAACAAAC	CTGGTAAAGA	AGACAACAAA	AAACCTGGCA
130	140	150	160	170	180
AAGAAGATGG	CAACAAACCT	GGTAAAGAAG	ACGGCAACAA	GCCTGGTAAA	GAAGATGGCA
190	200	210	220	230	240
ACAAGCCTGG	TAAAGAAGAC	GGCAACGGAG	TACATGTCGTT	AAACCTGGTG	ATACAGTAAA
250	260				
TGACATTGCA	AAAGCA				

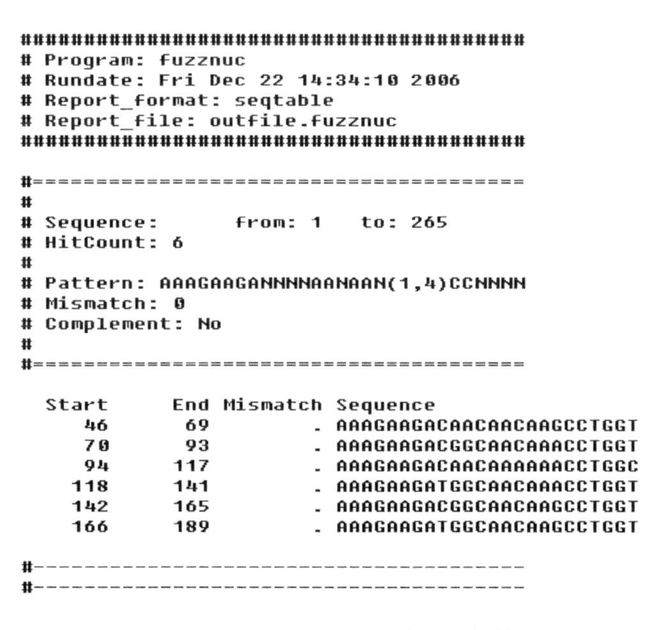

```
########################################
# Program: fuzznuc
# Rundate: Fri Dec 22 14:34:10 2006
# Report_format: seqtable
# Report_file: outfile.fuzznuc
########################################

#=======================================
#
# Sequence:        from: 1    to: 265
# HitCount: 6
#
# Pattern: AAAGAAGANNNNAANAAN(1,4)CCNNNN
# Mismatch: 0
# Complement: No
#
#=======================================

  Start     End Mismatch Sequence
     46      69        . AAAGAAGACAACAACAAGCCTGGT
     70      93        . AAAGAAGACGGCAACAAACCTGGT
     94     117        . AAAGAAGACAACAAAAAACCTGGC
    118     141        . AAAGAAGATGGCAACAAACCTGGT
    142     165        . AAAGAAGACGGCAACAAGCCTGGT
    166     189        . AAAGAAGATGGCAACAAGCCTGGT

#---------------------------------------
#---------------------------------------
```

图5-8　表面蛋白A基因序列分析结果

最后根据重复片段的情况寻找该菌株的表面蛋白A基因型，如图5-9所示，发现22株MRSA的表面蛋白A基因型均为GKAOMQ。

A

Repeat Code	DNA Sequence
Consensus	---AAAGAAG ACAACAACAA GCCTGGC
H2	~~~g-g---- ---------- a------
S1	~~~g-g---- -------a-- a------
D2	~~~g-g---- ----t----- a-----t
U1	~~~g-g---- ---------- a-----t
T1	~~~g-g---- -------a-- a-----t
F2	~~~g-g---- ----t----- ----a-t
Z1	~~~g-g---- ----t----- ------t
X1	~~~g-g---- ---------- ------t
V1	~~~g-g---- ---------- ----a--
W1	~~~g-g---- ---------- -------
Y1	~~~g-g---- ----t----- -------
A2	~~~g-g---- --gg------ a-----t
K2	~~~------- -tgg------ ----a-t
→ Q1	~~~------- -tgg------ ------t
N1	~~~------- -tgg------ a------
→ O1	~~~------- -tgg------ a-----t
R1	~~~------- -tggt----- a------
L1	~~~------- --gg------ -------
P1	~~~------- -tgg------ -------
G2	~~~------- --gg---a-- a------
J1	~~~------- --gg------ a------
→ K1	~~~------- --gg------ a-----t
→ M1	~~~------- --gg------ ------t
I2	~~~------- -------a-- ----a--
J2	~~~------- -------a-- ----a--
→ A1	~~~------- -------a-- a------
B1	~~~------- -------a-- a-----t
B2	~~~------- -------a-- ------t
C1	~~~------- -------a-- -------
D1	~~~------- ---------- a------
E1	~~~------- ---------- a-----t
E2	~~~------- ---g------ -------
F1	~~~------- ---------- -------
C2	~~~------- ----t----- ------t
→ G1	~~~------- ---------- ------t
H1	~~~------- ----t----- -------
I1	aaag----c- g------a-- a-----t

B

Repeat Code	Amino Acid Sequence
Consensus	-KEDNNKPG
H2	~e-------
S1	~e---k---
D2	~e-------
U1	~e-------
T1	~e---k---
F2	~e------s
Z1	~e-------
X1	~e-------
V1	~e------s
W1	~e-------
Y1	~e-------
A2	~e--g----
K2	~---g---s
Q1	~---g----
N1	~---g----
O1	~---g----
R1	~---g----
L1	~---g----
P1	~---g----
G2	~---gk---
J1	~---g----
K1	~---g----
M1	~---g----
I2	~----k--s
J2	~----k--s
A1	~----k---
B1	~----k---
B2	~----k---
C1	~----k---
D1	~--------
E1	~--------
E2	~---s----
F1	~--------
C2	~--------
G1	~--------
H1	~--------
I1	kedg-k---

图 5－9　表面蛋白 A 基因型的判定与分析

5.3.3　MRSA 菌株的凝固酶基因分型

凝固酶基因分型（*coa* typing）的原理与表面蛋白 A 基因分型相似，凝固酶基因由于可变区重复序列的数目和具体序列的不同而具有高度的多态性，即不同基因型的 MRSA 凝固酶基因的序列不同，通过 PCR 扩增该基因的重复序列，比较重复片段的数目和序列可确定菌株的基因型。

本部分实验所用菌株同 5.3.2 节，使用引物 *coa*-F（5′－TGCTGGTACAGGTATCCGTGAAT－3′）和 *coa*-R（5′－AGAAGCACATAGAATGCATGA－3′）对凝固酶基因的可变区进行选择性扩增，其余实验条件同 5.3.1 节。在完成序列测定与分析后，使用 Genetics Computer Group（GCG）Wisconsin Package 9.1 中的 FINDPATTERNS 程序或 EMBOSS 中的 fuzznuc 程序，寻找序列中符合下列公式的重复片段：GCN(4)CCN(8)ANAANNCN(5)ANANNAANGCNNANAANGNNACNACNNAN(5)ANGGN(11)ANNGN；然后根据图 5－10 分析该菌株的凝固酶基因型，同样可进一步与不同流行地区的菌株进行基因背景分析及对比，了解菌株的基因组的进化及演变[535]。

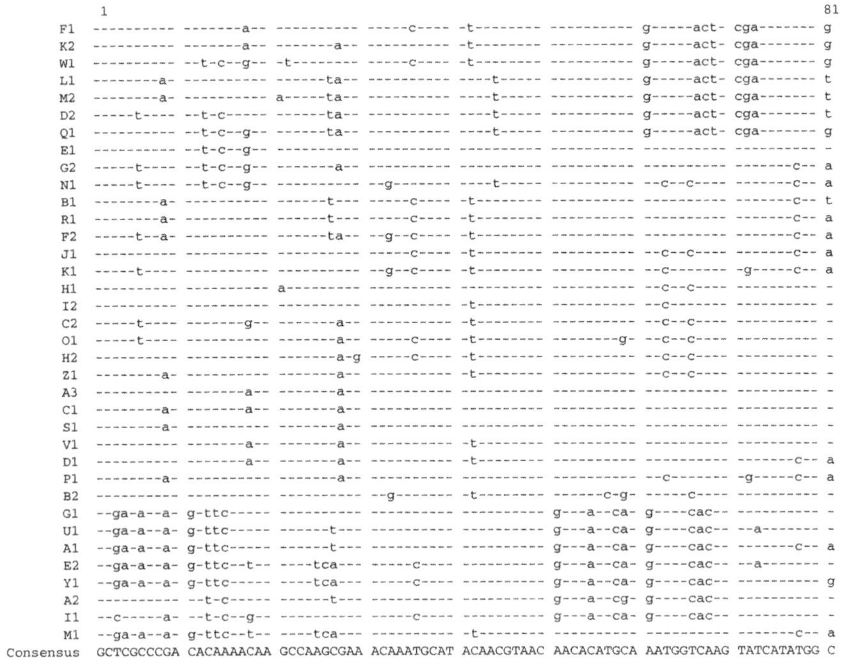

```
          1                                                                                                  81
F1        ---------- -------a-- ---------- -----c---- -t-------- ---------- g-----act- cga------- g
K2        ---------- -------a-- -------a-- ---------- -t-------- ---------- g-----act- cga------- g
W1        ---------- --t-c--g-- -t-------- -----c---- -t-------- ---------- g-----act- cga------- g
L1        --------a- ---------- ------ta-- ---------- ----t----- ---------- g-----act- cga------- t
M2        --------a- ---------- a-----ta-- ---------- ----t----- ---------- g-----act- cga------- t
D2        -----t---- --t-c----- ------ta-- ---------- ----t----- ---------- g-----act- cga------- t
Q1        ---------- --t-c--g-- ------ta-- ---------- ----t----- ---------- g-----act- cga------- g
E1        ---------- --t-c--g-- ---------- ---------- ---------- ---------- ---------- ---------- -
G2        -----t---- --t-c--g-- -------a-- ---------- ---------- ---------- ---------- -------c-- a
N1        -----t---- --t-c--g-- ---------- --g------- ----t----- ---------- --c--c---- -------c-- a
B1        --------a- ---------- ------t--- -----c---- -t-------- ---------- ---------- -------c-- t
R1        --------a- ---------- ------t--- -----c---- -t-------- ---------- ---------- -------c-- a
F2        -----t--a- ---------- ------ta-- --g--c---- -t-------- ---------- ---------- -------c-- a
J1        ---------- ---------- ---------- -----c---- -t-------- ---------- --c--c---- -------c-- a
K1        -----t---- ---------- ---------- --g--c---- -t-------- ---------- --c------- -g-----c-- a
H1        ---------- ---------- a--------- ---------- ---------- ---------- --c--c---- ---------- -
I2        ---------- ---------- ---------- ---------- -t-------- ---------- --c------- ---------- -
C2        -----t---- -------g-- -------a-- ---------- -t-------- ---------- --c--c---- ---------- -
O1        -----t---- ---------- -------a-- -----c---- -t-------- --------g- --c--c---- ---------- -
H2        ---------- ---------- -------a-g -----c---- -t-------- ---------- --c--c---- ---------- -
Z1        --------a- ---------- -------a-- ---------- -t-------- ---------- --c--c---- ---------- -
A3        ---------- -------a-- -------a-- ---------- ---------- ---------- ---------- ---------- -
C1        --------a- -------a-- -------a-- ---------- ---------- ---------- ---------- ---------- -
S1        --------a- ---------- -------a-- ---------- ---------- ---------- ---------- ---------- -
V1        ---------- -------a-- -------a-- ---------- -t-------- ---------- ---------- ---------- -
D1        ---------- -------a-- -------a-- ---------- -t-------- ---------- ---------- -------c-- a
P1        --------a- ---------- -------a-- ---------- ---------- ---------- --c------- -g-----c-- a
B2        ---------- ---------- ---------- --g------- -t-------- ------c-g- -----c---- ---------- -
G1        --ga-a--a- g-ttc----- ---------- ---------- ---------- g---a--ca- g----cac-- ---------- -
U1        --ga-a--a- g-ttc----- ------t--- ---------- ---------- g---a--ca- g----cac-- --a------- -
A1        --ga-a--a- g-ttc----- ------t--- ---------- ---------- g---a--ca- g----cac-- -------c-- a
E2        --ga-a--a- g-ttc--t-- ----tca--- -----c---- ---------- g---a--ca- g----cac-- --a------- -
Y1        --ga-a--a- g-ttc----- ----tca--- -----c---- ---------- g---a--ca- g----cac-- ---------- g
A2        ---------- --t-c----- ------t--- ---------- ---------- g---a--cg- g----cac-- ---------- -
I1        --c-----a- --t-c--g-- ---------- -----c---- ---------- g---a--ca- g----cac-- ---------- -
M1        --ga-a--a- g-ttc--t-- ----tca--- ---------- -t-------- ---------- ---------- -------c-- a
Consensus GCTCGCCCGA CACAAAACAA GCCAAGCGAA ACAAATGCAT ACAACGTAAC AACACATGCA AATGGTCAAG TATCATATGG C
```

图5-10　凝固酶基因型

对22株MRSA进行凝固酶基因PCR扩增，对扩增结果进行测序，结果如表5-3所示。

表5-3　凝固酶基因的测序结果

coa					
10	20	30	40	50	60
TATTCAGGCA	GCCAAGCGAA	ACAAATGCAT	ACAACGTAAC	GACAAATCAA	GATGGCACAG
70	80	90	100	110	120
TATCATATGG	CGCTCGCCCG	ACACAAAACA	AACCAAGCGA	AACAAATGCA	TACAACGTAA
130	140	150	160	330	340
CAACACATGC	AAACGGCCAA	GTATCATATG	GCGCCCGCCC	AACATACAAG	AAGCCAAGCG
350	360	370	380	390	400
AAACAAACGC	ATACAACGTA	ACGACAAATC	AAGATGGCAC	AGTATCATAT	GGCGCTCGCC
410	420	430	440	450	460
CGACACAAAA	CAAGCCAAGC	GAAACAAACG	CATATAACGT	AACAACACAT	GCAAACGGCC
470	480	490	500	510	520
AAGTATCATA	CGGAGCTCGT	CCGACACAAA	ACAAGCCAAG	CGAAACGAAC	GCATATAACG

续表 5 - 3

530	540	550	560	570	580
TAACAACACA	TGCAAACGGT	CAAGTGTCAT	ACGGAGCTCG	CCCAACACAA	AACAAGCCAA
590	600	610	620	630	640
GTAAAACAAA	TGCATACAAT	GTAACAACAC	ATGCAGATGG	TACTGCGACA	TATGGTCCTA
650	660	670	680	690	700
GAGTAACAAA	ATAAGTTtAT	AACTCTATCC	ATAGACATAC	AGTCAATACA	AAACATTATG
710	720	730	740		
TATCTTTACA	ACAGTAATCA	TGCATTCTAT	GGTGCATCTA		

在测序后，用 EMBOSS 中的 fuzznuc 程序寻找符合如下公式的重复片段：GCN(4)CCN(8)ANAANNCN(5)ANANNAANGCNNANAANGNNACNACNNAN(5)ANGGN(11)ANNGN，如图 5 - 11 所示。

```
########################################
# Program: fuzznuc
# Rundate: Sat Dec 23 14:55:58 2006
# Report_format: seqtable
# Report_file: outfile.fuzznuc
########################################

#=======================================
#
# Sequence:      from: 1   to: 592
# HitCount: 5
#
# Pattern: GCN(4)CCN(8)ANAANNCN(5)ANANNAANGCNNANAANGNNACNACNNAN(5)ANGGN(11)ANNGN
# Mismatch: 0
# Complement: No
#
#=======================================

Start     End Mismatch Sequence
 82      162     . GCTCGCCCGACACAAAACAAACCAAGCGAAACAAATGCATACAACGTAACAACACATGCAAACGGCCAAGTATCATATGGC
163      243     . GCCCGCCCAACATACAAGAAGCCAAGCGAAACAAACGCATACAACGTAACGACAAATCAAGATGGCACAGTATCATATGGC
244      324     . GCTCGCCCGACACAAAACAAGCCAAGCGAAACAAACGCATATAACGTAACAACACATGCAAACGGCCAAGTATCATACGGA
325      405     . GCTCGTCCGACACAAAACAAGCCAAGCGAAACGAACGCATATAACGTAACAACACATGCAAACGGTCAAGTGTCATACGGA
406      486     . GCTCGCCCAACACAAAACAAGCCAAGTAAAACAAATGCATACAATGTAACAACACATGCAGATGGTACTGCGACATATGGT

#---------------------------------------
#---------------------------------------
```

图 5 - 11　凝固酶序列分析结果

然后根据重复片段的情况寻找该菌株的凝固酶基因型，发现待测的 22 株 MRSA 的凝固酶基因型均为 HIJKL，如图 5 - 12 所示。

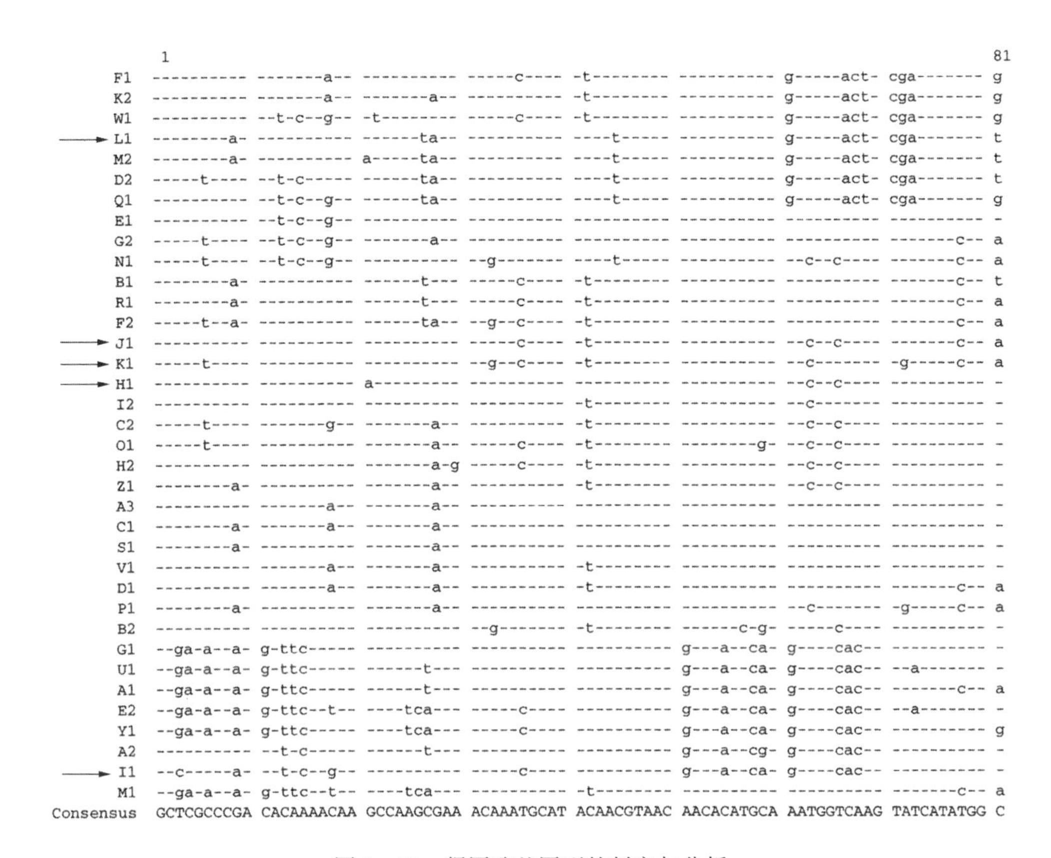

图 5－12 凝固酶基因型的判定与分析

5.3.4 葡萄球菌基因组背景分析与国际流行变迁

目前国际流行的 MRSA 菌株，根据其不同的起源及进化路线可以分为 5 个克隆复合组：CC5、CC8、CC22、CC30 和 CC45。Enright 等[319]通过对大量 MRSA 菌株的 7 个管家基因进行测序，并综合多位点序列分型的结果，提出了 MRSA 的进化路线如下：在 CC5 中，起源菌株 ST5－甲氧西林敏感金葡菌通过获得Ⅳ型 SCC*mec* 进化为在葡萄牙流行的 ST5-MRSA-Ⅳ；ST5－甲氧西林敏感金葡菌通过获得Ⅱ型 SCC*mec* 进化为在日本和美国流行的 New York/Japan 株(ST5-MRSA-Ⅱ)；ST5－甲氧西林敏感金葡菌通过获得Ⅰ型 SCC*mec* 进化为 EMRSA3(ST5-MRSA-Ⅰ)和南德国流行株(ST228-MRSA-Ⅰ)。在 CC8 中，起源菌株 ST8－甲氧西林敏感金葡菌通过获得Ⅲ型 SCC*mec* 进化为 EMRSA1、EMRSA4、EMRSA7、EMRSA11(均为 ST239-MRSA-Ⅲ)和 EMRSA9(ST240-MRSA-Ⅲ)；ST8－甲氧西林敏感金葡菌通过获得Ⅰ型 SCC*mec* 进化为 EMRSA8(ST250-MRSA-Ⅰ)和 EMRSA5(ST247-MRSA-Ⅰ)；ST8－甲氧西林敏感金葡菌通过获得Ⅳ型 SCC*mec* 进化为 EMRSA2、EMRSA6(ST8-MRSA-Ⅳ)和 EMRSA10(ST254-MRSA-Ⅳ)。在 CC22 中，起源菌株 ST22 - 甲氧西林敏感金葡菌通过获得Ⅳ型 SCC*mec* 进化为柏林流行株和 EMRSA15(ST22-MRSA-Ⅳ)。在 CC30 中，起源菌株 ST30 - 甲氧西林敏感金葡菌通过获得Ⅱ型 SCC*mec* 进化为在英国、芬兰等地流行的 EMRSA16(ST36-MRSA-Ⅱ)。在 CC45 中，起源菌株 ST45 - 甲氧西林敏感金葡菌通过获得Ⅳ型 SCC*mec* 进化为在德国流行的柏林株(ST45-MRSA-Ⅳ)。在 MRSA 菌株的进化历程中，随着基因组岛 SCC*mec* 等元件通过基因交换等作用促进菌株全基因组进化，MRSA 逐渐演变出多种序列型。本实验对 46 株 MRSA 菌株进行多位点序列分型，结果显示其等位基因谱均为 2-3-1-1-4-4-3，序列型为 ST239，克隆复合组属于 CC8；该克隆复合组是目前在国内的 MRSA 流行株。目前在亚洲，除日本和韩国流行的 MRSA 为 ST5-MRSA-Ⅱ外，其余大多数亚洲国家，包括新加坡、印尼、泰国等，流行的 MRSA 均为 ST239-MRSA-Ⅲ；同时，该序列型不局限于亚洲，在巴西、葡萄牙和维也纳等地区也是主要的流行 MRSA 菌株。目前国内对 MRSA 的研究报道一般局限于对菌株表型鉴定和耐药性分析，很少对其多位点序列、表面蛋白 A 基因型和凝固酶基因型等基因背景进行研究和探讨。本部分实验在对 209 株 MRSA 菌株进行指纹图谱分析的基础上，选取每个基因组的代表菌株进行深入研究，包括对 46 株 MRSA 进行多位点序列分型，对 22 株 MRSA 进行表面蛋白 A 基因和凝固酶基因分型，为国内首次对大规模 MRSA 进行相关性研究和报道。

5.4　金葡菌基因组背景与生物被膜的相关性

在金葡菌基因组流行进化过程中，处于核心基因群的看家基因核苷酸会发生点突变，突变的概率远高于其在不同克隆系之间的重组概率，突变成为其克隆系内多样性的主要驱动力。金葡菌种群由大约 10 个主导克隆系和若干个小克隆系构成，其流行方式主要是少量成功适应环境的独立克隆系扩散，所以，大多数分离株均来源于少量主要的克隆复合群，即研究少量金葡菌即可知其群体的核心基因序列变异情况。由于不同克隆株生成生物被膜能力不同，所以研究生物被膜形成相关基因与克隆系的关系，可推测某些群体克隆类型可能是获得生物被膜基因的一个合适遗传背景[332]。

笔者通过多种指纹图谱分析与基因分型技术对其基因组背景进行解析，研究金葡菌之间的基因相似性关系、金葡菌克隆株与生物被膜相关性及金葡菌进化过程对被膜基因型的影响。笔者通过 RAPD、MLST、*spaA* 分型及 *coa* 分型等技术，对 262 株葡萄球菌基因组 DNA 进行背景解析，通过分析不同克隆株，确定生物被膜基因型与不同克隆株的关系，以了解生物被膜基因型的分布特点、菌株遗传相关性，为研究生物被膜相关基因在不同克隆来源菌株中的情况提供一些理论基础。

5.4.1　262 株金葡菌指纹图谱及基因相似性分析

本部分实验所用 262 株金葡菌分离于 2009、2010、2011 和 2012 年，对应的菌株数目分别为 21、55、80 和 106。DNA 模板的提取及定量操作同 5.1.1 节。利用三条引物 AP1、AP7 和 ERIC2，做随机多态性分析，引物序列、PCR 扩增体系、扩增程序及后续分析方法同 5.1.1 节。

金葡菌指纹图谱结果见图 5－13、图 5－14 和图 5－15。由图可知，指纹图谱由 3～7 种带型组成，范围是 400～5000 bp，有较高的分辨率。应用 Quantity One 图像分析软件采用 UPGMA 法得到遗传分析的树状图。不同组别间均可扩增出特异性指纹图谱，可分为不同的基因型别。将 262 株金葡菌分离株进行随机多态性扩增，扩增结果如图 5－16、图 5－17 和图 5－18 所示。由图可知，所有菌株可扩增出指纹图谱条带，分型率为 100%。指纹图谱条带结果显示，AP1、AP7 和 ERIC2 分别把 262 株金葡菌区分为 7、8 和 7 种带型。对 AP1 体系的 7 组带型用 A～G 编码，对 AP7 的 8 组带型用 A～H 编码，对 ERIC2 的 7 组带型用 A～G 编码。根据以上 AP1、AP7 和 ERIC2 三种体系，可将每个菌株划分为一种组别。同一组别的基因型菌株认为是同一来源与同一克隆系。本次实验选自同一地区的 210 株 MRSA 被分为 33 种基因型，如表 5－4 所示。

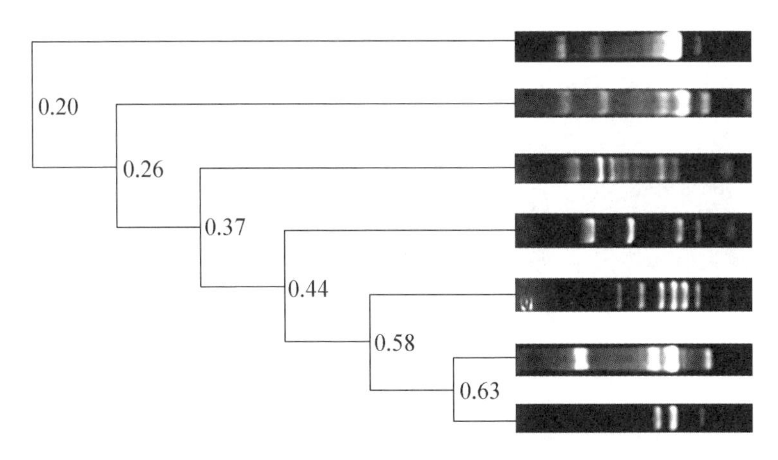

图 5－13　引物 AP1 对 7 类基因型 MRSA 扩增产物的遗传聚类图

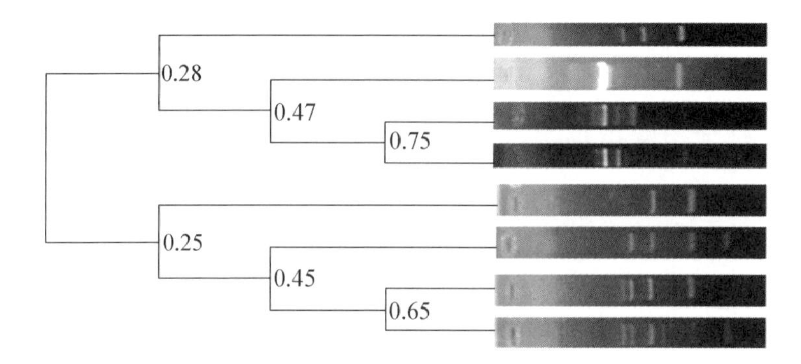

图 5－14　引物 AP7 对 8 类基因型 MRSA 扩增产物的遗传聚类图

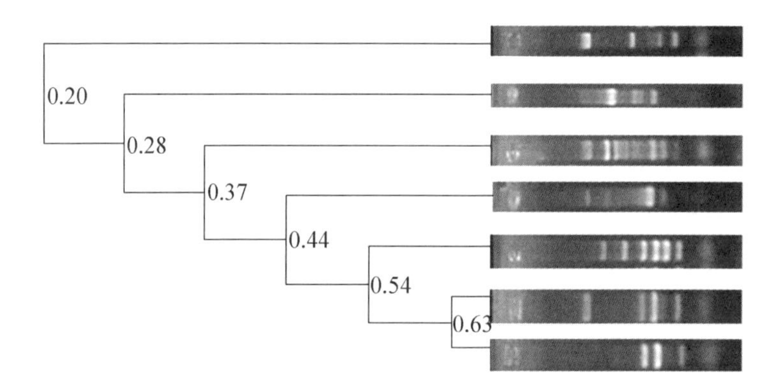

图 5－15　引物 ERIC2 对 7 类基因型 MRSA 扩增产物的遗传聚类图

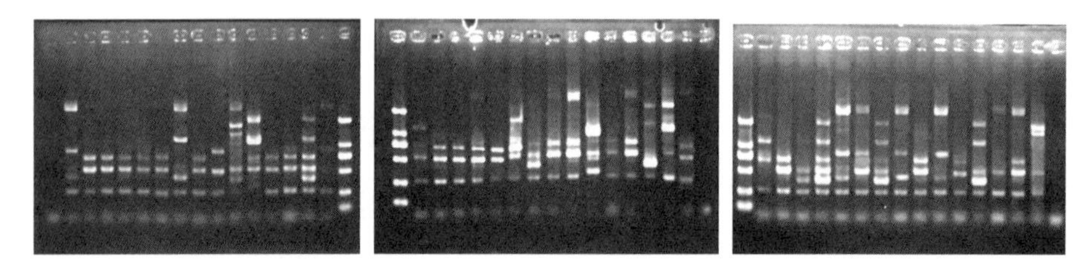

图 5－16　引物 AP1 对部分 MRSA 的 PCR 扩增条带图

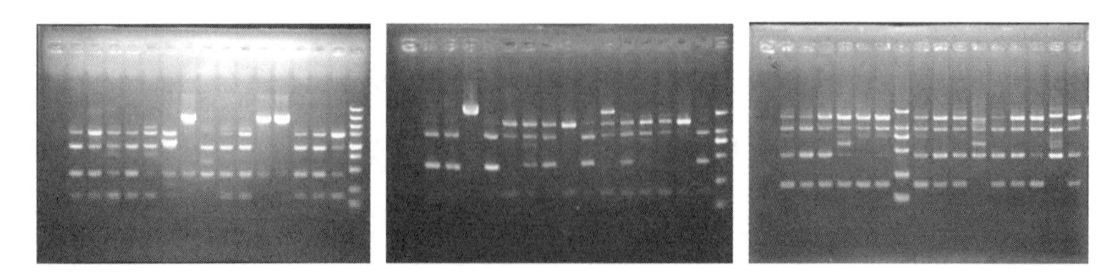

图 5－17　引物 AP7 对部分 MRSA 的 PCR 扩增条带图

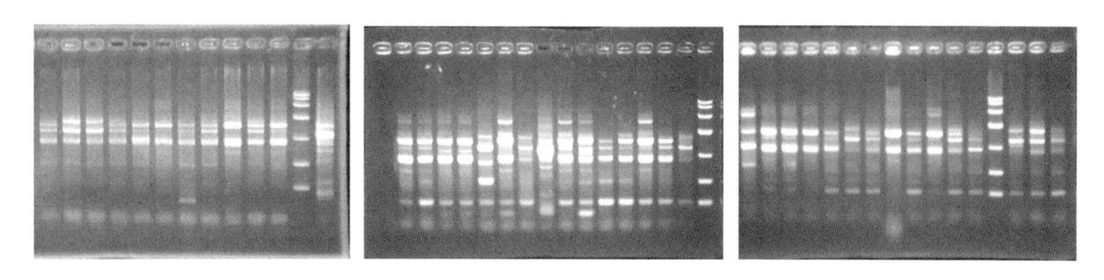

图5－18　引物ERIC2对部分MRSA的PCR扩增条带图

表5－4　210株MRSA指纹图谱结果

基因型	菌株数	基因型	菌株数	基因型	菌株数	基因型	菌株数
AAG	3	EAA	13	BHA	3	FFG	2
ABB	5	ECB	11	BDA	2	DAA	8
ACB	19	EGD	3	BFC	9	DCB	8
AEB	9	EHG	8	BGG	4	DFD	6
AEE	1	EGA	5	ACG	7	DFF	3
BAA	9	EAC	2	CAB	13	DGA	6
BGA	10	GGF	2	DAD	6	FHF	4
BGF	8	GGA	6	BGD	9	GFG	3
DGF	3						

5.4.2　262株金葡菌基因组背景研究

5.4.2.1　MLST分型及生物信息学分析

笔者根据随机引物PCR多态性扩增结果，选取代表性基因型的33株金葡菌，对不同的基因型进行多位点序列分型。以MLST国际数据库网站推荐的7个金葡菌看家基因为标准，确定代表性菌株的克隆起源。看家基因分别为*arcC*、*aroE*、*glpF*、*gmk*、*pta*、*tpi*和*yqiL*，引物设计、PCR扩增体系、扩增程序及后续分析方法同5.3.1节。MLST扩增产物委托广州基迪奥生物科技有限公司进行测序，截取MLST国际数据库(http://www.mlst.net)相应看家基因标准序列，使用Clustal W2在线网站解析测序结果，并与标准序列比对，获得相应看家基因的等位基因编号。若与标准序列存在差异，定义为新的等位基因，综合所有等位基因确定序列型ST。使用BURST程序确定不同ST所属的克隆系(CCs)，同时使用最严谨的定义(即七个等位基因中有六个相同则被认为属于同一克隆系)来确定不同金葡菌分离株是否属于同一克隆系。

看家基因*arcC*、*aroE*、*glpF*、*gmk*、*pta*、*tpi*、*yqiL*标准序列如下：

arcC：

TTATTAATCCAACAAGCTAAATCGAACAGTGACACAACGCCGGCAATGCCATTGG
ATACTTGTGGTGCAATGTCACAGGGTATGATAGGCTATTGGTTGGAAACTGAAAT
CAATCGCATTTTAACTGAAATGAATAGTGATAGAACTGTAGGCACAATCGTTACA
CGTGTGGAAGTAGATAAAGATGATCCACGATTCAATAACCCAACCAAACCAATTG
GTCCTTTTTATACGAAAGAAGAAGTTGAAGAATTACAAAAAGAACAGCCAGACTC
AGTCTTTAAAGAAGATGCAGGACGTGGTTATAGAAAAGTAGTTGCGTCACCACTA
CCTCAATCTATACTAGAACACCAGTTAATTCGAACTTTAGCAGACGGTAAAAATA
TTGTCATTGCATGCGGTGGTGGCGGTATTCCAGTTATAAAAAAAGAAAATACCTA
TGAAGGTGTTGAAGCG

aroE：

AATTTTAATTCTTTAGGATTAGATGATACTTATGAAGCTTTAAATATTCCAATTGAA
GATTTTCATTTAATTAAAGAAATTATTTCGAAAAAAGAATTAGATGGCTTTAATATC
ACAATTCCTCATAAAGAACGTATCATACCGTATTTAGATCATGTTGATGAACAAGC
GATTAATGCAGGTGCAGTTAACACTGTTTTGATAAAAGATGACAAGTGGATAGGG
TATAATACAGATGGTATTGGTTATGTTAAAGGATTGCACAGCGTTTATCCAGATTT
AGAAAATGCATACATTTTAATTTTGGGCGCAGGTGGTGCAAGTAAAGGTATTGCTT
ATGAATTAGCAAAATTTGTAAAGCCCAAATTAACTGTTGCGAATAGAACGATGGCT
CGTTTTGAATCTTGGAATTTAAATATAAACCAAATTTCATTAGCAGATGCTGAAAA
GTATTTA

glpF：

GGTGCTGATTGGATTGTCATCACAGCTGGATGGGGATTAGCGGTTACAATGGGTG
TGTTTGCTGTCGGTCAATTCTCAGGTGCACATTTAAACCCAGCGGTGTCTTTAGCT
CTTGCATTAGACGGAAGTTTTGATTGGTCATTAGTTCCTGGTTATATTGTTGCTCA
AATGTTAGGTGCAATTGTCGGAGCAACAATTGTATGGTTAATGTACTTGCCACATT
GGAAAGCGACAGAAGAAGCTGGCGCGAAATTAGGTGTTTCTCTACAGCACCGGC
TATTAAGAATTACTTTGCCAACTTTTTAAGTGAGATTATCGGAACAATGGCATTAAC
TTTAGGTATTTTATTTATCGGTGTAAACAAAATTGCCGATGGTTTAAATCCTTTAAT
TGTCGGAGCATTAATTGTTGCAATCGGATTAAGTTTAGGCGGTGCTACTGGTTATG
CAATCAACCCAGCACGT

gmk：

CGAATATTTGAAGATCCAAGTACATCATATAAGTATTCTATTTCAATGACAACACG
TCAAATGCGTGAAGGTGAAGTTGATGGCGTAGATTACTTTTTTAAAACTAGGGATG
CGTTTGAAGCTTTAATCAAAGATGACCAATTTATAGAATATGCTGAATATGTAGGC
AACTATTATGGTACACCAGTTCAATATGTTAAAGATACAATGGACGAAGGTCATGA
TGTATTTTTAGAAATTGAAGTAGAAGGTGCAAAGCAAGTTAGAAAGAAATTTCCAG

ATGCGCTATTTATTTTCTTAGCACCTCCAAGTTTAGAACACTTGAGAGAGCGATTA
GTAGGTAGAGGAACAGAATCTGATGAGAAAATACAAAGTCGTATTAACGAAGCG
CGTAAAGAAGTTGAAATGATGAATTTA

pta：

GCAACACAATTACAAGCAACAGATTATGTTACACCAATCGTGTTAGGTGATGAGA
CTAAGGTTCAATCTTTAGCGCAAAAACTTGATCTTGATATTTCTAATATTGAATTA
ATTAATCCTGCGACAAGTGAATTGAAAGCTGAATTAGTTCAATCATTTGTTGAAC
GACGTAAAGGTAAAGCGACTGAAGAACAAGCACAAGAATTATTAAACAATGTGA
ACTACTTCGGTACAATGCTTGTTTATGCTGGTAAAGCAGATGGTTTAGTTAGTGGT
GCAGCACATTCAACAGGAGACACTGTGCGTCCAGCTTTACAAATCATCAAAACGA
AACCAGGTGTATCAAGAACATCAGGTATCTTCTTTATGATTAAAGGTGATGTACAA
TACATCTTTGGTGATTGTGCAATCAATCCAGAACTTGATTCACAAGGACTTGCAGA
AATTGCAGTAGAAAGTGCAAAATCAGCATTA

tpi：

CACGAAACAGATGAAGAAATTAACAAAAAAGCGCACGCTATTTTCAAACATGGA
ATGACTCCAATTATTTGTGTTGGTGAAACAGACGAAGAGCGTGAAAGTGGTAAAG
CTAACGATGTTGTAGGTGAGCAAGTTAAGAAAGCTGTTGCAGGTTTATCTGAAGA
TCAACTTAAATCAGTTGTAATTGCTTATGAGCCAATCTGGGCAATCGGAACTGGTA
AATCATCAACATCTGAAGATGCAAATGAAATGTGTGCATTTGTACGTCAAACTATT
GCTGACTTATCAAGCAAAGAAGTATCAGAAGCAACTCGTATTCAATATGGTGGTA
GTGTTAAACCTAACAACATTAAAGAATACATGGCACAAACTGATATTGATGGGGC
ATTAGTAGGTGGCGCA

yqiL：

GCGTTTAAAGACGTGCCAGCCTATGATTTAGGTGCGACTTTAATAGAACATATTAT
TAAAGAGACGGGTTTGAATCCAAGTGAGATTGATGAAGTTATCATCGGTAACGTA
CTACAAGCAGGACAAGGACAAAATCCAGCACGAATTGCTGCTATGAAAGGTGGC
TTGCCAGAAACAGTACCTGCATTTACAGTGAATAAAGTATGTGGTTCTGGGTTAAA
GTCGATTCAATTAGCATATCAATCTATTGTGACTGGTGAAAATGACATCGTGCTAG
CTGGCGGTATGGAGAATATGTCTCAGTCACCAATGCTTGTCAACAACAGTCGCTTC
GGTTTTAAAATGGGACATCAATCAATGGTTGATAGCATGGTATATGATGGTTTAAC
AGATGTATTTAATCAATATCATATGGGTATTACTGCTGAAAATTTAGTGGAGCAAT
ATGGTATTTCAAGAGAAGAACAAGATACATTTGCTGTAAACTCACAACAAAAAGC
AGTACGTGCACAGCAA

MLST 测试结果见表5－5。结果显示，33 株 MRSA 的等位基因谱被分为4 种序列型：ST5 占 12.1%（4/33），ST45 占 12.1%（4/33），ST239 占 72.7%（24/33）和 ST546 占 3.0%（1/33）。使用 BURST 程序分析4 种序列型所属克隆系来源，研究显

示，ST5 属于 CC5 克隆复合群；ST45 和 ST546 属于 CC45 克隆复合群；ST239 属于 CC8 克隆复合群。当前国际流行的金葡菌克隆株有 10 种，分别为：CC1、CC5、CC8、CC12、CC15、CC22、CC25、CC30、CC45 和 CC51[333,334]。本次实验分得的 3 种克隆株，其起源和流行变迁路线如下所示：在 CC5 中，ST5-MSSA 通过获得Ⅰ型和Ⅱ型 SCC*mec* 进化为普遍流行的 ST5-MRSA-Ⅰ以及在日本和美国流行的 ST5-MRSA-Ⅱ克隆株，而 ST5-MRSA-Ⅱ又可以进化为中间的 ST5-VRSA-Ⅱ直到稳定的 ST5-VRSA-Ⅱ，且目前 ST5-MSSA 已经获得了Ⅲ型和Ⅳ型的 SCC*mec* 进化为 paediatric ST5-MRSA-Ⅲ和 ST5-MRSA-Ⅳ[102]。在 CC8 中，ST8-MSSA 由于位点 *yqiL* 的突变进化成为 ST250-MSSA，而后获得Ⅰ型 SCC*mec* 成为 ST250-MRSA-Ⅰ，这是继 1961 年之后第一次发现的Ⅰ型 SCC*mec* 的起源菌株；ST250-MRSA-Ⅰ继续发生 *gmk* 位点的突变，又进化为 ST247-MRSA-Ⅰ，这是国际传播比较广的多重耐药克隆株。ST8-MSSA 通过获得Ⅱ型和Ⅳ型 SCC*mec* 进化为 ST8-MRSA-Ⅱ和 ST8-MRSA-Ⅳ；通过获得Ⅲ型 SCC*mec* 进化为 ST8-MRSA-Ⅲ并发生 *arcC* 基因突变，成为目前在亚洲常见，在南美洲、非洲和欧洲都有过报道的 ST239-MRSA-Ⅲ Brazilian 克隆株[335, 336]。在 CC45 中，起源菌株 ST45-MSSA 通过获得Ⅳ型 SCC*mec* 进化为在德国流行的 Barnim ST45-MRSA-Ⅳ。流行的 Barnim ST45-MRSA-Ⅳ克隆株常常带有肠毒素基因簇 *egc*，2001 年和 2002 年流行的 ST45-MRSA-Ⅳ在德国几乎占据了该地区金葡菌的 15%。在金葡菌的进化历程中，随着可移动元件 SCC*mec* 等通过基因交换和基因迁移等作用促进菌株间的全基因组交流，金葡菌逐渐演变成了多种序列型[337]。

表 5－5　33 株金葡球菌 MLST 测试结果

ST	菌株数目	等位基因						
		arcC	*aroE*	*glpF*	*gmk*	*pta*	*tpi*	*yqiL*
5	4	1	4	1	4	12	1	10
45	4	10	14	8	6	10	3	2
239	24	2	3	1	1	4	4	3
546	1	10	14	1	6	10	3	2

5.4.2.2　*spaA* 分型及生物信息学分析

笔者以 *spaA* 为靶基因进行 PCR 扩增，扩增体系、扩征程序及引物序列同 5.3.2 节。笔者将扩增后的产物先测序，再应用 Clustal W2 与 AAAGAAGANNNNAANAANCCNNNN 或者 GAGGAAGANNNNAANAANCCNNNN 比对截取标准序列的长度。登录 *spa* 分型国际数据库网站 http：//spaserver. ridom. de/将截取的序列输入 Repeats 信息库中比对得到一个重复单元的编号，得到该菌株的所有重复单元编号后依次输入 Spa-Types 数据库就可得到该菌株的 *spaA* 型别。具体的测序结果如下：

t002：
GAGGAAGACAACAAAAAACCTGGTAAAGAAGACGGCAACAAACCTGGCAAAGAA
GACGGCAACAAGCCTGGTAAAGAAGACAACAAAAAACCTGGTAAAGAAGACGGC
AACAAGCCTGGTAAAGAAGACAACAACAAACCTGGCAAAGAAGACGGCAACAAG
CCTGGTAAAGAAGACAACAACAAGCCTGGTAAAGAAGACGGCAACAAGCCTGGT
AAAGAAGACGGCAACAAACCTGGTAAA
(r26 - r23 - r17 - r34 - r17 - r20 - r17 - r12 - r17 - r16)
t030：
GAGGAAGACAACAACAAGCCTGGCAAAGAAGACAACAACAAGCCTGGTAAAGAA
GACGGCAACAAACCTGGTAAAGAAGACAACAAAAAACCTGGCAAAGAAGATGGC
AACAAGCCTGGTAAAGAAGATGGCAACAAGCCTGGT
(r15 - r12 - r16 - r02 - r24 - r24)
t037：
GAGGAAGACAACAACAAGCCTGGCAAAGAAGACAACAACAAGCCTGGTAAAGAA
GACGGCAACAAACCTGGTAAAGAAGACAACAAAAAACCTGGCAAAGAAGATGGC
AACAAACCTGGTAAAGAAGACGGCAACAAGCCTGGTAAAGAAGATGGCAACAAG
CCTGGT
(r15 - r12 - r16 - r02 - r25 - r17 - r24)
t1081：
GAGGAAGACAACAACAAGCCTGGTAAAGAAGACGGCAACAAACCTGGTAAAGAA
GACAACAAAAAACCTGGCAAAGAAGACGGTAACAAACCTGGTAAAGAAGACAAC
AAAAAACCTGGTAAAGAAGACGGCAACAAGCCTGGTAAAGAAGACAACAAAAAA
CCTGGT
(r08 - r16 - r02 - r43 - r34 - r17 - r34)
t1714：
GAGGAAGACAACAACAAGCCTGGTAAAGAAGACGGCAACAAACCTGGTAAAGAA
GACAACAAAAAACCTGGCAAAGAAGACGGCAACAAACCTGGTAAAGAAGACAAC
AACAAACCTGGTAAAGAAGACAACAAAAAACCTGGTAAAGAAGACGGCAACAAG
CCTGGTAAAGAAGACAACAAAAAACCTGGTAAAGAAGACGGCAACAAACCTGGT
AAAGAAGACAACAAAAAACCTGGT
(r08 - r16 - r02 - r16 - r13 - r34 - r17 - r34 - r16 - r34)

spaA 是编码金葡菌细胞壁的表面蛋白 A 的基因，*spaA* 分型是以 *spaA* 基因的 X 区重复序列具有多态性为基础的分型方法。基因的多态性主要是由于基因点突变以及重复序列的删除或者复制而造成的，X 区域具有良好的重复性和体内、体外稳定性。有研究表明，4 株 MRSA 在体外分别传代 10 次后，而 X 区域 DNA 序列仍无改变；在一个携带 MRSA 的囊性纤维化患者中分离得到的 2 株 MRSA，虽然分离时间

相隔5年，但X区域DNA序列无改变。同时，*spa*分型也能够很好地区分不同的克隆系，不同基因型的菌株不具有流行相关性，因此可以根据基因序列对不同的菌株进行基因分型。此次对33株MRSA的*spaA*分型有5种(如表5-6所示)，其中主要是t037，占57.6%，其次t1081占21.2%，t030占12.1%，t002占6.1%，t1714占3.0%。

表5-6　33株MRSA的*spaA*序列分型

基因型	重复编码特征	重复数	数量/株	分离率/%
t002	r26-r23-r17-r34-r17-r20-r17-r12-r17-r16	10	2	6.1
t030	r15-r12-r16-r02-r24-r24	6	4	12.1
t037	r15-r12-r16-r02-r25-r17-r24	7	19	57.6
t1081	r08-r16-r02-r43-r34-r17-r34	7	7	21.2
t1714	r08-r16-r02-r16-r13-r34-r17-r34-r16-r34	10	1	3.0

6　金葡菌生物被膜的分子机制研究

6.1　金葡菌生物被膜形成能力的研究与分析

由于自然界中大多数细菌都是以生物被膜的形式存在，同时细菌形成生物被膜形式后可保护膜内菌体的正常生长从而抵抗多种不良外界环境，因此以生物被膜形式存在的致病微生物逐渐成为公共卫生和食品安全的重要潜在隐患[338]。近年来，由细菌生物被膜引发的安全事件屡见不鲜，如 2012 年 Meira 等报道的多起由金葡菌生物被膜引起的金葡菌食物中毒事件[339]。科学家推测由于生物被膜形成增强伴随的抗性上升，赋予宿主细菌生存能力增强并最终导致食物中毒[340]。作为常见的食源性致病菌以及形成生物被膜的典型微生物，金葡菌易于在各种刚性表面形成生物被膜，在食品加工过程中造成污染或通过医疗设备造成感染。然而，不同种属以及不同克隆株微生物之间，其形成生物被膜的能力具有显著差异，而这种生物被膜形成能力则决定了该微生物的污染与感染能力，以及侵袭性与致病性。因此，很有必要对细菌生物被膜形成能力进行定量分析，为进一步监测食源性微生物引发的食品污染与中毒提供关键依据。过去数十年间，多种方法被报道用于细菌生物被膜定量检测，包括结晶紫(crystal violet，CV)染色法、XTT 染色法、Syto9 染色法、二乙酸酯荧光定量法以及二甲基亚甲基蓝染色法等[341,342]。

本研究中笔者以流行性金葡菌为实验对象，运用结晶紫染色法和 XTT 染色法(图 6－1)分别对生物被膜形成总量、生物被膜的代谢活性进行定量检测，综合分析两种分析方法间的相关性，在形成总量与代谢活性两方面进一步深入探讨生物被膜形成能力，为食源性细菌生物被膜的安全控制提供理论参考。

(a) XTT染色法

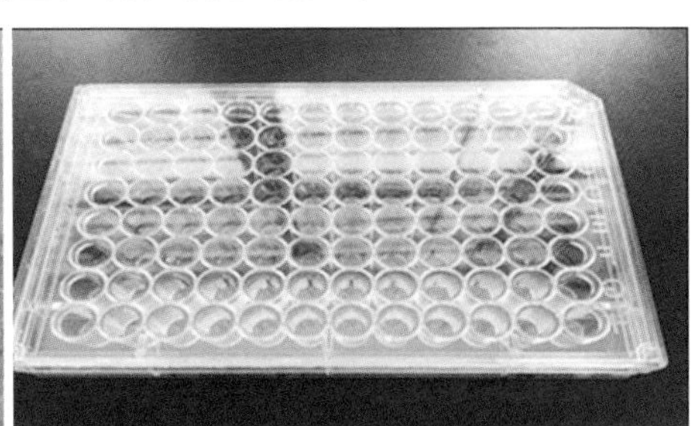

(b) 结晶紫染色法

图 6－1　结晶紫染色法和 XTT 染色法

本研究共采用257株于2009—2012年间来源于广州医科大学第一附属医院的流行性金葡菌，所有菌株均保存于－80℃下，并于37℃下进行复苏与培养。再从中选取107株耐甲氧西林金葡菌与12株甲氧西林敏感型金葡菌对其生物被膜生长能力进行对比，并分析耐药表型与生物被膜形成能力的联系。

6.1.1 结晶紫染色法对流行性金葡菌生物被膜总量的定量分析

1985年由Christensen报道的结晶紫染色法经过不断改进从而广泛应用于细菌生物被膜的定量分析[341]。Honraet等研究表明，结晶紫染色法在测定细菌生物被膜总量上具有一定优势，但较难应用于分析生物被膜中的内在功能[342]。作为一种基本的染色法，结晶紫染色法适用于表面带负电荷的分子和细胞外多糖基质等染色，因细胞（包括活细胞与死细胞）和各种基质都可以被结晶紫染色，故该方法适用于评估生物被膜的总量，却无法区分具有活性与无活性的细胞。其实验步骤具体如下：①取37℃、180 r/min条件下振荡过夜培养的菌液稀释50～100倍后转至新鲜的胰蛋白胨大豆肉汤（TSB）培养基中再培养3 h左右以获得对数生长期的细菌，在600 nm可见光密度下（Infinite Pro 200，瑞士TECAN公司）稀释培养液至OD_{600}为0.001；②将稀释好的培养液以200 μL/孔加入到无菌96孔板中，37℃静置培养48 h；③培养结束后，先用无菌生理盐水冲洗各孔3次，除去杂质和浮游菌，然后用0.01%（质量浓度）的无菌结晶紫液染色15 min；④染色结束后，用无菌水洗涤两次，然后采用体积分数为95%的乙醇将附着的结晶紫洗脱下来；⑤移取125 μL洗脱液于新的无菌酶标板中，于540 nm处用酶标仪（Infinite Pro 200，瑞士TECAN公司）测定各孔的吸光度（OD）。其中每个菌株均在实验中重复8个孔，每次实验均重复3次。空白实验采用等量的培养基作为对照，不添加任何菌液。由于OD值可以反映细菌生物被膜在实体表面的黏附程度、积累总量等情况，因此依据临界OD值（OD_c，等于空白孔的平均OD值加上其3倍标准差而得到的OD值）可对生物被膜分类：$0<OD\leqslant 2OD_c$为少量生物被膜形成，$2OD_c<OD\leqslant 4OD_c$为中等量生物被膜形成，$OD>4OD_c$为大量生物被膜形成；同时可表示成相对OD值$SI=OD/OD_c$形式，即$0<SI\leqslant 2$为少量生物被膜（+），$2<SI\leqslant 4$为中等量生物被膜（++），$SI>4$为大量生物被膜（+++）。生物被膜形成的统计分析采用SPSS软件，多组间的比较采取χ^2检验，显著性差异值$p<0.05$才有意义。

根据结晶紫染色法结果显示，257株流行性金葡菌均可在实体表面形成一定量的生物被膜，说明其均具有生物被膜形成能力。其中75.1%（193/257）的菌株的OD_{540}处于0～$2OD_c$间，说明其可形成少量生物被膜（+，$0<SI\leqslant 2$），22.6%（58/257）的菌株OD_{540}处于2～$4OD_c$间，说明其可形成中等量生物被膜（++，$2<SI\leqslant 4$），而2.3%（6/257）的菌株OD_{540}大于$4OD_c$，说明其可形成大量生物被膜（+++，$SI>4$）。O'Neil等[343]应用结晶紫染色法对英格兰地区流行性金葡菌形成的生物被膜进行定量分析，结果发现9%（10/114）的菌株能形成大量生物被膜，与本研究的结果相似，表明不同地区的流行性金葡菌均具有形成生物被膜的能力，其中少量菌株能形成大量生物被膜。

6.1.2 XTT 染色法对流行性金葡菌生物被膜代谢活性的定量分析

XTT 染色法常用于对生物被膜的代谢活性进行定量分析，其原理是基于 XTT 钠盐(3，3′-[1-(苯氨酰基)-3，4-四氮唑]-二(4-甲氧基-6-硝基)苯磺酸钠)作为线粒体脱氢酶的作用底物，能被活细胞还原成水溶性的橙黄色甲臜产物，当 XTT 与电子耦合剂[如吩嗪二甲酯硫酸盐(PMS)]联合应用时，其所产生的水溶性的甲臜产物的吸光度与活细胞的数量成正比，因此 XTT 染色法是根据水溶性甲臜产物的生成量来评估微生物活细胞量及其代谢活性的一种定量分析方法。XTT 钠盐最早于 1988 年由 Scudiero 等合成[344]，随后 XTT 染色法广泛地被应用于浮游生物中活细胞、细菌及生物被膜定量等领域[345]。本研究对 XTT 染色法进行适当改进后，用于测定流行性金葡菌生物被膜的活细胞量，以此评估金葡菌的生物被膜代谢活性。实验步骤具体如下：①将菌株以 1∶100 的比例加入至 TSB 培养基中，于 37℃、200 r/min 条件下过夜振荡培养；②用无菌磷酸盐缓冲液(PBS)洗涤每组菌液，测其吸光度 OD_{600} 并在新的 TSBg 培养基中(60% TSB + 体积分数为 0.2% 的葡萄糖体系)将其可培养数稀释至 1×10^7 CFU/mL，随后将稀释菌液以 100 μL/孔加入到新的无菌 96 孔培养板中；③将湿纸巾衬至 96 孔板底部，微开着盖子，过夜慢摇培养(10～20 r/min)；④于次日快速倒掉培养基，用 200 μL 的 PBS 液冲洗微孔两次，再向每个孔中加入新鲜的 XTT 工作液(提前加入体积分数为 0.1% 的维生素 K)进行染色；⑤用锡箔纸将染色的 96 孔板避光，在 37℃下静置培养 2～4 h，将其中 100 μL 的菌液转移至新的 96 孔板中并在 490 nm 下测定吸光度。其中每个菌株均在实验中重复 8 个孔，每次实验均重复 3 次。空白实验采用等量的培养基作为对照，不添加任何菌液。OD 值可以同时反映细菌生物被膜中活菌量、菌体代谢活性强弱等情况。依据相对 OD 值 SI 可对生物被膜分类：$0<SI\leqslant2$ 表明生物被膜内活菌代谢能力较弱，$2<SI\leqslant4$ 表明生物被膜内活菌代谢能力中等，$SI>4$ 表明生物被膜内活菌代谢能力较强。即 $0<SI\leqslant2$ 为一般代谢活性(+)，$2<SI\leqslant4$ 为中等代谢活性(++)，$SI>4$ 为强代谢活性(+++)。生物被膜形成的统计分析采用 SPSS 软件，多组间的比较采取 χ^2 检验，显著性差异值 $p<0.05$ 才有意义。

根据 XTT 染色法结果显示，257 株流行性金葡菌在实体表面形成的生物被膜均具有一定的新陈代谢能力。其中 77.0%（198/257）的菌株的 SI 处于 0～2 间，说明其生物被膜为一般代谢活性，17.9%(46/257)的菌株的 SI 处于 2～4 间，说明其生物被膜为中等代谢活性，而 5.1%(13/257)的菌株的 SI 大于 4，说明其生物被膜为强代谢活性。2013 年 Lim 等[346]对韩国 399 株流行性金葡菌生物被膜进行定量分析，研究发现 54.8% 的菌株生物被膜为强代谢活性；结合本研究结果，表明不同地区的金葡菌形成的生物被膜在能力上存在一定差异。

6.1.3 结晶紫染色法与 XTT 染色法对比

综合分析结晶紫染色法与 XTT 染色法，结果显示，6 株、58 株与 193 株金葡菌分别形成大量、中量与少量生物被膜；同时 13 株、46 株与 198 株金葡菌分别形成强代谢活性、中等代谢活性与一般代谢活性的生物被膜。细菌形成的生物被膜在总量与代谢活性等方面均在一定程度上反映生物被膜的形成能力。通过统计学分析，结合结晶紫染色法与 XTT 染色法结果(表 6－1)，257 株金葡菌均具有生物被膜形成能力，其中 27% 具有中或强的生物被膜形成能力。

表 6－1 结晶紫(CV)染色法和 XTT 染色法对 257 株金葡菌生物被膜的定量检测

菌株	CV(GM ± SD)	XTT(GM ± SD)	菌株	CV(GM ± SD)	XTT(GM ± SD)	菌株	CV(GM ± SD)	XTT(GM ± SD)
3548	+ (1.61 ± 0.42)	+ (1.43 ± 0.07)	92318	+ (1.75 ± 0.01)	+ (1.58 ± 0.34)	120297	+ (1.50 ± 0.00)	++ (2.13 ± 0.13)
4506	+ (1.70 ± 0.45)	+++ (4.96 ± 0.10)	92901	++ (3.08 ± 0.81)	++ (2.02 ± 0.13)	120334	++ (3.35 ± 0.02)	+ (1.68 ± 0.13)
4541	+ (1.49 ± 0.47)	+ (1.13 ± 0.09)	110070	+ (1.11 ± 0.34)	+ (1.03 ± 0.34)	120444	+ (1.47 ± 0.03)	+ (0.48 ± 0.57)
4567	+ (1.90 ± 0.27)	+ (0.84 ± 0.02)	110071	+ (1.38 ± 0.20)	+ (1.91 ± 0.13)	120551	+ (1.99 ± 0.04)	+ (1.26 ± 0.02)
10008	++ (2.75 ± 0.44)	+++ (4.81 ± 0.01)	110112	+ (1.06 ± 0.13)	+ (0.89 ± 0.41)	120560	+ (1.47 ± 0.34)	+ (1.19 ± 0.32)
10012	++ (2.36 ± 0.70)	+ (1.56 ± 0.02)	110130	+ (1.39 ± 0.15)	++ (2.53 ± 0.34)	120563	+ (1.61 ± 0.67)	++ (2.95 ± 0.07)
10013	++ (2.17 ± 0.74)	+ (1.71 ± 0.01)	110145	+ (1.23 ± 0.15)	+ (1.66 ± 0.13)	120608	+++ (4.40 ± 0.01)	+ (1.53 ± 0.26)
10017	+ (1.86 ± 0.81)	+++ (5.89 ± 0.11)	110146	+ (1.44 ± 0.27)	+ (1.44 ± 0.94)	120620	++ (2.91 ± 0.19)	+ (0.75 ± 0.31)
10023	++ (2.73 ± 0.65)	+ (0.43 ± 0.02)	110173	+ (0.20 ± 0.11)	+ (0.51 ± 0.26)	120778	+ (1.62 ± 0.42)	+ (1.45 ± 0.31)
10066	+ (0.74 ± 0.12)	++ (3.19 ± 0.02)	110174	+ (1.82 ± 0.46)	+ (1.63 ± 0.31)	120789	+ (1.79 ± 0.55)	+ (1.6 ± 0.31)
10071	+ (1.88 ± 0.52)	+ (1.11 ± 0.01)	110198	+ (0.16 ± 0.15)	+ (1.02 ± 0.41)	120841	++ (2.63 ± 0.02)	++ (2.69 ± 0.11)
10103	+ (1.85 ± 0.35)	+ (1.72 ± 0.41)	110211	+ (0.20 ± 0.03)	+ (1.06 ± 0.33)	120848	++ (3.95 ± 0.02)	++ (2.09 ± 0.31)
10173	+ (0.93 ± 0.02)	+ (0.99 ± 0.32)	110281	+ (1.00 ± 0.50)	+ (1.32 ± 0.32)	120851	+ (0.42 ± 0.07)	+ (0.96 ± 0.07)
10228	+ (0.64 ± 0.01)	+ (0.83 ± 0.02)	110301	+ (1.29 ± 0.14)	+ (1.64 ± 0.34)	120864	+ (0.51 ± 0.02)	++ (3.76 ± 0.07)
10243	+ (0.17 ± 0.04)	+ (0.35 ± 0.41)	110305	+ (0.67 ± 0.02)	+ (1.78 ± 0.94)	120866	+++ (4.77 ± 0.55)	++ (2.64 ± 0.32)
10282	+ (0.88 ± 0.02)	+ (0.69 ± 0.02)	110317	+ (1.22 ± 0.02)	+ (0.92 ± 0.94)	120911	+ (0.97 ± 0.04)	+ (1.56 ± 0.13)
10300	+ (1.12 ± 0.05)	++ (2.09 ± 0.02)	110333	+ (0.52 ± 0.03)	+ (0.90 ± 0.41)	121171	+ (1.47 ± 0.02)	+ (1.39 ± 0.03)
10318	+ (0.48 ± 0.11)	+ (1.39 ± 0.02)	110341	++ (2.35 ± 0.02)	+ (1.21 ± 0.41)	121235	+ (1.53 ± 0.42)	+ (1.87 ± 0.94)
10345	+ (1.73 ± 0.04)	+ (1.76 ± 0.04)	110349	+ (0.97 ± 0.02)	++ (3.09 ± 0.13)	121335	+ (0.63 ± 0.14)	+ (0.42 ± 0.10)
10379	+ (1.35 ± 0.29)	++ (3.68 ± 0.02)	110392	+ (0.28 ± 0.02)	+ (1.11 ± 0.94)	121401	++ (3.78 ± 0.23)	+ (1.86 ± 0.13)
10383	+ (1.36 ± 0.37)	++ (2.56 ± 0.11)	110397	+ (1.11 ± 0.15)	+ (0.93 ± 0.94)	121440	+ (0.66 ± 0.05)	+ (1.29 ± 0.07)
10501	++ (2.64 ± 1.00)	+ (0.33 ± 0.11)	110400	+ (0.54 ± 0.03)	++ (2.01 ± 0.33)	121494	+ (1.06 ± 0.34)	+ (1.22 ± 0.13)
10621	++ (3.03 ± 0.28)	+ (1.26 ± 0.03)	110437	+++ (5.63 ± 0.81)	+ (0.79 ± 0.13)	121612	+ (0.83 ± 0.67)	+ (1.36 ± 0.13)
10713	+ (1.88 ± 0.24)	+ (1.20 ± 0.01)	110457	+ (0.89 ± 0.02)	+ (0.73 ± 0.34)	121667	++ (2.12 ± 0.55)	+ (1.05 ± 0.07)
10853	+ (1.75 ± 0.68)	+ (1.56 ± 0.03)	110510	+ (1.01 ± 0.02)	++ (2.06 ± 0.07)	121727	+ (1.19 ± 0.22)	+ (1.38 ± 0.01)
10854	++ (2.60 ± 0.56)	++ (2.20 ± 0.33)	110573	+ (0.23 ± 0.07)	+ (0.97 ± 0.26)	121782	++ (2.51 ± 0.25)	++ (3.19 ± 0.34)

续表6－1

菌株	CV(GM±SD)	XTT(GM±SD)	菌株	CV(GM±SD)	XTT(GM±SD)	菌株	CV(GM±SD)	XTT(GM±SD)
10864	+(1.46±0.82)	+(0.87±0.04)	110576	+(1.05±0.02)	+(0.93±0.32)	121871	+(1.52±0.27)	+(0.58±0.41)
11124	+(1.61±0.14)	++(2.21±0.13)	110592	+(0.35±0.00)	+(0.29±0.41)	121889	++(2.25±0.26)	+++(6.03±0.13)
11151	+(1.54±0.33)	+(0.96±0.57)	110596	+(0.71±0.08)	+(1.72±0.33)	121905	+(0.44±1.04)	+(1.33±0.07)
11175	+(1.71±0.23)	+(1.68±0.01)	110606	+(0.83±0.02)	+(1.32±0.32)	121931	++(3.08±1.26)	+++(4.93±0.13)
11187	+(0.66±0.44)	++(2.73±0.07)	110632	+(1.09±0.02)	+(0.88±0.32)	121936	+(0.62±0.35)	++(2.19±0.04)
11242	+(1.61±0.20)	++(2.69±0.01)	110647	+(0.70±0.15)	+(1.03±0.13)	121940	+(1.50±0.29)	++(2.44±0.02)
11246	+(0.51±0.03)	++(2.46±0.04)	110712	+(1.82±0.02)	++(2.51±0.33)	121991	+(1.39±0.31)	++(2.38±0.02)
11247	+(1.34±0.50)	+(1.27±0.03)	110742	+(0.17±0.15)	+(0.48±0.32)	122084	+(0.69±0.62)	+(1.28±0.13)
11256	+(0.88±0.14)	+(0.67±0.11)	110749	+(1.80±0.02)	+(0.85±0.11)	122144	++(2.79±0.29)	+(1.06±0.04)
11260	+(1.94±0.02)	+(0.31±0.02)	110762	+(0.19±0.00)	+(1.65±0.02)	122149	+(0.92±0.01)	+(0.54±0.13)
11270	+(1.16±0.06)	+(0.82±0.01)	110804	+(0.88±0.04)	+(1.79±0.31)	122244	+(1.12±0.02)	++(3.80±0.04)
11298	+(0.56±0.31)	+(1.06±0.11)	110805	+(0.87±0.11)	+(1.32±0.07)	122248	+(1.01±0.77)	+(1.13±0.04)
11359	++(3.14±0.02)	+++(4.89±0.03)	110829	+(1.11±0.04)	+(0.96±0.32)	122249	+(1.02±0.35)	++(3.24±0.11)
11403	+(1.55±0.66)	+(1.98±0.10)	110830	++(2.08±0.01)	+(1.38±0.04)	122818	++(2.99±0.29)	+(0.50±0.02)
11433	++(2.00±0.22)	+(0.71±0.03)	110843	+(1.76±0.01)	+(0.93±0.31)	122944	+(1.65±0.31)	+(1.97±0.03)
11450	+(1.67±0.01)	++(2.45±0.03)	110866	+(0.99±0.02)	+(1.35±0.07)	122967	+(1.54±0.62)	+++(4.09±0.13)
11580	+(1.44±1.22)	+(1.38±0.01)	110914	+(1.32±0.01)	+(1.02±0.02)	122993	++(2.00±0.04)	+++(6.04±0.13)
11690	+(0.37±0.39)	+(0.38±0.26)	111019	+(0.72±0.02)	+(1.84±0.31)	123018	++(2.31±0.01)	+(0.25±0.04)
11779	+(0.94±0.90)	+(0.73±0.10)	111073	+(0.47±0.02)	+(0.86±0.32)	123114	+(1.47±0.09)	+(0.38±0.04)
11887	++(2.36±0.13)	+(1.96±0.04)	111102	+(1.25±0.00)	+(1.34±0.34)	123151	+(0.95±0.29)	+(0.22±0.13)
11900	+(1.22±0.20)	+(0.99±0.01)	111191	++(2.02±0.01)	++(2.06±0.26)	123240	+(1.52±0.01)	+(0.55±0.13)
11929	+(1.83±0.03)	+(1.46±0.01)	111228	+(0.75±0.04)	+(1.84±0.26)	123295	++(2.71±0.07)	+(1.06±0.04)
11932	+(1.19±0.06)	+(1.76±0.57)	111256	+(1.23±0.04)	+(0.33±0.26)	123310	+(1.97±0.35)	+(0.66±0.11)
11984	++(3.10±0.70)	+(0.96±0.11)	111312	+(0.80±0.12)	+(1.27±0.34)	123313	++(2.30±0.29)	++(3.60±0.02)
11997	+(1.47±0.25)	+(0.86±0.01)	111319	+(0.73±0.04)	+(0.31±0.26)	123337	++(2.49±0.31)	+(1.08±0.03)
12019	++(2.24±0.24)	++(2.69±0.02)	111321	+(1.19±0.01)	+(1.88±0.33)	123400	++(2.14±0.62)	+(0.29±0.13)
12057	++(2.15±0.34)	+(0.77±0.01)	111379	+(1.21±0.06)	+(1.43±0.13)	123425	+(1.67±0.01)	+(0.56±0.13)
12084	++(2.30±0.01)	+(0.45±0.94)	111415	+(0.44±0.06)	+++(4.49±0.41)	123492	++(2.02±1.15)	+(1.51±0.04)
12310	++(2.20±0.60)	+++(5.88±0.13)	111434	+(0.83±0.01)	+(1.02±0.34)	123526	+(1.02±0.42)	+(0.49±0.04)
12328	++(2.17±0.17)	+(1.02±0.31)	111786	+(1.76±0.05)	+(1.17±0.26)	123563	++(2.86±0.35)	+(0.72±0.13)
12353	+(1.78±0.81)	+(1.67±0.07)	111801	+(0.46±0.12)	+(0.63±0.34)	123569	+(1.75±0.29)	+(0.56±0.13)

续表6－1

菌株	CV(GM ±SD)	XTT(GM ±SD)	菌株	CV(GM ±SD)	XTT(GM ±SD)	菌株	CV(GM ±SD)	XTT(GM ±SD)
12361	+ (0.41 ±0.24)	+ (0.51 ±0.07)	111932	++ (3.69 ±0.07)	+ (1.51 ±0.26)	123614	+ (1.63 ±0.31)	+ (0.17 ±0.13)
12367	+ (1.19 ±1.12)	++ (3.47 ±0.33)	112175	+ (0.22 ±0.34)	+ (0.54 ±0.26)	123635	++ (2.60 ±0.62)	+ (1.15 ±0.01)
12464	++ (2.61 ±1.08)	+ (1.34 ±0.94)	112453	+ (0.63 ±0.67)	+ (0.97 ±0.26)	123786	+ (1.86 ±0.02)	+ (0.65 ±0.11)
12513	++ (2.82 ±0.24)	+++ (6.95 ±0.57)	112460	+ (1.60 ±0.55)	+ (0.43 ±0.34)	123790	+ (1.72 ±0.41)	+ (1.23 ±0.13)
12551	+ (1.17 ±0.70)	+ (1.67 ±0.07)	112498	++ (2.01 ±0.34)	+ (1.70 ±0.26)	123873	++ (2.38 ±0.09)	++ (2.05 ±0.09)
12558	+ (0.21 ±0.50)	+ (1.4 ±0.12)	112548	+ (0.97 ±0.67)	++ (3.24 ±0.33)	123875	++ (2.59 ±0.01)	++ (3.91 ±0.57)
91569	+ (0.94 ±0.01)	++ (2.04 ±0.57)	112559	++ (2.84 ±0.55)	+ (1.14 ±0.13)	129844	+ (1.56 ±0.14)	+ (0.58 ±0.09)
91580	+ (0.80 ±0.16)	+ (1.36 ±0.07)	112622	+ (0.61 ±0.67)	+ (1.08 ±0.41)	1111187	+ (1.35 ±0.01)	+ (1.22 ±0.10)
91581	+ (0.78 ±1.57)	++ (2.39 ±0.07)	112752	+ (1.14 ±0.55)	+ (1.04 ±0.34)	1111309	+ (1.22 ±0.02)	+ (1.68 ±0.57)
91586	+ (1.09 ±0.40)	+ (1.66 ±0.33)	112784	+ (0.61 ±0.01)	+ (0.91 ±0.26)	1112117	+ (1.39 ±0.02)	+ (0.94 ±0.09)
91614	++ (2.37 ±0.01)	+ (1.86 ±0.13)	112865	+ (0.63 ±0.02)	+ (0.36 ±0.34)	1112149	+ (1.34 ±0.01)	+ (1.86 ±0.09)
91615	+ (1.93 ±0.02)	+ (1.87 ±0.03)	112905	+ (0.88 ±0.02)	+ (1.35 ±0.33)	1203257	+ (1.37 ±1.70)	++ (2.27 ±0.09)
91630	+ (0.98 ±0.04)	+ (1.34 ±0.03)	112967	+ (0.73 ±0.12)	+ (1.12 ±0.94)	1204125	+ (1.25 ±0.23)	+ (0.93 ±0.10)
91717	+ (1.21 ±0.07)	+ (1.02 ±0.01)	113017	+ (0.22 ±0.34)	+ (1.31 ±0.33)	1204130	+ (1.99 ±0.32)	++ (2.81 ±0.10)
91724	+++ (4.21 ±0.02)	++ (3.91 ±0.10)	113185	+ (0.96 ±0.67)	+ (1.14 ±0.34)	1204151	+++ (5.64 ±0.53)	+ (1.80 ±0.57)
91771	+ (1.48 ±0.06)	+ (1.09 ±0.01)	113192	++ (2.74 ±0.55)	+ (1.00 ±0.41)	1204160	+ (1.45 ±0.97)	+ (0.90 ±0.57)
91803	+ (0.43 ±0.06)	+ (0.71 ±0.01)	113245	+ (1.48 ±0.12)	+ (0.97 ±0.33)	1204189	++ (2.17 ±0.31)	+ (1.83 ±0.57)
91874	++ (2.16 ±0.05)	+ (1.82 ±0.01)	113279	+ (0.71 ±0.34)	+ (0.59 ±0.26)	1204207	+ (1.70 ±0.01)	+ (1.11 ±0.10)
91918	+ (0.85 ±0.81)	++ (2.18 ±0.01)	113319	+ (1.94 ±0.67)	++ (2.85 ±0.13)	1204244	+ (1.85 ±0.35)	+ (0.57 ±0.10)
91958	+ (0.50 ±0.03)	+ (1.42 ±0.01)	113332	++ (2.74 ±0.55)	+ (1.90 ±0.31)	1204347	+ (1.48 ±1.36)	+ (0.97 ±0.09)
91959	+ (1.48 ±0.02)	+ (1.87 ±0.94)	113349	+ (1.60 ±0.02)	+ (1.48 ±0.07)	1204480	+ (1.30 ±0.35)	++ (3.02 ±0.09)
91986	+ (1.25 ±0.04)	+++ (5.84 ±0.26)	113350	+ (0.98 ±0.12)	+ (0.47 ±0.02)	1204522	++ (3.06 ±1.06)	+ (1.91 ±0.09)
92091	++ (3.71 ±0.01)	++ (2.83 ±0.32)	120018	+ (0.43 ±0.01)	+ (1.71 ±0.02)	1204553	++ (2.72 ±0.81)	+ (1.85 ±0.57)
92099	+ (1.52 ±0.02)	+ (0.91 ±0.13)	120077	++ (2.03 ±0.42)	+ (1.78 ±0.13)	1204586	+ (1.27 ±0.76)	+ (1.26 ±0.02)
92132	+ (1.78 ±0.07)	+ (1.16 ±0.07)	120113	+ (1.67 ±0.02)	+ (0.85 ±0.57)	12071013	+++ (8.19 ±0.57)	++ (3.72 ±0.13)
92152	+ (1.39 ±0.81)	+ (1.19 ±0.94)	120156	+ (1.71 ±0.04)	+ (1.35 ±0.09)	12071018	+ (1.32 ±0.58)	+ (1.49 ±0.13)
92182	+ (1.68 ±0.10)	+ (1.60 ±0.26)	120157	++ (2.04 ±0.01)	+ (1.29 ±0.07)	12071220	++ (2.14 ±0.01)	+ (0.99 ±0.11)
92192	+ (1.52 ±0.01)	+ (1.42 ±0.33)	120171	++ (2.07 ±0.34)	++ (2.63 ±0.07)	12071309	+ (1.46 ±0.98)	+ (1.05 ±0.13)
92258	+ (1.64 ±0.34)	+ (1.40 ±0.13)	120184	++ (3.25 ±0.19)	+++ (6.28 ±0.31)			

注：GM 表示几何平均值，SD 表示标准偏差。

通过对上述两种方法的结果进一步对比分析显示，大部分金葡菌菌株(57.2%，167/257)生物被膜的形成总量与代谢活性处于同一水平，结果较一致，说明生物被膜中活菌数和各种基质量达到一定平衡。然而，部分菌株生物被膜的形成总量与代谢活性存在不一致性，其中17.9%(46/257)的菌株可形成大量生物被膜但膜内菌体代谢活性较弱，17.1%(44/257)的菌株虽仅形成少量生物被膜但膜内菌体代谢活性却较强。推测不同菌株特性、生物被膜形成能力等因素均可导致被膜中形成总量与代谢活性的不一致，金葡菌生物被膜的形成总量与代谢活性等参数可能受菌株外在与内在因素的共同调控影响。除了菌株间差异外，培养时间差异也可能成为生物被膜形成过程中相关蛋白质表达差异的因素。由于现行标准结晶紫染色法与XTT染色法的被膜培养时间分别是48 h与24 h，随着培养时间的延长，生物被膜中活细胞数量逐渐减少，根据结晶紫染色法测得的大量生物被膜总量结果推测，可能一部分被膜总量是来自经培养48 h后被膜中的胞外多糖基质、蛋白质、脂类等；而根据XTT染色法测得的强代谢活性的结果，可能是因为金葡菌经培养24 h后形成的生物被膜中活菌数较多，新陈代谢旺盛，且胞外基质生成量还较少。同时，生物被膜形成是一个复杂的动态过程，受多种调控机制共同影响，如相关被膜基因、群体感应效应及其他外界因素等，这些影响作用均会体现在生物被膜的形成总量与代谢活性的积累上。Cramton等研究[347]表明，*ica*基因能调控细菌间的黏附作用从而影响其生物被膜的形成，但*ica*基因在不同地区、种类的金葡菌中的表达量及转录水平存在较大差异。另有学者发现，金葡菌表面蛋白Bap和SasG均参与到生物被膜形成过程中并发挥调控作用[348,349]。此外，群体感应也被报道能影响金葡菌生物被膜的形成与成熟[350]。

为了进一步深入探究两种方法的关联性，本研究从统计学角度出发对结晶紫染色法和XTT染色法间的关联性做了进一步比对，如表6-2所示，经两种方法定量检测后结果吻合的同一菌株即被视为高吻合度。在被膜形成总量较少的菌株中，分别有60.3%、12.1%、1.9%的被膜代谢活性为一般、中等、强；在被膜形成总量中等的菌株中，分别有15.5%、4.7%、3.1%的被膜代谢活性为一般、中等、强；在被膜形成总量大量的菌株中，分别有1.2%、1.2%、0的被膜代谢活性为一般、中等、强。总体来看，两种方法的吻合度为65%。通过以上的综合分析发现，结晶紫染色法和XTT染色法在细菌生物被膜定量中可起到互补作用，用于全面性地定量分析生物被膜的形成情况。2015年Claessens等[351]采用XTT染色法结合结晶紫染色法的手段，同时从形成总量与代谢活性两个方面对生物被膜的清除效果进行研究，结果发现抗生素联合利福平的复合方法可在不影响被膜形成总量的情况下提高对金葡菌的杀菌率，该报道与本研究采用的手段相符。

表 6-2　结晶紫染色法与 XTT 染色法关联度

单位:%

方法与分类		结晶紫染色法			方法吻合度
		少量生物被膜	中等量生物被膜	大量生物被膜	
XTT 染色法	一般代谢活性	60.3	15.5	1.2	65
	中等代谢活性	12.1	4.7	1.2	
	强代谢活性	1.9	3.1	0	

6.1.4　耐药型金葡菌与敏感型金葡菌生物被膜形成能力对比

本研究随机选取 119 株耐药型金葡菌与敏感型金葡菌(前者 107 株，后者 12 株)，对其生物被膜形成能力应用结晶紫染色法进行对比(表 6-3 和图 6-2)。结果显示，107 株耐药型金葡菌均能形成生物被膜，且大部分菌株(60.7%，65/107)形成少量生物被膜，37.4%(40/107)的菌株形成中等量生物被膜，1.87%(2/107)的菌株形成大量生物被膜。如前所述，O'Neil 等与 Lim 等[343,346]研究分别发现 9% 与 54.8% 的菌株能形成大量生物被膜，与之相比，本研究中耐药型金葡菌均具有生物被膜形成能力，其中约 40% 的菌株形成中等量或大量生物被膜，但形成大量生物被膜的菌株比例相对不高(1.87%)，一定程度上反映不同地区流行性金葡菌在生物被膜能力方面的差异。在敏感型金葡菌中，所有菌株均能形成生物被膜，大部分菌株(58.3%，7/12)形成少量生物被膜，25%(3/12)形成中等量生物被膜，16.7%(2/12)形成大量生物被膜。通过统计学分析比较，流行性金葡菌中关键耐药因子 *mecA* 的携带与生物被膜形成能力没有显著性差异($p=0.77$)。

表 6-3　耐药型金葡菌与敏感型金葡菌生物被膜形成能力对比

SI	SI > 4	4 ≥ SI > 2	2 ≥ SI > 1	SI ≤ 1	总计
	强	中	弱	无	
耐药型金葡菌	2	40	65	0	107
敏感型金葡菌	2	3	7	0	12

注：SI 表示相对形成单元，OD 值可反映生物被膜与接触表面黏附的牢靠程度，依据临界 OD 值(OD_c，等于空白孔的平均 OD 值加上其 3 倍标准差而得到的 OD 值)可对生物被膜分类：$OD \leq OD_c$ 为不黏附，$OD_c < OD \leq 2OD_c$ 为弱黏附，$2OD_c < OD \leq 4OD_c$ 为中等黏附，$OD > 4OD_c$ 为强黏附[533]。可表示成相对形成单元 $SI = OD/OD_c$ 形式，即 $SI \leq 1$ 为不黏附，$1 < SI \leq 2$ 为强黏附，$2 < SI \leq 4$ 为中等黏附，$SI > 4$ 为强黏附。

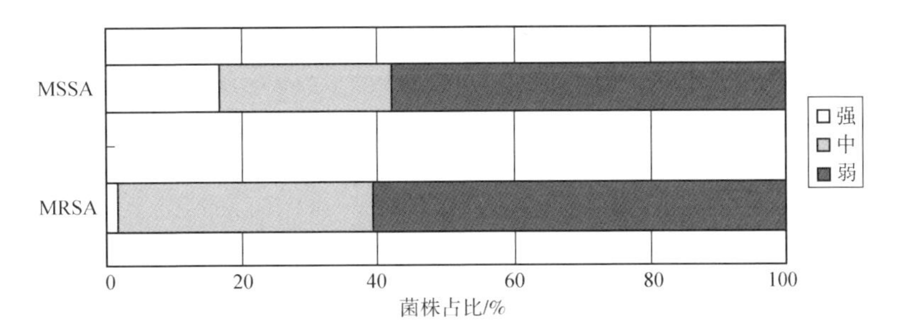

图 6－2 耐药型金葡菌与敏感型金葡菌生物被膜形成能力对比

本研究中所有金葡菌均具有生物被膜形成能力，其中 40% 的菌株具有中等或强的生物被膜形成能力。国际上对流行性金葡菌生物被膜形成能力的报道不多，但与此前报道相比，本研究中具有强生物被膜形成能力的菌株比例相对稍低，其原因可能是不同地区流行性金葡菌在生物被膜形成能力方面的差异。自 20 世纪 90 年代开始，流行性耐药型金葡菌的发展趋势从传统上绝大部分来源于医院、临床等医院型金葡菌往非医院或临床来源如环境、食品等社区型金葡菌发展，由此可见社区型金葡菌具有取代医院型金葡菌的趋势。有学者认为[352]，社区型金葡菌（例如携带Ⅳ型 SCC*mec* 的）具有更强的生物被膜形成能力；2008 年 Smith 等[353]发现金葡菌易于在皮肤部位以生物被膜形式存在。因此，在流行性金葡菌中，不同来源的构成一定程度上决定了菌株的总体生物被膜形成能力。作为细菌适应外界不利环境的一种生存策略，生物被膜的形成是食品工业中潜在的重要安全问题，而随着流行性金葡菌普遍具有耐药性，对各种杀菌剂的抗性更强，被膜中菌体的基因交换概率更高，因此生物被膜对耐药性的影响更为复杂。Abee 等[354]研究发现，耐药型金葡菌一旦形成生物被膜，不论强弱，其抵抗外来抗生素及杀菌剂的能力均显著增强，一定程度上解释了现今食品污染产品中金葡菌检出率居高不下的现象。鉴于现在流行性金葡菌中耐药型菌株的分离率持续走高，由其导致的感染死亡率将更高。

在耐药表型与生物被膜形成能力方面，细菌在形成生物被膜后对抗生素的耐药性显著增强，主要由于：第一，生物被膜中的细胞被胞外大分子物质包裹保护，可逃离抗生素作用，导致抗生素的渗透浓度低，杀菌效率有限；第二，与外层生物被膜相比，生物被膜内部的低抗生素浓度会诱导里层细胞形成更多的生物被膜；第三，内层细胞新陈代谢率低，而大部分抗生素的作用机理都是抑制细胞代谢、合成与繁殖，对内层细胞的作用相对较小。生物被膜形成能力由多种因素共同决定，目前众多研究发现一些调节金葡菌耐药性的基因同时也调节菌株的生物被膜形成能力。Kwon 等[32]发现金葡菌的多重耐药性与生物被膜形成能力具有显著相关性；然而 Smith 等[353]则发现生物被膜形成能力与关键耐药基因 *mecA* 的携带没有相关性。

本研究中，4 株具有强生物被膜形成能力的菌株中，2 株耐 10 类抗生素，1 株耐4类抗生素，1株只耐1类抗生素；在具有中等及较弱生物被膜形成能力的耐药型金葡菌中，均匀分布着多重耐药菌株，在统计学上不具有显著性差异；在敏感型金葡菌中，其耐药表型与生物被膜形成能力之间不具有显著性差异。耐药结果的显著性差异并未在样本菌的三种生物被膜形成能力中体现，说明菌株本身的耐药表型与其生物被膜形成能力没有显著相关性。出现这种现象的原因可能是：①本研究的金葡菌菌株已经在很大程度上呈现了高度多重耐药性，而基于生物被膜存在下对抗生素耐药性的增强效果不明显；②微生物从基因型到表型涉及一系列基因复制、RNA转录及氨基酸翻译过程，中间的各种影响、调控因素较为复杂，同时，生物被膜中大量微生物相互作用(如群体感应效应)，进一步增加了体系的复杂性。耐药性主要是外界药物的低浓度反复刺激与耐药基因的影响所致，生物被膜在理论上可促进以上两个过程的进行，但其具体机制及调控因素有待进一步深入研究。

6.1.5　生物被膜形成能力的SCC*mec*基因组背景研究

生物被膜的形成受到众多自身基因与环境因子的影响，一些重要的编码金葡菌生物被膜的基因位于移动基因原件基因组岛SCC*mec*上。SCC*mec*体现金葡菌的克隆来源与进化途径，由于生物被膜与SCC*mec*均为金葡菌的重要毒力因子，但基因组岛SCC*mec*与生物被膜形成能力的关系目前研究较少，本研究通过对基因组岛SCC*mec*的检测与分型，有助于了解基因组岛SCC*mec*与生物被膜形成能力的相关性，为系统性阐述不同克隆来源与进化途径的金葡菌与其具有的不同生物被膜形成能力间的相关性提供重要研究依据。

结果显示(表6-4和图6-3)，携带Ⅱ型SCC*mec*形成中等量及大量生物被膜的菌株占到75%，携带Ⅲ、Ⅳ和Ⅴ型SCC*mec*形成中等量及大量生物被膜的菌株分别占37.5%、30%和18.2%。该数据显示，携带Ⅱ型SCC*mec*的菌株生物被膜形成能力较其他型强。与此前相关报道进行比较，Lim等[346]通过研究93株携带Ⅲ型SCC*mec*的金葡菌的生物被膜形成能力，发现91.3%能形成大量生物被膜；而在151株携带Ⅱ型SCC*mec*的金葡菌中，只有37.1%能形成大量生物被膜；在110株携带Ⅳ型SCC*mec*的金葡菌中，49.1%的菌株能形成大量生物被膜。生物被膜的形成是一个动态的过程，受到多种内在机制与外在因素的影响，在细菌的黏附及被膜成熟的过程中，多种机制参与了其调节。因此，实验出现这种结果的原因可能是菌株的采集量较少，以及细胞本身的其他基因背景存在差异等。目前国内流行性金葡菌携带Ⅲ型SCC*mec*，但多数菌株生物被膜形成能力不是很强，可见当前流行性金葡菌的生物被膜形成能力相对较弱；但同时发现，近年来随着携带Ⅳ、Ⅴ型SCC*mec*的金葡菌不断被发现，社区型金葡菌在流行性菌株中所占比例不断上升，其生物被膜形成能力也将发生变化。

表 6－4 不同 SCC*mec* 类型耐药型金葡菌的生物被膜形成能力对比

生物被膜形成能力	Ⅱ（$n=12$）		Ⅲ（$n=72$）		Ⅳ（$n=10$）		Ⅴ（$n=11$）		未分型（$n=1$）
	株数	占比/%	株数	占比/%	株数	占比/%	株数	占比/%	株数
强	1	8.3	1	1.4	0	0	0	0	0
中	8	66.7	26	36.1	3	30	2	18.2	1
弱	3	25.0	45	62.5	7	70	9	81.8	1

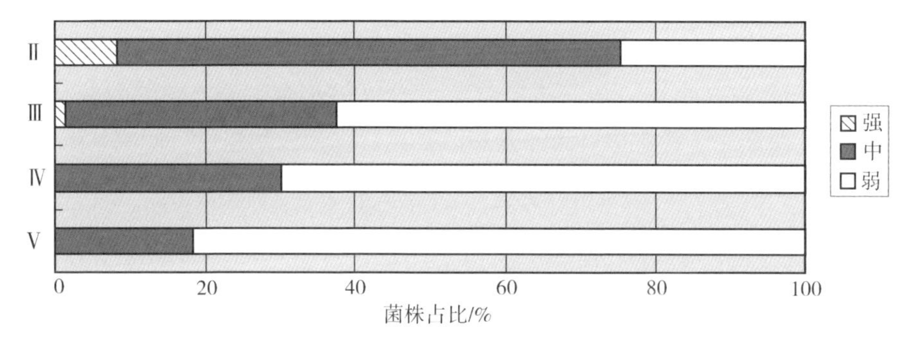

图 6－3 不同 SCC*mec* 类型耐药型金葡菌的生物被膜形成能力对比

结合耐药表型数据分析，携带Ⅱ型 SCC*mec* 的金葡菌多重耐药性严重，所有菌株均对 9 种抗生素耐药，且更易出现顽固耐药菌。可见，生物被膜形成能力与耐药表型都作为微生物的毒力因子，在统计学上表现出了正相关性。换言之，多重耐药性越强，生物被膜形成能力越强。在抗生素的选择下，更多微生物以生物被膜生长形式作为生存策略，从而使其较浮游微生物具有更高的抗生素耐药性。据报道，被包裹在生物被膜中的细菌较浮游菌抗生素耐药性会提高 10 ~ 1000 倍[355]。这主要是基于被胞外基质包裹的内部静态微生物新陈代谢率低，外来抗生素渗透有效性受限，内部抗生素浓度低，而较低浓度的抗生素刺激又会诱导微生物耐药性的提高。

医院环境可能更利于生物被膜生长。尽管数据统计上没有显著性差异，但是抗生素的反复使用，会使得高耐药性金葡菌具有较强生物被膜形成能力。然而，对于社区环境，只有不到 30% 的菌株有中等生物被膜形成能力，但是两者间在统计学分析中并未出现显著性差异。如前所述，生物被膜的形成是金葡菌污染食物样品并导致人类产生疾病和感染的主要原因，生物被膜通过污染食品能进入人体，同时对多种抗生素耐药且能逃离宿主的免疫作用。Fux 等[356]发现未附着的细菌聚集物仍保留着跟在生物被膜里相同的微生物耐药性，这种从多细胞簇中的逃逸体现了金葡菌的转移性感染。

总体上，生物被膜的形成能力是菌株的一个重要特性，它与微生物持久附着及毒性息息相关，能引起各种食品污染、加工设备损坏及反复感染。对金葡菌菌株特性如生物膜形成能力的深入研究，是探索食源性微生物致毒机制的重要组成部分。食源性细菌具有生物被膜形成能力，在食品工业，若对加工设备清洗力度不当，则微生物易于形成生物被膜，逃逸各种细菌清除措施，从而对食品样品持续交叉污染。生物被膜的防治一直是食品工业的一大难题。由于金葡菌在自然界的广泛分布，在食品加工过程中，其在不同加工环节都有可能形成生物被膜，被胞外多糖蛋白复合物包围的金葡菌比浮游生长的细菌对灭菌措施具有更强的抵抗能力，在食品加工中进行普通的消毒杀菌对除去生物被膜作用不明显[357]。要杀死生物被膜中的细菌，就不得不提高杀菌温度或增加杀菌剂量，这样在杀死生物被膜细菌的同时也可能破坏食品本身从而降低其营养价值，杀菌剂残留也可能对人体产生不良影响。此次调查研究为金葡菌生物被膜形成能力提供了重要信息，并探讨了基因组岛 SCC*mec* 和生物被膜形成的关系。通过探索当前流行性金葡菌生物被膜形成能力，为进一步对各种食源性微生物引起的食品污染进行安全控制提供了研究基础。

6.1.6 小结

首先，本研究对 257 株金葡菌生物被膜的形成总量进行结晶紫染色法定量检测，其中 75.1%（193/257）的菌株可形成少量生物被膜；22.6%（58/257）的菌株可形成中等量生物被膜；而 2.3%（6/257）的菌株可形成大量生物被膜。这说明了目前大多数金葡菌均可形成不同量的生物被膜。

其次，对 257 株金葡菌生物被膜的代谢活性进行 XTT 染色法定量检测，其中 77.0%（198/257）的菌株生物被膜为一般代谢活性；17.9%（46/257）的菌株生物被膜为中等代谢活性；而 5.1%（13/257）的菌株生物被膜为强代谢活性。这说明了所有金葡菌形成的生物被膜仍具有一定的代谢活性。

第三，对比分析两种结果发现，17.9%（46/257）的菌株可形成大量的生物被膜，但膜内活菌具有较弱的新陈代谢能力；17.1%（44/257）的菌株只可形成少量的生物被膜，但膜内活菌却具有很强的新陈代谢能力；57.2%（167/257）的菌株形成的生物被膜的代谢活性和总量处于同一水平。

第四，在生物被膜形成总量较少的菌株中，分别有 60.3%、12.1%、1.9% 的被膜代谢活性为一般、中等、强；在生物被膜形成总量中等的菌株中，分别有 15.5%、4.7%、3.1% 的被膜代谢活性为一般、中等、强；在生物被膜形成总量大量的菌株中，分别有 1.2%、1.2%、0 的被膜代谢活性为一般、中等、强。总体来看，两种方法的相关性为 65%。

最后，结合金葡菌基因组背景，携带 Ⅱ 型 SCC*mec* 形成中等量及大量生物被膜的菌株占 75%，携带Ⅲ、Ⅳ和Ⅴ型 SCC*mec* 形成中等量及大量生物被膜的菌株分别占 37.5%、30% 和 18.2%。数据显示，携带Ⅱ型 SCC*mec* 的菌株生物被膜形成能力较其他型强。微生物的基因背景决定了微生物的特性，如生物被膜形成能力和耐药表型。当前国内流行性金葡菌携带 Ⅲ 型 SCC*mec*，生物被膜形成能力相对较弱。同时，随着社区型金葡菌分离比率的上升，未来流行性金葡菌生物被膜形成能力预期将随着其克隆来源与进化途径进一步改变。

6.2 金葡菌生物被膜的基因型

6.2.1 金葡菌生物被膜相关基因

金葡菌生物被膜的形成聚集是一个动态变化的过程，由于菌种、营养和环境等的差异性，菌体会形成厚度不均和疏密不等的被膜结构。生物被膜的形成不仅受到pH、温度和惰性物质材料的影响，主要还是来自自身多种被膜相关基因共同调控结果。

金葡菌生物被膜形成的起始是由 *atl* 基因调控的。*atl* 基因普遍存在于金葡菌中，核苷酸同源性均高达99%，含有4005个碱基，编码的Atl蛋白质相对分子质量为 1.37×10^5。其表达的自溶素蛋白Atl并不直接介导细菌的起始黏附，而是降解细胞壁肽聚糖层的肽聚糖成分，Atl定位在细胞表面通过非共价结合参与金葡菌的向多聚材料的附着，所以对生物膜的调控可以通过调控 *atl* 的表达来实现[358]。金葡菌附着于惰性实体表面后，细菌间开始黏附聚集，该过程由细胞间多糖黏附素(PIA)和聚集相关蛋白Aap参与调节[359]。PIA的形成是由 *ica* 操纵子调控的。*ica* 操纵子包括 *icaA*、*icaD*、*icaBC* 基因，其表达产物分别是IcaA、IcaD、IcaBC蛋白质，它们共同作用，对PIA形成起决定作用[360]。*icaA* 编码的蛋白质含有糖基转移酶结构域；*icaD* 编码的蛋白质会和 *icaA* 编码的蛋白质协同激活糖基转移酶活性[361]；*icaBC* 编码的蛋白质含脱乙酰基酶结构域，参与多糖黏附因子的糖链修饰，合成长链多糖，使之具有生物学功能[362]。由于生物被膜的形成与 *ica* 操纵子有着密切联系，所以有的研究主张把 *ica* 操纵子作为直接区别金葡菌能否形成生物被膜的重要指标[363]。但也有研究发现，在某些分离的菌株中确实存在 *ica* 操纵子，但生物被膜表型却为阴性，推测 *ica* 操纵子的表达水平与生物被膜表型有某种间接的关系。

与生物被膜形成后菌体的聚集有关的是Aap蛋白质，其形成是由 *aap* 基因编码。Aap蛋白质相对分子质量为 2.2×10^5，它是一种胞外聚集相关蛋白质，经人体粒细胞蛋白酶或者金葡菌蛋白酶处理后，可促进金葡菌形成不依靠PIA进行黏附的生物被膜，然而该过程需金葡菌水解酶把Aap蛋白质水解为 140×10^3 的蛋白质后才能发挥作用，但是具体机制目前尚不清楚[364]。

生物被膜成熟期的扩散和迁移是由 *agr* 基因调控的，该基因负责金葡菌的群体感应系统，与生物被膜的形成有着至关重要的关系[365]。研究发现，*agr* 基因对生物被膜形成的调控是多方面的，主要是通过控制生物被膜形成的附着、粘连、增殖、成熟和解离阶段[366]。有研究称 *agr* 基因可调节一种表面活性剂样多肽的表达，增强生物被膜的脱离作用，即生物被膜中的细胞从生物被膜结构中脱离形成浮游细胞以到达另一位点重新形成生物被膜[367]。Boles 等研究表明，*agr* 调控着生物被膜菌和浮游菌之间的相互转换，有助于生物被膜的扩散和迁移[368]。有研究发现，*agr* 在菌体的剥离过程中起到关键作用[369]。因此，细菌在生物被膜上的剥离成为生物被膜相关感染蔓延的重要原因。

研究发现，不同克隆来源菌株的生物被膜形成能力不同。生物被膜的形成过程可分两个阶段：细菌初始黏附，细菌聚集形成多层集群以及生物被膜的成熟和分化。生物被膜初期黏附主要是由 *atl* 基因调控，该阶段可逆并且黏附时间很短；细菌聚集形成多层集群以及之后的成熟分化是由 *ica* 操纵子、聚集因子 *aap* 基因和 *agr* 基因调控。通过对生物被膜相关基因——黏附因子 *atl*、*ica* 操纵子、聚集因子 *aap* 和成熟分化因子 *agr* 进行检测，进而可以确定菌体的生物被膜能力。

6.2.2　金葡菌生物被膜相关基因检测

本研究以 262 株于 2009—2012 年分离于广州某临床机构的金葡菌（2009、2010、2011 和 2012 年对应的菌株数目分别为 21、55、80 和 106）为实验对象，利用 PCR 方法对生物被膜相关基因 *atl*、*ica* 操纵子、*aap* 和 *agr* 进行检测，确定其携带率，以便对生物被膜相关基因的相互联系进行分析，探讨具有生物被膜形成能力菌株的基因分型。

首先，进行全基因组的 DNA 提取。262 株金葡菌保存于甘油管中，置于 -20℃温度下备用。以接种环蘸取少量菌液接种于血琼脂固体培养基中，37℃恒温培养 24 h。从培养基上挑取 2～3 个单菌落，接种于 5 mL TSB 液体培养基中，37℃、200 r/min 过夜振荡培养。吸取 1.0 mL 菌液置于 1.5 mL 离心管中，严格按照细菌基因组 DNA 快速提取试剂盒说明书操作。提取到的 DNA 经超微量紫外分光光度计测定浓度并经 1%（质量浓度）琼脂糖进行验证，置于 -20℃保存。具体操作步骤如下：从血琼脂培养基中挑取菌落 2～3 个，转接于 5 mL 的营养肉汤管中，在 37℃、200 r/min 恒温培养箱里过夜培养 10～12 h。取处于对数生长期细菌培养液 1.0 mL 置于 1.5 mL 无菌 EP 管（Eppendorf 管，一种离心管）中，以 12000 r/min 离心 1 min，尽量吸尽上清液。重复此步骤 5 次，直到 5 mL 培养液全部加完。然后加 180 μL 溶菌酶（20 mg/mL）到收集的菌体沉淀中，振荡混匀，37℃水浴处理 60 min。水浴后，向 EP 管中加入 4 μL RNase A（100 mg/mL）溶液，振荡使其混匀，置于室温 5 min。加 20 μL 蛋白酶 K 溶液到管中混匀，55℃水浴 30 min 左右。在 EP 管中加 220 μL 裂解液 MS，振荡混匀，可形成均一的悬浮液，70℃温浴 15 min，可观察到溶液变清亮，简短离心以去除管盖内壁的水珠。加入无水乙醇 220 μL，充分颠倒混匀，此时可能见絮状沉淀，简短离心以去除管盖内壁的水珠。将所得溶液及絮状沉淀加到一吸附柱中，12000 r/min 离心 1 min，倒掉废液。将吸附柱放于收集管中，加 500 μL 去蛋白液 PS，12000 r/min 离心 1 min，倒掉废液，吸附柱置于收集管中。加 500 μL 漂洗液 PE(使用前按要求加入无水乙醇)，12 000 r/min 离心 1 min，弃滤液，吸附柱置于收集管中。再加 500 μL 漂洗液 PE，12 000 r/min 离心 30 s，倒掉废液，再 12 000 r/min 离心 3 min，然后将吸附柱置于室温放置 5 ~ 10min，以此晾干吸附柱材料中残余的漂洗液。将吸附柱置于新的离心管中，在吸附柱中央处悬空滴加 100 ~ 120 μL 洗脱液 TE，室温放置 2 min，12000 r/min 离心2 min，并将溶液收集到离心管中。将离心管中的溶液再次加入吸附柱中，12 000 r/min 离心 2 min，将提取到的 DNA 溶液放置于 -20℃保存备用。

然后，进行 PCR 引物的设计与合成。PCR 引物具体信息见表 6 -5，所有引物均由广州英潍捷基贸易有限公司合成，用无菌双蒸水溶解后分装，-20℃保存备用。引物初始浓度为 100 pmol/μL，工作浓度为 10 pmol/μL。

表 6 -5　PCR 引物相关信息

引物名称	序列(5′—3′)	靶点	产物/bp
A1	TCTCTTGCAGGAGCAATCAA	*icaA*	188
A2	TCAGGCACTAACATCCAGCA		
D1	ATGGTCAAGCCCAGACAGAG	*icaD*	198
D2	CGTGTTTTCAACATTTAATGCAA		
B1	ATGGTCAAGCCCAGACAGAG	*icaBC*	1188
B2	GCACGTAAATATACGAGTTA		
G1	GTGCCATGGGAAATCACTCCTTCC	*agr*	976
G2	TGGTACCTCAACTTCATCCATTATG		
T1	ACACCACGATTAGCAGAC	*atl*	432
T2	AGCTCCGACAGATTACTT		
P1	GAAATGACTGAACGTCCGAT	*aap*	465
P2	GCGATCAATGTTACCGTAGT		

6.2.2.1　生物被膜初始黏附阶段附着基因 *atl* 分析

在金葡菌生物被膜初始形成阶段，*atl* 基因编码表面相关蛋白自溶素 Atl，该蛋白位于细胞表面，介导细菌黏附于实体表面。以 *atl* 为靶基因设计特异性引物，放进 PCR 仪(EDC -810，东胜国际贸易有限公司)进行扩增，确定菌株生物被膜相关基因 *atl* 的携带情况，进而分析菌株初始黏附基因 *atl* 对生物被膜形成能力的影响。25 μL PCR 反应体系：12.5 μL PCR Mix、各 1.5 μL E1/E2、2 μL DNA，加无菌双蒸水至 25 μL。

PCR 反应程序为：94℃预变性 3 min，然后按 94℃变性 30 s、55℃退火 30 s、72℃延伸 1 min 循环 30 次，末次循环后，72℃延伸 10 min。扩增产物通过 1.5%(质量浓度)琼脂糖凝胶电泳检测。琼脂糖凝胶电泳检测如下：将干净的电泳凝胶槽水平放置于实验台上，插入适当的梳子，称 0.30 g 琼脂糖于干净烧杯中，加入 20 mL 0.5×TAE 电泳缓冲液，使琼脂糖溶液质量浓度为 1.5%，置于微波炉加热至完全融化，取出摇匀。待凝胶冷却到 60℃时，摇匀缓缓倒入有机玻璃内槽，直至有机玻璃板上形成一层均匀的胶面（不能有气泡）。凝胶厚度为 3～5 mm，置于室温下冷却凝固至少 30 min。凝胶凝固后，小心移去梳子，将凝胶取出放入电泳槽内，凝胶孔端位于负极，加入电泳缓冲液至电泳槽中使电泳液刚好没过胶面。用微量移液器取 5 μL PCR 产物加入加样孔内，同时加入 DS2000 DNA Marker 作为对照。盖上电泳槽盖，接通电泳槽与电泳仪的电源，调节电压 100 V，从负极到正极，电泳时间为 25 min。当溴酚蓝染料移动到凝胶中间时，电泳完毕。将凝胶置于溴化乙啶溶液中染色 10 min，用水漂洗 10 min 后，取出凝胶，置于凝胶成像系统中拍照，观察、记录结果。

本实验对 262 株金葡菌进行生物被膜形成初始黏附基因 *atl* 检测，结果显示（图 6－4），257 株金葡菌可获得片段大小为 432 bp 的扩增条带，携带 *atl* 基因，具有生物被膜形成过程中第一阶段的初始黏附能力。细菌生物被膜的形成包括两个阶段，第一阶段也称为初始黏附阶段，浮游菌体可黏附到惰性实体表面，该过程持续时间短，主要由附着基因 *atl* 进行调控。*atl* 基因编码一种金葡菌表面相关蛋白质，该蛋白质并不直接作用于菌体的初始黏附，而是通过降解金葡菌细胞壁中的肽聚糖成分，在细胞表面通过非共价结合使菌体向惰性物质表面附着。

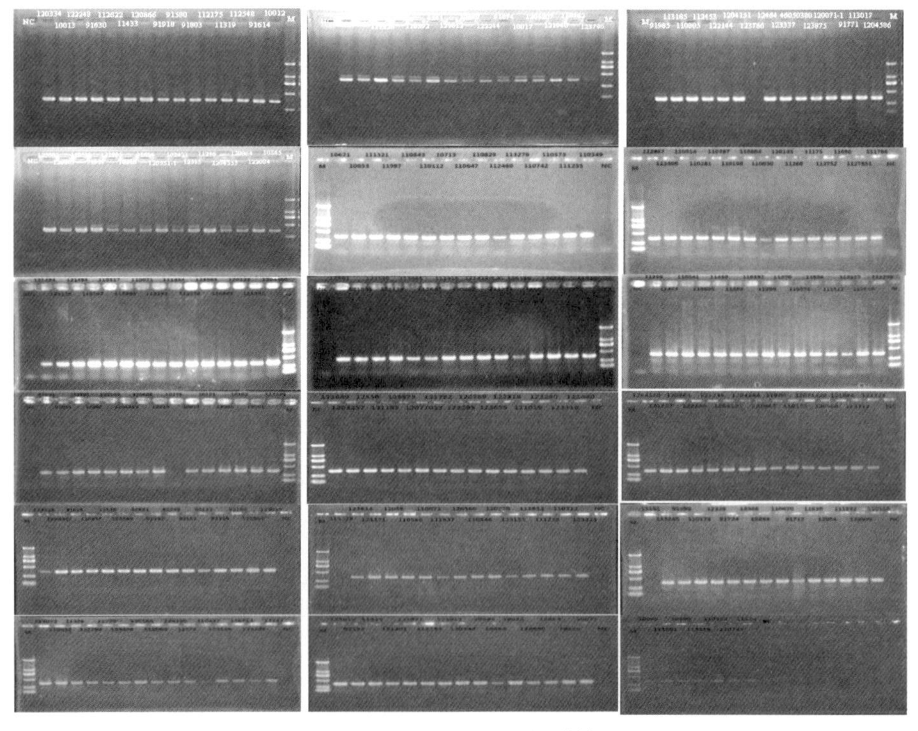

图 6－4　*atl* 基因 PCR 扩增结果

在生物被膜形成过程中，细菌在完成第一阶段即黏附到刚性实体表面后，才能开始第二阶段，即生物被膜的形成、成熟与分化，必须以 *atl* 基因介导的初始黏附于刚性表面为前提。在本实验中，98.1%（257/262）的菌株携带 *atl* 基因，结果显示，流行金葡菌中绝大多数菌株具有生物被膜初始黏附能力，在成功黏附于刚性表面后即可启动第二阶段被膜的成熟与分化。同时，*atl* 基因的高携带率说明其可能为金葡菌生存必需因子，存在于基因组中高度保守序列中，而在金葡菌基因组进化过程中保守度高，稳定而未发生重大变化。

6.2.2.2　生物被膜成熟阶段 *ica* 操纵子分析

在生物被膜形成过程中，PIA 介导细菌之间的相互黏附，促使生物被膜的形成。PIA 的形成由 *ica* 操纵子进行调控。*ica* 操纵子包括 *icaA*、*icaD* 和 *icaBC*，因此需对 *ica* 操纵子的三种基因进行检测，确定菌株对 *ica* 操纵子的携带情况，进而分析 *ica* 操纵子对菌株生物被膜形成能力的影响。25 μL PCR 反应体系同 6.2.2.1 节，PCR 反应程序如下：（1）*icaA* 和 *icaD*：94℃预变性 5 min，然后按 94℃变性 30 s、56℃退火 30 s、72℃延伸 30 s 循环 40 次，末次循环后，72℃延伸 1 min。（2）*icaBC*：94℃预变性 3 min，然后按 94℃变性 30 s、52℃退火 30 s、72℃延伸 1 min 循环 30 次，末次循环后，72℃延伸 10 min。PCR 扩增产物经 1.5%（质量浓度）琼脂糖凝胶电泳检测，操作同 6.2.2.1 节。

菌株 PCR 鉴定结果见图 6-5。对 262 株金葡菌进行 *ica* 操纵子（*icaA*、*icaD* 和 *icaBC*）鉴定，结果显示，236、244 和 248 株金葡菌中分别扩增出 188、198 和 1188 bp 的条带，说明分别携带 *icaA*、*icaD* 和 *icaBC* 基因。

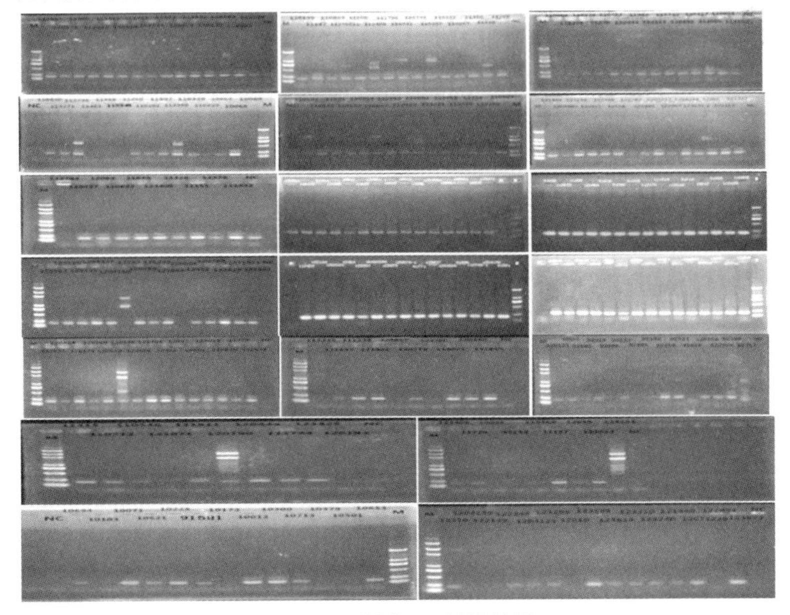

(a) *icaA*基因PCR扩增结果

图 6-5　*ica* 操纵子 PCR 扩增结果

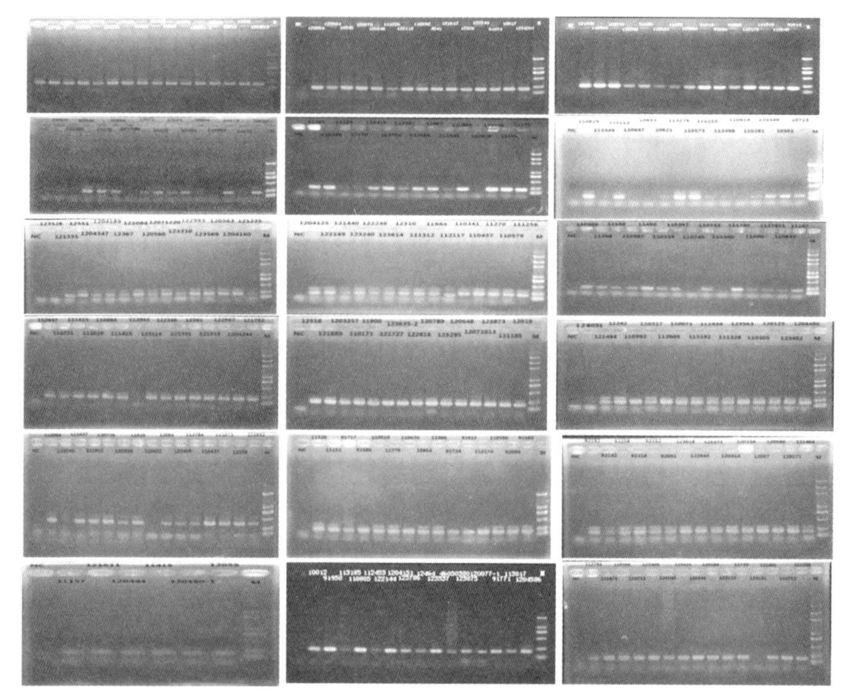

(b) *icaD*基因PCR扩增结果

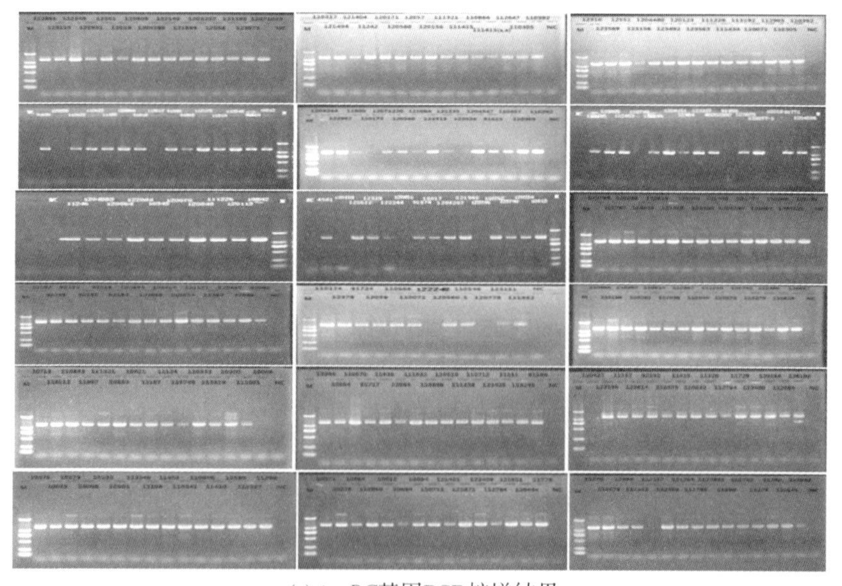

(c) *icaBC*基因PCR扩增结果

续图 6-5

在生物被膜第一阶段初始黏附后，即开始第二阶段的成熟与分化，该过程持续时间较长，其中 *ica* 操纵子在被膜成熟过程中起重要作用。*ica* 操纵子含有 *icaA*、*icaD* 与 *icaBC* 基因，负责调控 PIA 代谢产物的合成[369]。其中 *icaA* 基因负责编码合成 N－乙酰氨基葡萄糖基转移酶，*icaD* 基因负责编码合成提高 N－乙酰氨基葡萄糖转移酶活性的蛋白质[370]。*icaBC* 基因处于 *icaAD* 下游，编码合成负责多糖类复合物转运和壳聚糖脱乙酰化的相关蛋白质，该蛋白质可促使多糖类物质黏附到惰性物质表面。*ica* 操纵子的相互作用，共同调控细菌间的黏附，生物被膜才得以成熟。

此前有研究指出，*ica* 操纵子属于一个基因簇，在生物被膜形成过程中 *icaA* 和 *icaD* 应同为阳性或同为阴性[371]。然而，本研究获得的 *icaA*、*icaD* 和 *icaBC* 基因的阳性率分别为 90.1%、93.1% 和 94.7%（表 6－6），其中，*icaA* 和 *icaD* 均为阳性的菌株共有 224 株（85.5%）；*icaA* 阴性、*icaD* 阳性的菌株 20 株（7.6%）；*icaA* 阳性、*icaD* 阴性的菌株 12 株（4.6%）。本实验发现的部分 *icaA* 阴性、*icaD* 阳性或 *icaA* 阳性、*icaD* 阴性的菌株表明，*ica* 操纵子虽属于一个基因簇，但在进化过程中存在差异分化。

表 6－6 金葡菌中 *icaA*、*icaD* 和 *icaBC* 携带率

生物被膜相关基因			菌株数目	携带率/%
icaA	*icaD*	*icaBC*		
+	+	－	10	3.8
－	－	+	4	1.5
+	+	+	214	81.7
－	+	+/－	20	7.6
+	－	+/－	12	4.6
－	－	－	2	0.7

注：“+”表示阳性，“－”表示阴性。

对 248 株 *icaBC* 阳性菌株检测中，214 株含有 *icaA* 和 *icaD*，4 株仅携带 *icaBC*；81.7%（214/248）的菌株携带完整的 *ica* 操纵子（*icaA*、*icaD* 和 *icaBC* 均为阳性），说明流行金葡菌中大多数具备合成并分泌 PIA 的能力，在菌株成功黏附于刚性表面后具有形成成熟生物被膜的能力。这与此前 118 株金葡菌中 *ica* 操纵子显示阳性结果达到了 89.2% 的研究[372]类似。

6.2.2.3 生物被膜成熟阶段聚集效应基因 *aap* 分析

据研究，*ica* 操纵子阴性菌株可以不依赖 PIA，而通过细菌表面蛋白直接作用形成蛋白质依赖的细菌生物被膜，该表面蛋白表达是由聚集相关蛋白质基因 *aap* 编码。因此，需对菌株 *aap* 基因携带情况进行分析，进而研究 *aap* 基因对菌株生物被膜形成能力的影响。

PCR 反应体系同 6.2.2.1 节。PCR 反应程序：94℃预变性 3 min，然后按 94℃变性 30 s、57℃退火 30 s、72℃延伸 2 min 循环 35 次，末次循环后，72℃延伸 10 min。PCR 扩增产物经 1.5%（质量浓度）琼脂糖凝胶电泳检测，操作同 6.2.2.1 节。

对 262 株金葡菌进行被膜聚集效应基因 *aap* 检测，结果显示，228 株金葡菌扩增出 465 bp 的条带，PCR 扩增结果如图 6-6 所示。在金葡菌黏附到刚性表面后，生物被膜的后续形成和成熟都是非常复杂的过程，被膜外层的形成与膜内菌体的增殖均通过多个途径进行。*aap* 可编码合成聚集相关蛋白质，作用于菌体间的相互黏附；同时，研究证实，高转录或表达的 Aap 蛋白质可单独行使类似 PIA 的作用而不依赖于 *ica* 操纵子形成生物被膜[373]。在本研究中，*aap* 基因的携带率达 87.0%，同时 *ica* 操纵子也在 81.7% 的菌株中存在，两者均为阳性的有 192 株，带有 *ica* 操纵子而不带有 *aap* 基因的有 22 株，带有 *aap* 基因而不带有 *ica* 操纵子的有 36 株，均为阴性的有 12 株，占 4.6%。这表明金葡菌中 73.3%（192/262）的菌株分别具有 PIA 与 *aap* 两条途径，22.1%（58/262）的菌株则具有其中一条途径可形成成熟生物被膜。所以，对于缺失或不完整 *ica* 操纵子而不能表达 PIA 的，也可通过 *aap* 基因编码合成聚集相关蛋白质，促使菌体生物被膜的形成。

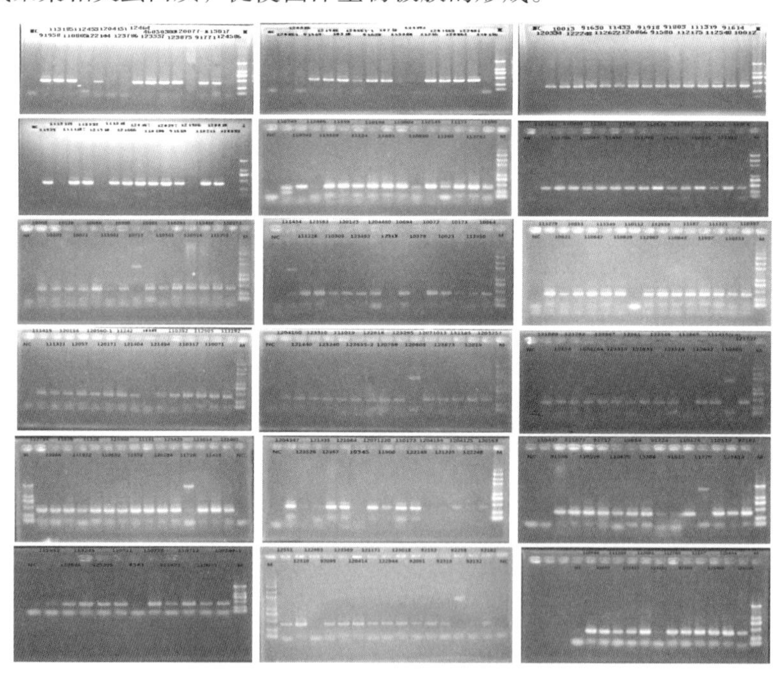

图 6-6　*aap* 基因 PCR 扩增结果

6.2.2.4　生物被膜成熟与分化调控基因 *agr* 分析

agr 对生物被膜形成的调节是多方面的，它干预生物被膜形成的各个阶段，包括附着、粘连、增殖、成熟以及解离。在生物被膜的成熟期，细菌间可通过群体感应系统进行物质交流，促进被膜进一步成熟与分化，*agr* 基因通过上调一种表面活

性剂多肽的表达，从而增强生物被膜的脱离，即生物被膜中的细胞从生物被膜结构中脱离形成浮游细胞到达另一位点重新形成生物被膜，有助于生物被膜的扩散和迁移。但是如果 *agr* 基因不能表达，则生物被膜固化加厚，不再脱落。因此，需对调控生物被膜脱离行为的 *agr* 基因进行检测，确定菌株携带率，进而分析 *agr* 基因对菌株生物被膜形成能力的影响。PCR 反应体系同 6.2.2.1 节。PCR 反应程序：94℃预变性 3 min，然后按 94℃变性 30 s、52℃退火 30 s、72℃延伸 1 min 循环 30 次，末次循环后，72℃延伸 10 min。PCR 扩增产物经 1.5%（质量浓度）琼脂糖凝胶电泳检测，操作同 6.2.2.1 节。

对 262 株金葡菌进行生物被膜成熟与分化的关键调控基因 *agr* 进行检测，结果显示，221 株金葡菌获得 976 bp 的扩增片段（图 6-7）。本实验中，84.4% 金葡菌携带群感效应 *agr* 基因，表明大部分菌株在生物被膜形成过程中，除具有第一阶段的初始黏附、第二阶段的胞间粘连和聚集能力外，在被膜成熟后期具有脱落并扩散迁移的能力；而 *agr* 阴性菌株则在被膜成熟后仍保持被膜状态，倾向于进一步固化或加厚生物被膜。

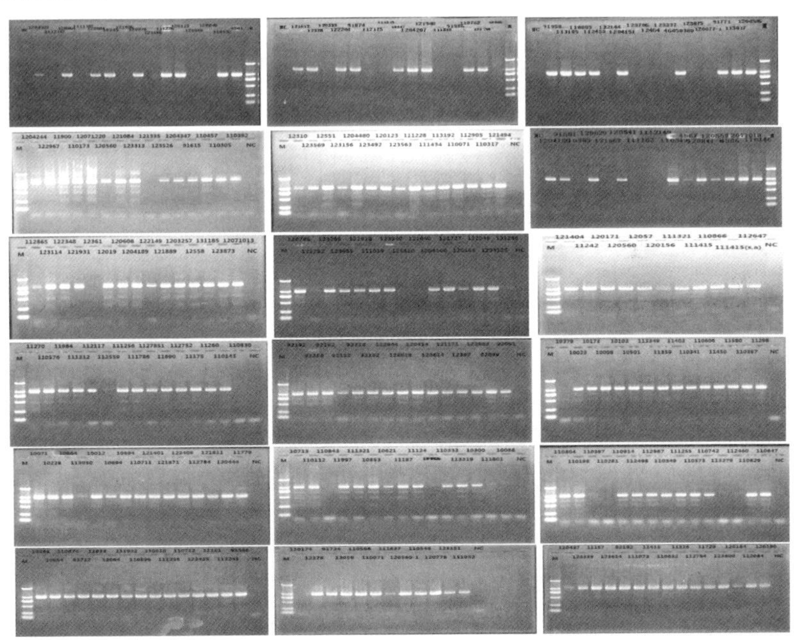

图 6-7　*agr* 基因 PCR 扩增结果

6.2.3　金葡菌生物被膜基因型分析

金葡菌生物被膜三维结构的形成过程较复杂，包括第一阶段的初始黏附与第二阶段的被膜成熟和分化，是菌体多种基因调控的结果。本研究根据生物被膜形成不同阶段与路径的关键调控基因，把 262 株流行金葡菌分为 11 种基因型，其中主要包括4种基因型：$ica^{+}atl^{+}aap^{+}agr^{+}$型*、$ica^{+}atl^{+}aap^{+}agr^{-}$型、$ica^{+}atl^{+}aap^{-}agr^{+}$型以及$ica^{-}atl^{+}aap^{+}agr^{+}$型。$ica^{+}atl^{+}aap^{+}agr^{+}$型与$ica^{+}atl^{+}aap^{+}agr^{-}$型金葡菌在遗传水平上携带完备的生物被膜形成和成熟过程所需的功能与调控基因位点，包括 *ica* 调控子与 *aap* 基因编码的菌体聚集两条途径形成被膜，在表型上倾向于具备较强生物被膜形成能力，然而两者在生物被膜成熟后的分化与转移扩散能力有所差别，前者形成的生物被膜具有较强分化与扩散能力，后者则倾向于形成牢固与加厚的稳定生物被膜；$ica^{+}atl^{+}aap^{-}agr^{+}$型与$ica^{-}atl^{+}aap^{+}agr^{+}$型金葡菌虽同时具有调控生物被膜第一阶段初始黏附以及第二阶段被膜成熟的基因位点，但只具有 PIA 或 *aap* 聚集两条被膜成熟路径之一，表明其被膜形成能力相对较弱，然而 *agr* 基因的携带，使该类菌株在形成较弱生物被膜后，具有一定被膜分化与转移扩散能力[374～377]。

由各个生物被膜基因型所占比率(图6－8)分析可见，$ica^{+}atl^{+}aap^{+}agr^{+}$型与$ica^{+}atl^{+}aap^{+}agr^{-}$型金葡菌共占72.5%(190/262)，$ica^{+}atl^{+}aap^{-}agr^{+}$型与$ica^{-}atl^{+}aap^{+}agr^{+}$型则占18.7%(49/262)。结果显示，目前的流行性金葡菌大部分具有生物被膜形成过程所需的基因位点，包括初始黏附以及后续被膜成熟(单一或多条途径)，同时大多数菌株在被膜成熟后具有决定被膜分化与转移扩散的调控因子，说明在食品加工或者食品材料表面若有金葡菌存在，在适合的外界条件下，倾向于形成较强(72.5%)或较弱(18.7%)生物被膜，同时大部分菌株(81.3%)被膜在成熟后倾向于进一步分化及转移扩散。金葡菌在形成生物被膜后，易黏附于加工管道内壁，难以清洗且长期存在，对食品造成持续性污染，在食品工业中是一项潜在的威胁。

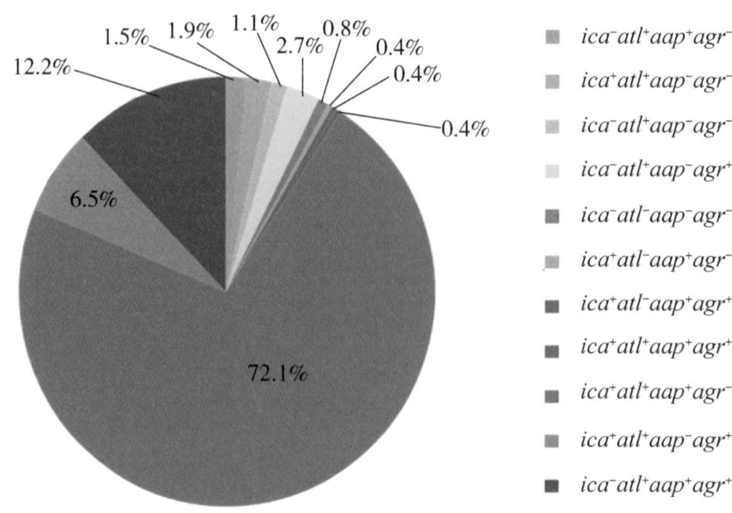

图6－8　金葡菌生物被膜基因型类别

---

* 本书的基因型中，上标为"＋"表示该基因为阳性，上标为"－"表示该基因为阴性。

ica^{+}*atl*$^{-}$*aap*$^{+}$*agr*$^{+}$，*ica*$^{+}$*atl*$^{-}$*aap*$^{+}$*agr*$^{-}$和*ica*$^{-}$*atl*$^{-}$*aap*$^{-}$*agr*$^{-}$基因型占1.5%(4/262)，该类菌株在生物被膜形成的第一阶段即不可完成。由于在生物被膜形成过程中，细菌在完成第一阶段后才能开始第二阶段，必须以*atl*基因介导的初始黏附于刚性表面为前提，可见在金葡菌中几乎大部分菌株都可完成生物被膜的初级黏附。

ica^{-}*atl*$^{+}$*aap*$^{+}$*agr*$^{-}$和*ica*$^{+}$*atl*$^{+}$*aap*$^{-}$*agr*$^{-}$基因型占3.4%(9/262)，该类菌株具备第一阶段初始黏附以及第二阶段被膜成熟的基因位点，只有PIA或*aap*聚集两条被膜成熟路径之一，表明其被膜形成能力相对较弱，而*agr*基因的缺失则暗示该类菌株在形成较弱生物被膜后更多表现的是被膜的加厚和固化。

ica^{-}*atl*$^{+}$*aap*$^{-}$*agr*$^{+}$和*ica*$^{-}$*atl*$^{+}$*aap*$^{-}$*agr*$^{-}$基因型占4.6%(10/262)，该类菌株具有调控生物被膜第一阶段初始黏附的基因位点，但对于PIA或*aap*聚集两条被膜成熟路径均为阴性，说明其在形成生物被膜能力方面非常弱。

6.2.4 基因组岛SCC*mec*与生物被膜基因型的相关性

6.2.4.1 SCC*mec*基因组岛概述

SCC*mec*基因组岛是耐甲氧西林金葡菌中的基因序列，也称G岛，具有移动性，其边界由一对正反向重复序列隔开，同时携带一套特异性重组酶基因*ccrA*和*ccrB*，用于外源基因位点的特异性切除和整合，介导SCC*mec*的移动与基因交换。在*ccr*复合物的作用下，SCC*mec*切除并整合金葡菌属的各种相关基因，成为一个遗传信息的交换系统，最终影响金葡菌的基因组进化。SCC*mec*大小为21～67 kb不等，占金葡菌基因组长度的1%～3%，含有多个开放阅读框和编码区(CDS)，主要编码能影响金葡菌表型的多个功能基因和调控因子，是金葡菌基因组中最重要的交换和移动元件，同时决定菌株进化[311]。*mec*复合物是SCC*mec*基因组岛的重要组成部分，具体包括耐药基因*mecA*，调控因子*mecR1*、*mecI*及与*mecA*相连的IS*431*。PBP2a结合蛋白是由*mecA*基因编码的能结合青霉素的蛋白质。两个调控基因*mecR1*和*mecI*位于*mecA*基因的上游，这两个基因共同调节*mecA*基因的表达，*mecI*基因可以编码一种和*mecA*基因启动子结合的阻遏蛋白，从而抑制基因的转录；*mecR1*则编码一个具有跨膜区的信号转导蛋白。位于细胞膜外侧的青霉素结合蛋白(PBP)区域能够识别β-内酰胺类抗生素，激活其细胞质区域，释放具有活性的自催化裂解蛋白酶，阻碍蛋白质失活，从而使*mecA*基因转录受到的抑制得以解除[378,379]。*mec*复合物受到插入序列(IS)的影响，插入序列主要有两种情况：一种是携带完整的*mecI*、*mecR1*基因的，另一种则是携带的调控基因有部分或者完全缺失的，最常见的是*mecI*缺失[380]。

根据*mecI-mecR1*结构的多样性，国际SCC分类工作组(IWG-SCC)将*mec*复合物分为了5种主要类型和4种亚型，结构如图6-9所示。

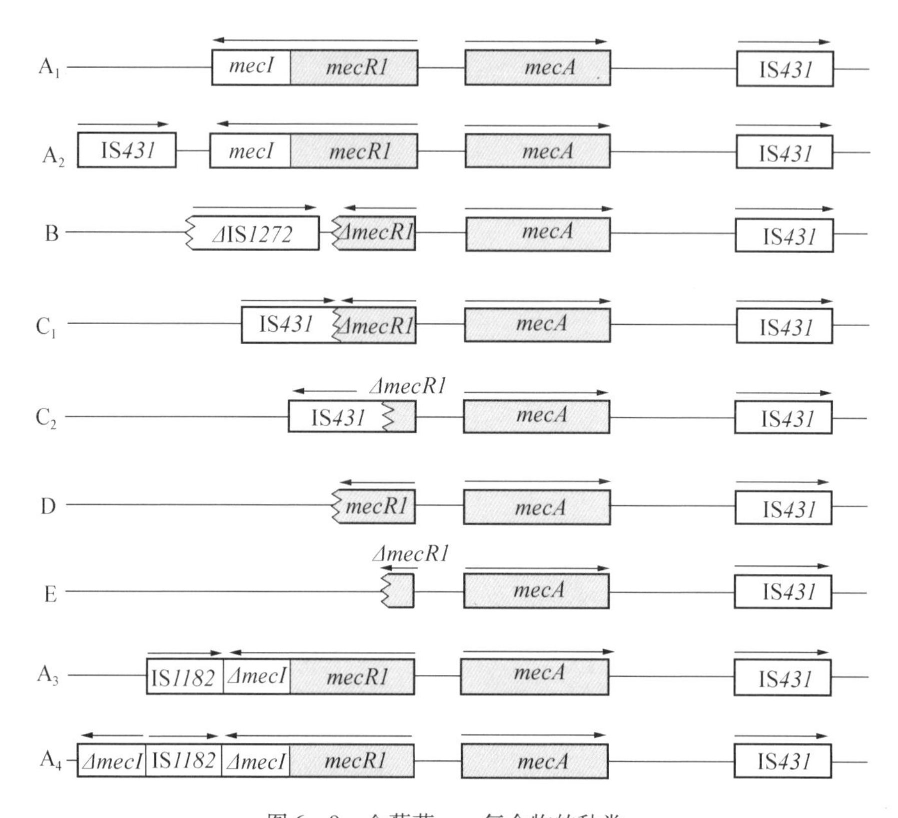

图 6－9　金葡菌 *mec* 复合物的种类

注：其共同的结构是插入子 IS*431*，甲氧西林耐药性决定基因是 *mecA*；*mecR1* 为调节基因，*mecI* 为抑制基因，IS*1272*、IS*1182* 和 IS*431* 均为插入片段，Δ*mecR1* 和 Δ*mecI* 分别代表 *mecR1* 和 *mecI* 在插入片段插入过程中被剪切后的残余基因序列，箭头方向为基因转录方向。

为了解金葡菌基因组的流行与变迁，需对基因组的背景进行解析。目前，对金葡菌基因组背景的解析大多是通过分型来辨别的，通过分型可发现菌株基因的相关性，追踪其克隆来源与流行变迁，为金葡菌生物被膜的形成机制提供理论基础和科学依据。

目前，伴随着分子生物学的快速发展，从细菌 DNA 的层面出发对微生物进行分型的方法越来越受到关注。基因分型方法主要有随机扩增多态性 DNA 分型技术、表面蛋白 A 基因多态性分型，多位点序列分型等[381]。

金葡菌基因分型主要采用随机扩增多态性 DNA 分型技术（random amplified polymorphim DNA，RAPD），这种方法是运用 PCR 技术揭示基因指纹图谱的一种基因分型方法[382～384]。该方法利用非特异性序列的引物进行 PCR 随机扩增，所谓的“随机”是指引物的不确定性，若引物选定，其与菌株 DNA 的结合位点就随之确定。目前，AP1、AP7 和 ERIC2 等含有 20 个碱基左右的引物常常被作为金葡菌选择的序列。扩增后的条带类型既能反映菌株间发育进化过程中的相关性，还能间接反映不同菌株的差异性，根据该结果区分基因型差异，再研究菌株基因序列的不同，从而可探究菌株在发育进化过程中的相关性。RAPD 方法已成功用于铜绿色假单胞菌、肺炎克雷伯菌和金葡菌等菌株的分型[385]。

多位点序列分型(MLST)是一种表型分型与核酸电泳相结合的方法。由于菌株在进化过程中看家基因并没有发生太大的变化，所以可以对细菌几个看家基因进行分析，描述菌株间遗传差异[386]。

MLST 方法自 1988 年应用于脑膜炎奈瑟菌的分型以来，其以结果精确、易于重复、结果数字化而在金葡菌的分型中得到应用[387~389]。对于金葡菌的 MLST 分型主要以 7 个看家基因 *arcC*、*aroE*、*glpF*、*gmk*、*pta*、*tpi*、*yqiL* 为标准。MLST 技术所选择的基因位点序列通常位于看家基因内部，长度分别为 456、456、465、417、474、402、516 bp。之所以选择看家基因，是因为它们在待测菌株中的存在性接近 100%，并且有足够的变异度，导致足够数量的等位基因的存在，在不同菌株中，由于不同的等位基因存在，每个基因都有一个对应的看家基因[389]。用 7 对引物分别扩增 7 个基因，对每个扩增的基因进行测序，并与 MLST 网站上公布的等位基因进行比较，获得菌株 7 个看家基因的等位基因谱，提交到 MLST 数据库，确定待鉴定的金葡菌序列分型，再使用 BURST 程序，确定菌株的克隆系。金葡菌的流行方式主要依靠少量的成功适应环境独立克隆系的扩散，所以大多数分离株均来源于少量主要的克隆复合群，即研究少量金葡菌即可知其群体的核心基因序列变异情况，可追踪菌株起源、菌株的进化路线和同源性，以及分析菌株间的遗传相关型。该方法将试验结果提交数据库进行比较，为全球金葡菌的流行病学研究提供了一个便捷的平台。

Pickenhahn 等[390]在 1987 年首次将金葡菌表面蛋白 A 基因多态性分型法应用于金葡菌，这是一种基于 *spaA* 基因的高度可辨的重复序列分型方法。表面蛋白 A 是金葡菌细胞壁的一个组成部分，*spaA* 基因编码表面蛋白 A 的基因序列长度大约为 2150 bp，含有 3 个不同的区域：Fc 结合区、X 区和 C 末端。X 区是一段高度重复序列，含有2～15个长度大约为 24 bp 的重复序列。依据 X 区重复序列数目、特征以及排列顺序的不同，菌株呈现高度的多态性，能对流行性的金葡菌进行可靠、精确的分型研究[391~395]。*spaA* 分型国际数据库已经收录了 13 614 种不同的金葡菌 *spaA* 基因型和 640 种不同的重复序列，还收录了来自 105 个国家的 296 270 株金葡菌信息。*spaA* 的 X 区不仅具有很好的序列重复性，并且具有体内、外稳定性，所以很多研究对不同的菌株会根据 *spaA* 基因序列进行基因分型[396]。*spa* 分型法简便、快速，分型力高，重复性好，结果易解释，易于标准化，缺点是工作量大，需要基因测序，花费比较高。

金葡菌的基因组背景和进化演变主要是集中在可移动遗传元件在细胞中的转入和转出，以及其本身固有的核心基因群发生的基因突变[397]。研究指出，金葡菌的可移动元件 SCC*mec* 基因组岛是重要的遗传信息交换系统，影响着金葡菌的流行与进化。生物被膜的形成过程可分两个阶段：细菌初始黏附，细菌聚集形成多层集群以及生物被膜的成熟和分化。而携带不同的基因组岛的菌株其生物被膜形成能力也不同，其调控基因的携带也不同[398]。所以本节将对基因组岛 SCC*mec* 与生物被膜基因型的相关性进行研究。

本节首先通过对金葡萄球菌属特异性基因 16S rRNA、金葡菌特异性基因 *femA* 和关键耐药基因 *mecA* 进行多重 PCR 检测，以期获得带有 SCC*mec* 的菌株。其次，通过 PCR 方法对 *mec* 复合物和 *ccr* 复合物分型，再通过生物信息学技术确定菌株 SCC*mec* 型别，然后分析基因组岛各型别的结构特点、流行性以及国际现状。最后，结合生物被膜形成的关键调控因子分析 SCC*mec* 与被膜调控因子、生物被膜相关基因型的关系，进而探究可移动元件 SCC*mec* 影响生物被膜基因型的进化机制。

6.2.4.2 多重 PCR 方法检测菌属特性及关键耐药因子

通过对金葡萄球菌属特异性基因 16S rRNA、金葡菌特异性基因 *femA* 和关键耐药基因 *mecA* 进行多重 PCR 检测，应用特异性引物对 M1 和 M2、F1 和 F2 以及 C1 和 C2 分别扩增 *mecA*（374 bp）、*femA*（823 bp）与 16S rRNA 基因（542 bp）。通过 primer 5.0 程序设计部分 PCR 实验的引物（表 6 – 7），做 PCR 扩增，引物由广州英潍捷基生物有限公司合成。阳性对照包括标准菌株 ATCC29212（MRSA）、ATCC25923（MSSA）、ATCC700586（MRCNS）和 ATCC12228（MSCNS）；阴性对照采用无菌超纯水。引物稀释及保存方法如下：首先把合成的引物瞬时离心，确保分散于管壁的 DNA 粉末离心至管底。用微量移液器取超纯水，将引物配制成浓度为 100 pmol/μL 的储存液，置于 – 20℃ 保存。在 PCR 反应前，把引物储存液稀释 10 倍为 10 pmol/μL 工作液，置于 – 20℃ 保存备用。

表 6 – 7 本节 PCR 反应所用引物序列

引物名称	序列（5′—3′）	靶点	产物/bp	T_m/℃	参考文献
C1	GATGAGTGCTAAGTGTTAGG	16S rRNA	542	50	[429]
C2	TCTACGATTACTAGCGATTC				
F1	AAAGCTTGCTGAAGGTTATG	*femA*	823		
F2	TTCTTCTTGTAGACGTTTAC				
M1	GGCATCGTTCCAAAGAATGT	*mecA*	374		
M2	CCATCTTCATGTTGGAGCTTT				

续表 6－7

引物名称	序列(5′—3′)	靶点	产物/bp	T_m/℃	参考文献
O1	ACCACAATCMACAGTCAT	*orfX*	212	48	
O2	CCCGCATCATTTGATGTG				
ccrB	ATTGCCTTGATAATAGCCITCT	*ccrAB1*	700	48	[430]
ccrA1	AACCTATATCATCAATCAGTACGT				
ccrB	ATTGCCTTGATAATAGCCITCT	*ccrAB2*	1000		
ccrA2	TAAAGGCATCAATGCACAAACACT				
ccrB	ATTGCCTTGATAATAGCCITCT	*ccrAB3*	1600		
ccrA3	AGCTCAAAAGCAAGCAATAGAAT				
ccrA4-F	ATGGGATAAGAGAAAAAGCC	*ccrAB4*	1400		
ccrB4-R	TAATTTACCTTCGTTGGCAT				
ccrC-F	ATGAATTCAAAGAGCATGGC	*ccrC*	520		
ccrC-R	GATTTAGAATTGTCGTGATTGC				
mI4	CAAGTGAATTGAAACCGCCT	*mecI-mecR1*	1800	50	
mcR3	GTCTCCACGTTAATTCCATT				
IS5	AACGCCACTCATAACATATGGAA	IS*1272*-*mecA*	2000	52	
mA6	TATACCAAACCCGACAAC				
mA2	AACGTTGTAACCACCCCAAGA	IS*431*-*mecI*-*mecA*	2000	53	
IS2	TGAGGTTATTCAGATATTTCGATGT				
IS*431*-P4	CAGGTCTCTTCAGATCTACG	pUB110	381	55	
pUB110-R1	GAGCCATAAACACCAATAGCC				
IS*431*-P4	CAGGTCTCTTCAGATCTACG	pT181	303	52	
pT181-R1	GAAGAATGGGGAAAGCTTCAC				

在 0.2 mL 的无菌 PCR 管中按照表 6－8 要求配制反应体系，所有操作均在冰盒上进行。PCR 反应溶液混合均匀后，置于 PCR 扩增反应仪中，设定程序运行。此次多重 PCR 的反应程序为：94℃预变性 5 min，然后按 94℃变性 30 s、T_m 温度下退火 30 s、72℃延伸 1.5 min 循环 30 次，最后 72℃延伸 7 min。PCR 产物放置于 4℃冰箱中保存。

表6－8　多重PCR扩增反应体系

组　分	体积/μL
2×PCR MasterMix 缓冲液	12.5
引物 M1/M2/C1/C2	1
引物 F1/F2	1.5
DNA 模板	1.5
加无菌水至终体积	25

运用多重PCR方法对262株葡萄球菌进行基因扩增，结果显示(图6－10)，262株(100%)菌株检测到16S rRNA，247株(94.3%)检测到*femA*基因以及243株(92.7%)检测出*mecA*。可见本次实验分离到247株金葡菌，其中有231株为MRSA(16S rRNA$^+$*femA*$^+$*mecA*$^+$)，16株为MSSA(16S rRNA$^+$*femA*$^+$*mecA*$^-$)。除金葡菌外，还有12株MRCNS(16S rRNA$^+$*femA*$^-$ *mecA*$^+$)以及3株MSCNS(16S rRNA$^+$*femA*$^-$ *mecA*$^-$)。MRSA、MRCNS均是携带有SCC*mec*基因组岛的葡萄球菌，可见流行性的葡萄球菌中SCC*mec*的携带率达到了92.7%(243/262)。

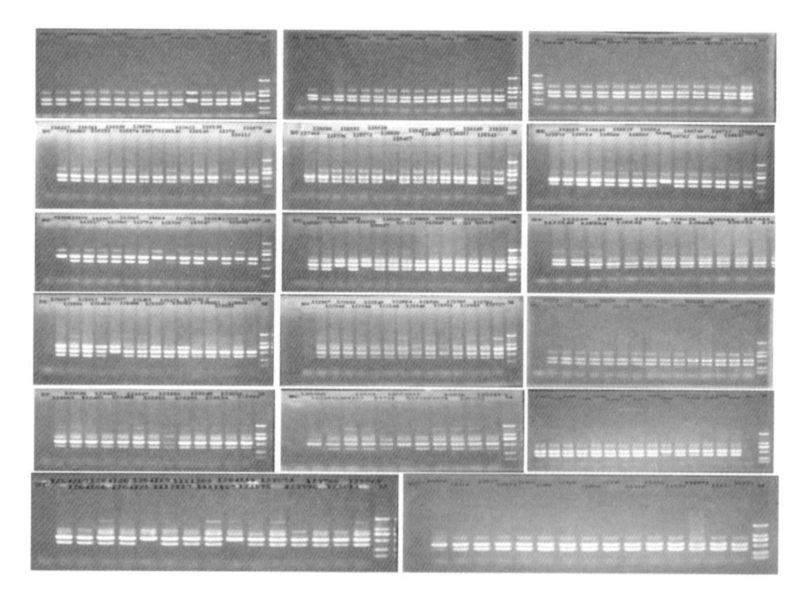

图6－10　*mecA*、16S rRNA与*femA*基因PCR扩增结果

6.2.4.3　SCC*mec*关键边界基因*orfX*的检测与分析

PCR扩增反应体系(25μL)：DNA模板1.5 μL、引物各1.5 μL、2×PCR Master Mix缓冲液12.5 μL，加无菌水至终体积25μL；PCR扩增条件：94℃预变性5 min，然后按94℃变性30 s、T_m温度下退火30 s、72℃延伸1.5 min循环30次，

最后72℃延伸7 min。PCR产物置于4℃冰箱中保存。

对262株葡萄球菌进行PCR检测，部分结果如图6－11所示。其中，240株(91.6%)菌株扩增出*orfX*基因，说明其携带SCC*mec*关键边界*orfX*基因。目前*orfX*的具体作用机制尚未明确，但有研究报道SCC*mec*可精确插入到*orfX*的5′末端，从而介导外源基因的位点特异性切除与整合。[534]

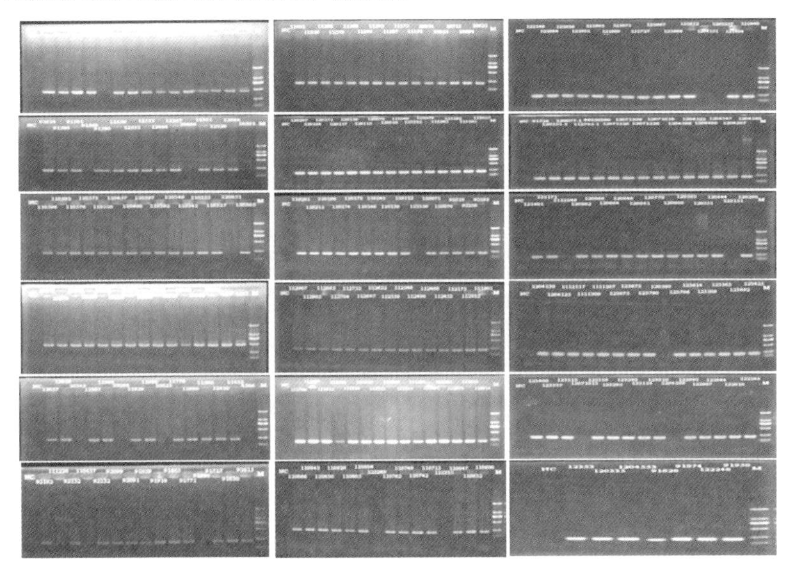

图6－11 *orfX*基因PCR扩增结果

6.2.4.4 *ccr*复合物的基因分型

*ccr*复合物包含编码2个位点特异性重组酶基因*ccrA*、*ccrB*及周围未知功能的开放阅读框。*ccr*复合物分A、B、C三型，可以使SCC*mec*精确地整合到染色体上或者从染色体上剪切下来。根据携带*ccrA*和*ccrB*基因的不同，可将其分为5型：1型携带*ccrA1*和*ccrB1*，2型携带*ccrA2*和*ccrB2*，3型携带*ccrA3*和*ccrB3*，4型携带*ccrA4*和*ccrB4*，5型只携带*ccrC*基因。4型被发现在Ⅵ型SCC*mec*中存在(HDE288)，一般较少报道。*ccrC*则是一种新型的重组酶基因，目前发现其只在Ⅴ型SCC*mec*中存在。本部分对262株葡萄球菌采用PCR方法进行*ccr*复合物分型，分型方法同4.2.5.1节。

对262株葡萄球菌进行*ccr*复合物分型，包括对1、2、3、4和5型*ccr*复合物进行检测。结果显示(如图6－12和图6－13所示)，在262株葡萄球菌中，69、153、5与10株葡萄球菌分别携带2、3、4和5型*ccr*复合物，5株同时检出携带有2、3型*ccr*复合物，1株分型不确定，其余19株MSSA和MSCNS没有扩增出*ccr*复合物。

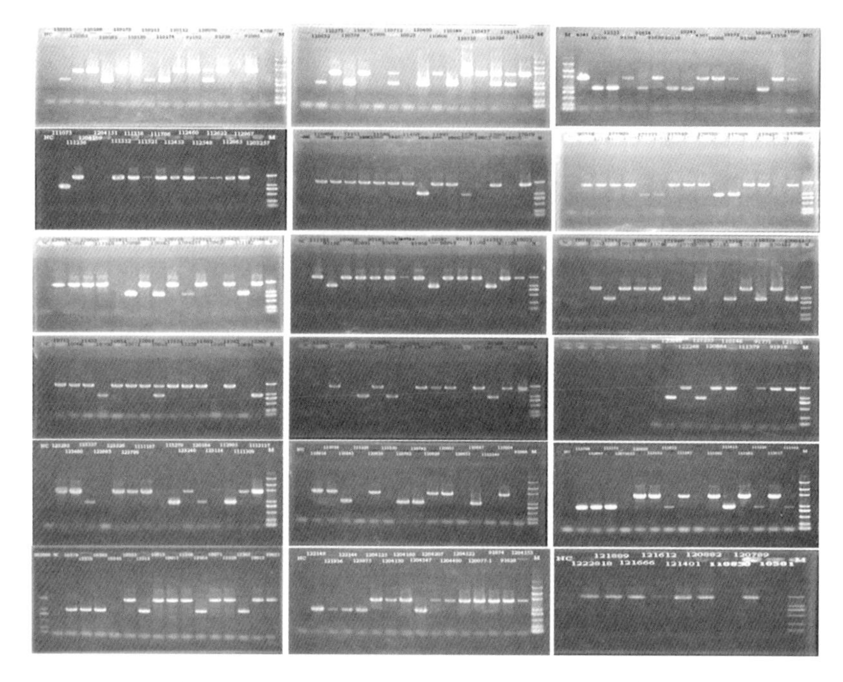

图 6 – 12　1、2 和 3 型 *ccr* 复合物 PCR 扩增结果

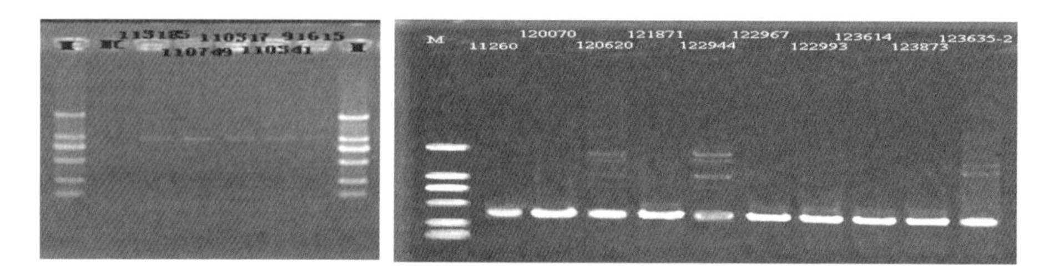

图 6 – 13　4 型和 5 型 *ccr* 复合物 PCR 扩增结果

6.2.4.5　*mec* 复合物的基因分型

mec 复合物也称作 *mec* 操纵子，携带耐药基因 *mecA* 以及两个调控因子 *mecI* 和 *mecR1*。在 *mec* 复合物中，根据 *mecA* 基因上下游的调控基因的删减、缺失和插入子的不同分为 4 类：A 类为 *mecI-mecR1-mecA*-IS*431*；B 类为 IS*1272*-Δ*mecR1*-*mecA*-IS*431*（Δ*mecR1* 代表 *mecR1* 调控子在 IS*1272* 的插入过程中被剪切之后的 DNA 序列）；C 类为 IS*431*-*mecA*-Δ*mecR1*-IS*431*（Δ*mecR1* 是被临近的 IS*431* 插入子在插入过程中剪切之后的缺失片段）；D 类为 IS*431*-*mecA*-Δ*mecR1*（Δ*mecR1* 表示存在基因座缺失的 *mecR1* 基因）。根据 *ccr* 复合物类型，选择不同的引物对，进一步对 *mec* 复合物进行分型，所选引物对及其序列参见 4.2.5.2 节。根据 *ccr* 复合物分型结果，对 243 株金葡菌相应进行 *mec* 复合物分型（其余 19 株不带有 SCC*mec* 基因组岛），*mec*

复合物 PCR 分型方法同 4.2.5.2 节。

结果显示(图 6－14、图 6－15 和图 6－16)，69 株 2 型 *ccr* 复合物的菌株中，43 株携带 A 类 *mec* 复合物，另外 26 株携带 B 类 *mec* 复合物；153 株 3 型 *ccr* 复合物的菌株中，138 株携带 A 类 *mec* 复合物，判断 SCC*mec* 为Ⅲ型(3A)，而另外 15 株对 pT181 显示阴性，判断为ⅢA 型；5 株 4 型 *ccr* 复合物的菌株携带 B 类 *mec* 复合物；10 株 5 型 *ccr* 复合物的菌株均携带 C 类 *mec* 复合物。

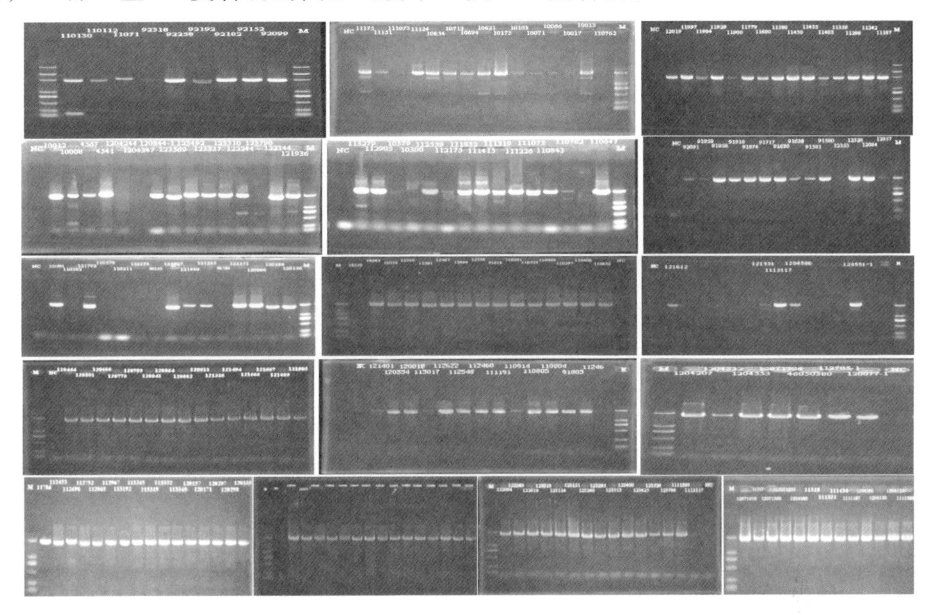

图 6－14　携带 2 型或 3 型 *ccr* 复合物的菌株中 A 类 *mec* 复合物 PCR 扩增结果

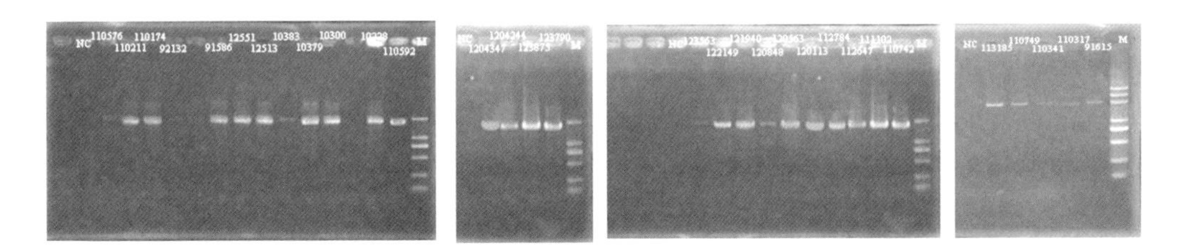

图 6－15　携带 2 型或 4 型 *ccr* 复合物的菌株中 B 类 *mec* 复合物 PCR 扩增结果

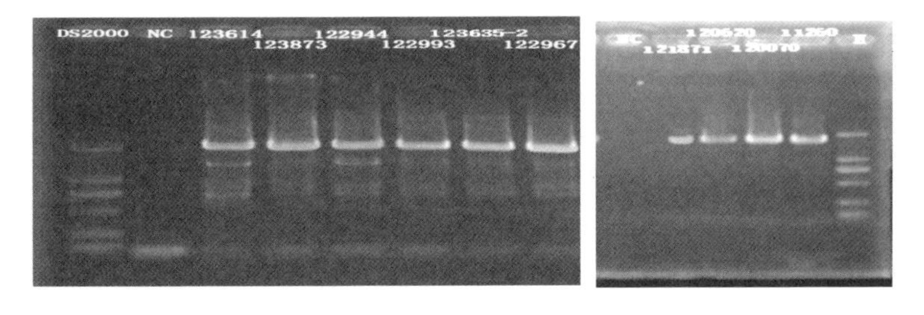

图 6－16　携带 5 型 *ccr* 复合物的菌株中 C 类 *mec* 复合物 PCR 扩增结果

6.2.4.6　生物被膜基因型与 SCC*mec* 相关性的研究与分析

1)耐药型金葡菌与敏感型金葡菌中生物被膜基因型的比较

耐药型金葡菌与敏感型金葡菌的区别在于前者携带基因组岛 SCC*mec* 而后者不携带该基因元件。通过比较其生物被膜基因型可见(图6-17),231 株携带 SCC*mec* 的金葡菌中有 151 株(65.4%)的生物被膜基因型为 ica^+ atl^+ aap^+ agr^+ 型;24 株(10.4%)为 ica^+ atl^+ aap^+ agr^- 型;13 株(5.6%)为 ica^+ atl^+ aap^- agr^+ 型;28 株(12.1%)为 ica^- atl^+ aap^+ agr^+ 型;还有 15 株不属于以上任何类型。16 株不携带 SCC*mec* 的菌株中,6 株(37.5%)为 ica^+ atl^+ aap^+ agr^+ 型;1 株(6.3%)为 ica^+ atl^+ aap^+ agr^- 型;3 株(18.8%)为 ica^+ atl^+ aap^- agr^+ 型;3 株(18.8%)为 ica^- atl^+ aap^+ agr^+ 型;还有 3 株不属于任何类型。

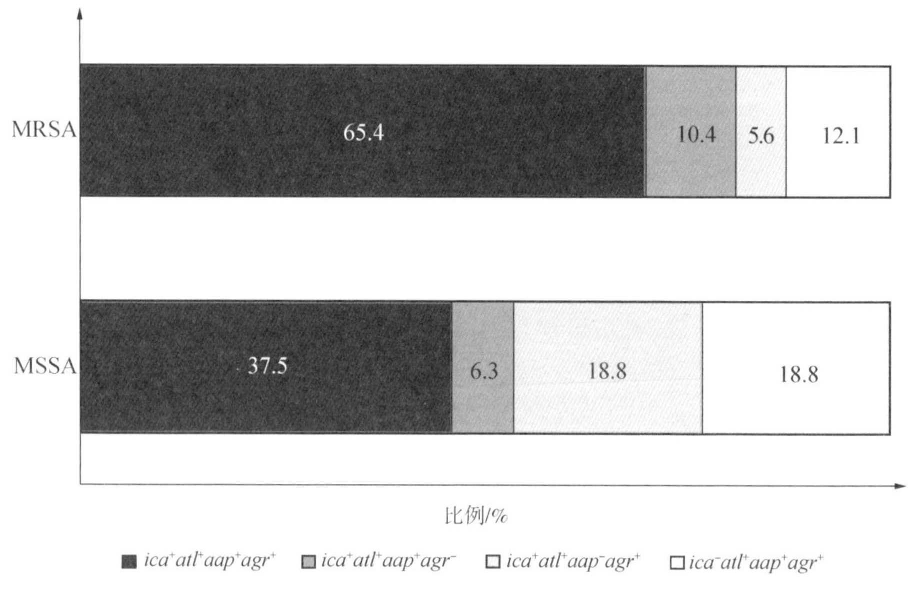

图6-17　耐药型金葡菌(MRSA)与敏感型金葡菌(MSSA)生物被膜形成能力对比

由图6-17可知,携带 SCC*mec* 的耐药型金葡菌中,ica^+ atl^+ aap^+ agr^+ 型的菌株占65.4%,而不携带 SCC*mec* 的敏感型金葡菌中则只有 37.5%($0.01 < p < 0.05$),说明携带 SCC*mec* 的金葡菌倾向于同时伴随携带生物被膜形成过程初期黏附、细胞间粘连和聚集以及被膜成熟后的迁移和扩散等阶段的多个关键基因,形成的生物被膜具有较强分化与扩散能力,而不携带 SCC*mec* 的金葡菌则大部分缺失其中部分被膜形成的相关基因。与 Kwon 等人研究相似,93 株带有 SCC*mec* 的金葡菌中,91.3%具有强黏附被膜形成能力[399]。

2)生物被膜相关基因与 SCC*mec* 基因组岛的相关性研究

SCC*mec* 通过基因重组与交换影响金葡菌的基因组进化。因此,通过对生物被膜基因与 SCC*mec* 的相关性进行分析,拟对生物被膜基因的分子进化规律进行探讨。

由表6-9和图6-18可知,*atl* 基因影响生物被膜初期的附着过程中表面蛋白的表达，在Ⅱ、Ⅲ、Ⅳ、Ⅴ和Ⅵ型 SCC*mec* 菌株中检出率分别为100%、98.0%、96.2%、100%和100%，在各型别 SCC*mec* 菌株中均高于96%，说明其携带与 SCC*mec* 型别无显著相关性；同时，*atl* 在 SCC*mec* 阳性和阴性菌株中的携带率分别为98.3%和100%（$p>0.05$，无显著性差异），说明其携带与菌株基因组是否具有基因组岛 SCC*mec* 无相关性。以上结果表明，在金葡菌的遗传进化中，*atl* 属于高度保守的核心看家序列，SCC*mec* 介导的基因转移、交换与重组不影响其携带，其在进化历程中为金葡菌本身所固有存在的基因。

表6-9 不同 SCC*mec* 类型中生物被膜基因的表达率

SCC*mec*		*ica*		*atl*		*aap*		*agr*	
		+	−	+	−	+	−	+	−
Ⅱ	菌株数	38	5	43	0	41	2	26	17
	表达率/%	88.4	11.6	100	0	95.3	4.7	60.5	39.5
Ⅲ（含ⅢA）	菌株数	126	27	150	3	133	20	139	14
	表达率/%	82.4	17.6	98.0	2.0	86.9	13.1	90.8	9.2
Ⅳ	菌株数	22	4	25	1	21	5	17	9
	表达率/%	84.6	17.6	96.2	3.8	86.9	13.1	90.8	9.2
Ⅴ	菌株数	8	2	10	0	9	1	10	0
	表达率/%	80.0	20.0	100	0	90.0	10.0	100	0
Ⅵ	菌株数	3	2	5	0	5	0	5	0
	表达率/%	60.0	40.0	100	0	100	0	100	0

注：“+”为阳性结果，“-”为阴性结果。

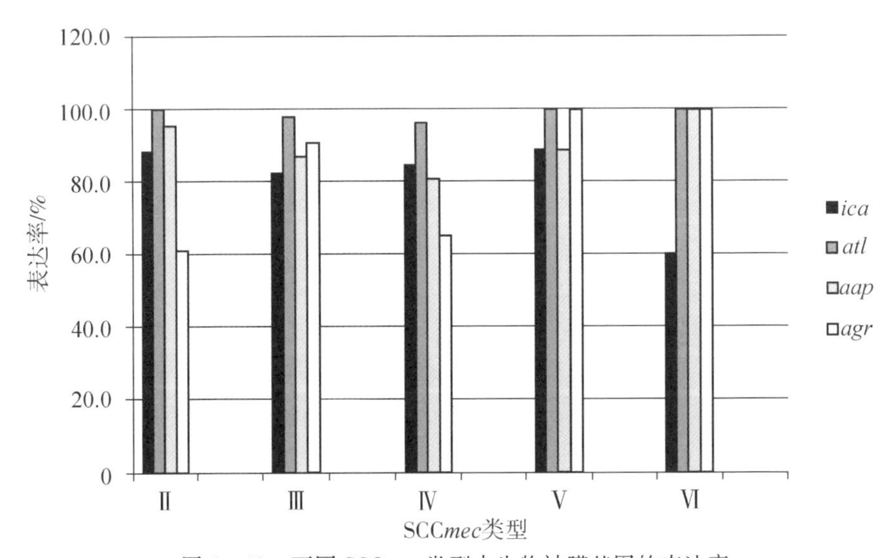

图6-18 不同 SCC*mec* 类型中生物被膜基因的表达率

ica 操纵子是金葡菌生物被膜形成过程中的关键基因元件，在Ⅱ、Ⅲ、Ⅳ、Ⅴ和Ⅵ型 SCC*mec* 菌株中的检出率分别为 88.4%、82.4%、84.6%、80.0% 和 60.0%，可见其在Ⅱ、Ⅲ、Ⅳ和Ⅴ型 SCC*mec* 菌株中携带率较高（均高于80%），而在Ⅵ型 SCC*mec* 菌株中携带率较低（60.0%）。Ⅵ型 SCC*mec* 一般较少报道，最早在 2001 年由 Oliveira 在 pediatric 菌株中发现，目前，在葡萄牙、西班牙、亚速尔群岛、瑞士、阿根廷、波兰、哥伦比亚和美国有过报道，但并未在全球流行，在金葡菌基因进化中属于非主导分支[400,401]。这可能与其 *ica* 操纵子在Ⅵ型 SCC*mec* 菌株中的携带率较低相关。同时，Ⅵ型 SCC*mec* 菌株携带 4 型 *ccr* 复合物与 B 类 *mec* 复合物，而同样携带 B 类 *mec* 复合物的Ⅳ型 SCC*mec* 菌株中 *ica* 操纵子携带率则高达 84.6%，可见 *ica* 操纵子携带率与 *mec* 复合物不相关，较低的 *ica* 操纵子携带率可能与 4 型 *ccr* 聚合物相关。

aap 基因编码聚集相关蛋白质，在Ⅱ、Ⅲ、Ⅳ、Ⅴ和Ⅵ型 SCC*mec* 菌株中检出率分别为 95.3%、86.9%、80.8%、90.0% 和 100.0%。结果显示，Ⅱ型和Ⅵ型 SCC*mec* 菌株中 *aap* 携带率均在 95% 以上，说明 *aap* 基因可能与上述型别 SCC*mec* 存在伴随携带关系，但具体机制有待进一步研究。同时，Ⅱ型和Ⅵ型 SCC*mec* 的 *ccr* 复合物与 *mec* 复合物均显示较大差异，因此 *aap* 基因与这些 SCC*mec* 的高度相关可能并没有局限于具体的 *ccr* 复合物或 *mec* 复合物，而仅与 SCC*mec* 相关。

agr 在生物被膜中表达主要影响被膜成熟后的迁移和扩散，在Ⅱ、Ⅲ、Ⅳ、Ⅴ和Ⅵ型 SCC*mec* 菌株中检出率分别为 60.5%、90.8%、65.4%、100% 和 100%。在Ⅲ型、Ⅴ型和Ⅵ型 SCC*mec* 菌株中携带率均高于 90%，而在Ⅱ型和Ⅳ型中则仅为 60.5% 和 65.4%，说明Ⅱ型和Ⅳ型 SCC*mec* 可能会抑制 *agr* 基因的表达。Ⅳ型 SCC*mec* 目前已在世界各地流行，并且存在多种克隆株，如瑞士、英国、美国等国家流行的 ST1-Ⅳ型，西班牙、意大利、葡萄牙、阿尔及利亚等国家流行的 ST5-Ⅳ型，日本、马来西亚流行的 ST6-Ⅳ型等，还有多个国家或地区流行的其他克隆株，可见Ⅳ型 SCC*mec* 已经在全球呈现流行趋势[401]。本次实验进一步分析发现，Ⅱ型和Ⅳ型 SCC*mec* 均携带 2 型 *ccr* 复合物，说明在 SCC*mec* 转移的过程中，2 型 *ccr* 复合物编码的重组酶在金葡菌内可能对 *agr* 基因产生抑制或者切除，在生物被膜的形成过程中会表现出被膜成熟后的固化和加厚而非扩散和迁移。

3）生物被膜相关基因型的进化分析

SCC*mec* 是一类广泛存在于金葡菌染色体上的基因元件，主要作用是作为金葡菌中基因交换的载体。其携带一套特异性重组酶基因 *ccrA* 和 *ccrB*，作用于外源基因的位点进行特异性切除和整合，大量的遗传信息通过 SCC*mec* 交换，从而影响了金葡菌的基因组进化。在过去半个世纪，SCC*mec* 对不同时期流行金葡菌的基因型和表型进化起关键决定作用，包括三个重要阶段。首先，20 世纪 60 年代，金葡菌以Ⅰ型 SCC*mec* 为主，由于Ⅰ型 SCC*mec* 不携带毒素基因和其他耐药因子，且 *mecI* 对 *mecA* 表达起抑制作用，因此菌株表现为无毒性以及低度耐药，具有中度基因交换能力。然后，从70年代开始，金葡菌以Ⅱ型和Ⅲ型SCC*mec*为主，Ⅱ型和Ⅲ型SCC*mec*不携带毒素基因，但伴随多个耐药因子，菌株表现为无毒性、高度与多重耐药；另因SCC*mec*较大，基因交换和移动能力弱，因此菌株表现为基因进化较缓慢。最后，从90年代开始，金葡菌开始转为轻便型基因组岛（以Ⅳ型和Ⅴ型为主），该类SCC*mec*一般携带毒素基因，SCC*mec*较小而轻便，因此具有较强的基因交换和移动能力[82~87]。所以，SCC*mec*通过基因重组和交换，对金葡菌的基因组进化起关键作用。

由图6－19可知，本次实验中，$ica^+atl^+aap^+agr^+$基因型、$ica^+atl^+aap^+agr^-$基因型、$ica^+atl^+aap^-agr^+$基因型与$ica^-atl^+aap^+agr^+$基因型在Ⅱ型SCC*mec*菌株中分别占51.2%、36.6%、0和12.2%；在Ⅲ型SCC*mec*菌株中分别占81.4%、4.6%、8.5%和5.4%；在Ⅳ型SCC*mec*菌株中分别占56.0%、16.0%、12.0%和16.0%；在Ⅴ型SCC*mec*菌株中分别占88.9%、0、0和11.1%；在Ⅵ型SCC*mec*菌株中分别占75.0%、0、0和25.0%；而在不携带SCC*mec*的菌株中占46.7%、6.7%、20.0%和26.7%。

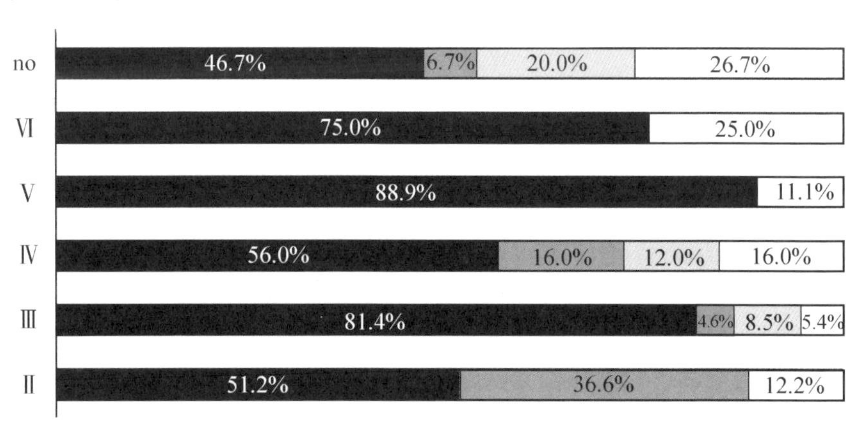

图6－19　不同SCC*mec*类型与生物被膜相关基因型关系

在$ica^+atl^+aap^+agr^+$基因型中，多组之间进行卡方检验，差异显著（$0.01 < p < 0.05$）。而Ⅲ型和Ⅵ型SCC*mec*菌株中该基因型携带率相对于Ⅱ型和Ⅳ型SCC*mec*菌株都比较高，分析原因，可能是Ⅲ型SCC*mec*带有3型*ccr*复合物和A类*mec*复合物，Ⅱ型SCC*mec*带有2型*ccr*复合物和A类*mec*复合物，它们带有同样的*mec*复合物，而*ccr*复合物不同；同样，Ⅵ型SCC*mec*带有4型*ccr*复合物和B类*mec*复合物，Ⅳ型SCC*mec*带有2型*ccr*复合物和B类*mec*复合物。可见，不同的*ccr*复合物可能造成了对该基因型的携带率的不同，说明含2型*ccr*复合物的菌株相对于含3、4、5型*ccr*复合物的菌株在菌株间的传播中生物被膜$ica^+atl^+aap^+agr^+$

基因型的携带率较低。

对于被膜基因型为 $ica^{+}atl^{+}aap^{+}agr^{-}$ 的菌株，具备初期附着、细胞黏附和聚集能力，但是在生物被膜成熟后的迁移和扩散方面表现相对较弱，形成的生物被膜具有更强的固化和加厚能力。本研究中该基因型在Ⅱ型 SCC*mec* 菌株中占 36.6%，与其他型 SCC*mec* 菌株中该基因型所占比率相比，差异性极显著($p<0.01$)。*agr* 基因最初是在金葡菌的致病因子中发现，金葡菌几乎所有的胞外和表面毒力因子都受到 *agr* 基因的调控。之后又发现，*agr* 基因对生物被膜形成的调节是多方面的，干预生物被膜形成的各个阶段，包括附着、粘连、增殖、成熟以及解离，*agr* 基因在生物被膜形成过程中调控成熟后的群体感应系统、细胞间信号的传递，以及调控表面活性剂样蛋白的表达，从而促进生物被膜的扩散和迁移。如果 *agr* 基因表现阴性，则其在生物被膜形成过程中更多的是倾向于固化和加厚被膜厚度。本研究发现Ⅱ型 SCC*mec* 的菌株伴随 *agr* 基因携带率明显降低。推测其原因，可能是 *agr* 基因最初是在毒力因子中被发现的，其可调控毒素的表达，然而Ⅱ型 SCC*mec* 是复合型基因组岛，携带有大片段的外源基因和耐药因子，但毒素不强，所以，在多年的进化中，2 型 *ccr* 复合物在重组外源基因或者整合内源基因时，大部分 *agr* 毒力基因被排除在外。同样，带有 2 型 *ccr* 复合物的Ⅳ型 SCC*mec* 菌株其 $ica^{+}atl^{+}aap^{+}agr^{-}$ 基因型携带率也达到了 16.0%。可见，对于携带 $ica^{+}atl^{+}aap^{+}agr^{-}$ 基因型的菌株，Ⅱ型和Ⅳ型 SCC*mec* 在转入该菌株时，形成的生物被膜更多是固化加厚型被膜，不容易发生迁移和扩散。

$ica^{+}atl^{+}aap^{-}agr^{+}$ 基因型代表菌株具备初期附着、细胞黏附，被膜迁移和扩散的能力，但是在细胞的聚集能力方面表现相对较弱，说明其形成被膜能力会相对较弱。本研究中发现在不具有 SCC*mec* 的菌株中该基因型占 20.0%，与在其他类型 SCC*mec* 菌株中相比，差异性不显著($p>0.05$)，Ⅲ、Ⅳ型 SCC*mec* 和不携带 SCC*mec* 的菌株组之间不具有统计学意义。而Ⅱ型 SCC*mec* 菌株并未有该被膜基因型的出现，分析原因，Ⅱ型 SCC*mec* 带有 2 型 *ccr* 复合物和 A 类 *mec* 复合物，Ⅳ型 SCC*mec* 带有 2 型 *ccr* 复合物和 B 类 *mec* 复合物，所以并非 *ccr* 复合物的影响；而Ⅲ型 SCC*mec* 同样带有 A 类 *mec* 复合物，因此也并非 *mec* 复合物的影响，可能还受到其他的机制影响。由于 *aap* 聚集因子在生物被膜的形成过程中可能会不依赖 PIA，而是通过细菌表面蛋白直接作用形成蛋白质依赖的细菌生物被膜，该表面蛋白表达是由聚集相关蛋白质基因 *aap* 编码的。由此，推测在Ⅱ型 SCC*mec* 菌株的被膜形成过程中，*aap* 基因与Ⅱ型 SCC*mec* 存在伴随携带关系，但是具体机制有待继续研究。

$ica^{-}atl^{+}aap^{+}agr^{+}$ 基因型代表菌株具备初期附着、细胞聚集和被膜成熟后的迁移能力，但是在生物被膜分泌关键的胞间多糖黏附素 PIA 促进细胞黏附方面，表现相对较弱，说明其被膜形成能力相对较弱。本研究发现各类型 SCC*mec* 菌株中均发现有该被膜基因型，其中在不具有 SCC*mec* 的菌株中该基因型占 26.7%，与在其他类型 SCC*mec* 菌株中相比，没有显著差异($p>0.05$)。可见，不带有 SCC*mec* 的菌株其生物被膜形成能力弱于带有 SCC*mec* 的菌株的生物被膜形成能力，并非由于 *ica*

操纵子的缺失而引起，而是由于其他调控机制的原因。

ica$^+$*atl*$^+$*aap*$^-$*agr*$^+$和*ica*$^+$*atl*$^+$*aap*$^+$*agr*$^-$基因型在Ⅴ型和Ⅵ型SCC*mec*菌株中并未出现，一方面可能是由于样本量太少，分别只有10株和5株；另一方面，可能在基因组岛的进化过程中，4型和5型*ccr*复合物并未对*agr*和*aap*基因产生影响。

在金葡菌的可移动元件中，SCC*mec*基因组岛是非常重要的一组序列，由于可移动性造成SCC*mec*基因组岛频繁转移和重组，这使得它不仅携带多数功能元件，也是近年来金葡菌进化传播的重要因素。

6.2.5 金葡菌克隆株与生物被膜基因型的相关性研究

6.2.5.1 金葡菌MLST分型与生物被膜基因型的相关性分析

MLST分型实验的相关操作、测试结果及生物信息学分析内容见5.4.2.1节。

金葡菌的流行方式主要是依靠少量成功适应环境的独立克隆系扩散，多数分离株来源于少量主要的克隆复合群，因此，研究少量金葡菌可知其菌株群体的进化变迁情况。研究金葡菌生物被膜形成相关基因与克隆株的关系，可推测某个群体克隆类型可能是获得生物被膜基因的一个合适遗传背景。

本实验通过MLST分得3种克隆复合群，详细信息见表6-10。

表6-10 金葡菌克隆株与生物被膜形成基因的相关性

ST	*ica*	*atl*	*aap*	*agr*
5	100%	100%	100%	0
45	100%	100%	100%	100%
239	79.2%	95.8%	91.7%	95.8%

在ST5、ST45和ST239中*atl*基因携带率分别是100%、100%和95.8%；*ica*操纵子都有出现，携带率分别是100%、100%和79.2%；*aap*基因携带率分别是100%、100%和91.7%；*agr*基因携带率分别是0、100%和95.8%。以下根据各基因携带率对金葡菌MLST分型与生物被膜形成基因的相关性进行分析。

首先，ST5克隆株在生物被膜形成过程中菌体的初期附着、菌间黏附和聚集能力较强，在被膜成熟期菌体的迁移和扩散方面能力较弱，但是其生物被膜行为的特点是更加固化和加厚。曾有研究表明，在产生生物被膜的菌株中69.5%是ST5，而在无生物被膜形成的菌株中52%是ST5克隆株[402]。可见，生物被膜的固化和加厚对于生产和生活中危害更大。

其次，ST239克隆株形成生物被膜的特点表现在生物被膜形成的整个阶段，包括菌体的初始附着、聚集和被膜成熟后菌体的扩散和迁移。然而，*ica*操纵子相对更有可能在部分ST239克隆复合群中缺失，但是由于*aap*基因出现91.7%的携带率，所以独立于*ica*操纵子的另一条途径也有很大的可能会有生物被膜的产生[403]。也有研究表明，同样条件下，ST239的克隆株形成生物被膜的能力强于其他克隆株[404]。

最后，ST45 克隆株在生物被膜形成过程中菌体的初期附着、菌间黏附和细胞聚集能力，被膜成熟期菌体的迁移和扩散能力都已经具备。有报道称，在生物被膜流动剪切模型中 ST45 菌株都可形成生物被膜[405]。

6.2.5.2 *spaA* 分型与生物被膜基因型的相关性分析

spaA 分型实验的相关操作、测试结果及生物信息学内容见 5.4.2.2 节。

生物被膜的形成是由多种基因联合调控、多种蛋白联合表达的过程。研究不同克隆株生物被膜的基因型，可更好地了解不同基因组背景中生物被膜形成相关的基因。由表 6－11 可知，*ica* 操纵子、*atl*、*aap* 和 *agr* 基因在 *spa* 分型中都可被检出，检出率依次是 84.4%(28/33)，96.9%(32/33)，90.9%(30/33)和 84.4%(28/33)。

表 6－11 金葡菌菌株的 *spaA* 分型与生物被膜基因型的关系

spaA 分型	菌株编号	*ica*	*atl*	*aap*	*agr*	*spaA* 分型	菌株编号	*ica*	*atl*	*aap*	*agr*
t002	112559	+	+	+	–	t037	110762	+	+	+	+
t002	110174	+	+	+	–	t037	11450	+	+	+	+
t030	110843	+	+	+	–	t037	123873	+	+	+	+
t030	91771	+	+	+	+	t037	110804	+	+	+	+
t030	11151	+	–	+	+	t037	120070	+	+	+	+
t030	120864	+	+	+	+	t037	121401	+	+	+	+
t037	12464	+	+	+	–	t037	123151	–	+	–	+
t037	120620	+	+	+	+	t037	110914	–	+	+	+
t037	113017	–	+	+	+	t1081	122244	+	+	+	+
t037	11580	+	+	+	+	t1081	11260	+	+	+	+
t037	120157	+	+	+	+	t1081	121931	+	+	+	+
t037	123295	+	+	+	+	t1081	110573	+	+	+	+
t037	110333	+	+	+	+	t1081	110146	+	+	–	+
t037	120298	+	+	+	–	t1081	10008	–	+	+	+
t037	11433	+	+	+	+	t1081	92099	–	+	+	+
t037	110071	+	+	+	+	t1714	121940	+	+	–	+
t037	11984	+	+	+	+						

综合生物被膜基因型分析结果得，有 20 株 $ica^+ atl^+ aap^+ agr^+$ 基因型，其中 14 株 t037、4 株 t1081 和 2 株 t030；5 株 $ica^+ atl^+ aap^+ agr^-$ 基因型，其中 2 株 t037、2 株 t002 和 1 株 t030；2 株 $ica^+ atl^+ aap^- agr^+$ 基因型，其中 t1081、t1714 各 1 株；4 株 $ica^- atl^+ aap^+ agr^+$ 基因型，其中 t037、t1081 各 2 株；2 株不属于以上任何型别。

由以上结果发现，具有完整生物被膜形成能力的 $ica^+ atl^+ aap^+ agr^+$ 基因型菌株 t037 占 70%，与其他型别相比差异极显著($p < 0.01$)，推测多数 t037 型菌株生物被膜能力较完备。这与近年来的研究成果近似，Croes 等人已经发现，*spaA* 基因型背景不同，生物被膜的形成能力也有所不同[406]。Atshan 等人运用微量滴定板法研究生物被膜的形成能力与金葡菌克隆型别的关系，发现一些菌株如 t037 可以生成高度附着的黏附层而利于生物被膜的形成，但是对于 t4184 和 t4213 型的菌株生物被膜表现为阴性[332]。因此，生物被膜在相同或者不同 *spaA* 型别中的形成是具有差异性的。这说明，分离株属于同一个 *spaA* 型别时，菌株的黏附性会表现出一定的相似性，所以生物被膜的产生与其遗传背景有很大的关系[407]。

6.2.5.3　金葡菌进化过程对生物被膜基因型的影响

金葡菌表面蛋白 A 是其细胞壁组成成分，其编码基因包括 Fc 结合区、X 区和 C 末端 3 个区域。X 区含有 2～15 个 21～27 bp 的重复序列，且该重复序列由于数目和排列顺序的不同具有高度多态性。因此，利用 X 区的多态性可对金葡菌进行分型。

以 *spaA* 为靶基因利用 PCR 进行扩增，扩增体系的配制、扩增程序同 5.3.2 节。PCR 扩增产物纯化后，委托广州基迪奥生物科技有限公司进行测序。*spa* 基因重复序列区域的两端相对保守，有其标志的重复序列，截取大小均为 24 bp 的 5′—3′重复序列。登录网站 http：//www.spaserver.ridom.de/将每个重复单元的编号依次输入文本框得到该菌株的 *spa* 型别。*spa* 基因标志的重复序列如下：①AAAGAAGANNNNAANAANCCNNNN；②GAGGAAGANNNNAANAANCCNNNN。

世界范围内的金葡菌分离的地点、时间等选择多样性经常会出现差异，但是如果属于同一谱系则之间有非常明显的核心基因群[408]。核心基因核苷酸突变的概率远高于其在不同克隆系间的重组概率，突变成为其克隆系内多样性的主要驱动力，所以在金葡菌中形成了清晰的进化谱系——克隆复合群。克隆复合群的金葡菌流行方式主要是依靠少量成功适应环境的独立克隆系扩散，因此在核心基因群层面推动了金葡菌的进化。然而金葡菌存在可移动元件，该元件可切除并整合葡萄球菌属的各种相关基因，成为一个遗传信息的交换系统，这在葡萄球菌基因组进化方面也是至关重要的。所以，金葡菌的进化可以说是由核心基因群和可移动元件共同推动其发展。而通过结合耐药型金葡菌株的 MLST、*spa* 分型与 SCC*mec* 对应关系可观测生物被膜基因在流行进化过程中的特点(如表6－12所示)。

表6－12　耐药型金葡菌株的基因组背景与生物被膜基因型关系

MLST	*spaA* 分型	SCC*mec* 分型	$ica^+ atl^+$ $aap^+ agr^+$	$ica^- atl^+$ $aap^+ agr^+$	$ica^+ atl^+$ $aap^- agr^+$	$ica^+ atl^+$ $aap^+ agr^-$
ST239(24)	t037(17) t030(3) t1081(4)	Ⅲ(20) Ⅱ(2) Ⅴ(2)	66.7% (16/24)	16.7% (4/24)	4.2% (1/24)	4.2% (1/24)
ST5(4)	t037(1) t030(1) t002(2)	Ⅱ(3) Ⅳ(1)	0 (0)	0 (0)	0 (0)	100.0% (4)
ST45(4)	t037(1) t1081(3)	Ⅱ(2) Ⅴ(2)	100.0% (4)	0 (0)	0 (0)	0 (0)

本部分实验发现，33株金葡菌中，ST239-Ⅲ处于主导地位，其中13株ST239-MRSA-Ⅲ-t037为主要流行的基因型。这与多人的研究成果类似，中国大陆和台湾地区都是以ST239-Ⅲ占主导的[409]。熊等人发现211株MRSA中，ST239-Ⅲ(76.2%)占进化的主要地位[410]。ST239-Ⅲ型的克隆起源是ST8-MSSA通过获得Ⅲ型SCC*mec*进化为ST8-MRSA-Ⅲ并且发生*arcC*基因突变，成为了在亚洲常见的ST239-MRSA-Ⅲ Brazilian克隆株。目前在泰国、韩国、越南、印度和中国台湾等亚洲国家或地区都占重要地位[411]。本研究发现，在生物被膜关键基因携带方面，50%(12/24)的ST239-Ⅲ克隆株属于$ica^+ alt^+ aap^+ agr^+$基因型，16.7%(4/24)的ST239-Ⅲ克隆株属于$ica^- alt^+ aap^+ agr^+$基因型，$ica^+ alt^+ aap^- agr^+$和$ica^+ alt^+ aap^+ agr^-$基因型各为4.2%。可见，在中国大陆的金葡菌进化过程中，生物被膜形成的各阶段完整以及被膜成熟后扩散和迁移的这类型克隆株占主导，而生物被膜形成过程中细胞聚集阶段缺失和生物被膜成熟后固化加厚的这类型克隆株比较少。

ST5-Ⅱ型克隆株有3株，并未处于主导地位。ST5-Ⅱ型克隆株以前只在韩国和日本有发现，然而随着菌株的进化，近些年在亚洲国家或地区，如中国台湾和香港、菲律宾、斯里兰卡等都有报道[412,413]。本次实验中检测出ST5-Ⅱ型克隆株占9.1%，与国内报道检出结果相似[2]。ST5-Ⅱ的克隆起源是通过获得Ⅱ型SCC*mec*进化为日本和美国流行的New York/Japan株ST5-MRSA-Ⅱ。本研究发现，ST5-Ⅱ型克隆株在生物被膜关键基因携带方面有75.0%(3/4)属于$ica^+ alt^+ aap^+ agr^-$基因型，该生物被膜基因型特点是生物被膜在形成的初始阶段和细胞间黏附聚集阶段都可完成，但是在生物被膜的扩散和迁移方面不能完成，而更多的是生物被膜固化加厚形成不易清除的结构。本研究中，在$ica^+ alt^+ aap^+ agr^-$基因型菌株中ST5-Ⅱ克隆株占60.0%(3/5)，而ST239-Ⅱ和ST45-Ⅱ均未表现出*agr*基因型特点，这说明Ⅱ型SCC*mec*可能在进入克隆株ST5时造成了*agr*的低携带率。分析原因，可能是

Ⅱ型SCC*mec*中的2型*ccr*复合物对*agr*基因的调控影响。本实验还发现有ST5-Ⅳ型克隆株出现，该克隆株多见于西南太平洋地区[414]，但是在生物被膜携带方面该类克隆株也是ica^{+} alt^{+} aap^{+} agr^{-}基因型，由于Ⅳ型SCC*mec*同样带有2型*ccr*复合物，所以推测对于ST5型克隆株，如果有2型*ccr*复合物转入时，生物被膜更多会表现出固化加厚型而非常见的扩散迁移型。

ST45-Ⅱ和ST45-Ⅴ型克隆株各有2株。据目前研究，国际上ST45-Ⅴ克隆株仅在葡萄牙有过报道，该克隆株并未在世界范围内进化，说明其进化受到一定的区域性限制[415]。而本实验发现的ST45-Ⅴ是由葡萄牙等地转移而来还是由基因的突变而来，有待进一步的研究。本实验发现的ST45-Ⅱ又称USA600克隆株，目前在国际上鲜有报道。该克隆株首次在荷兰和德国报道过，但是之后未有相关阐述，目前研究指出USA600克隆在进化过程中有独特的致病特点，但并未有大范围的流行。本实验发现ST45-Ⅴ和ST45-Ⅱ型的4株克隆株其生物被膜携带的基因型都是ica^{+} alt^{+} aap^{+} agr^{+}，说明该类并未大规模进化的菌株在生物被膜的形成过程中，包括初始附着、细胞间的黏附和相互聚集以及被膜成熟后的扩散和迁移等关键阶段的调控基因都有携带。

6.2.6 小结

(1)对金葡菌初始黏附阶段附着基因*atl*进行PCR检测，其携带率高达98.1%，在金葡菌中普遍存在，说明金葡菌在很大程度上可形成生物被膜。究其原因，可能是该基因是菌株生存所必需且为高度保守序列，以及该基因在菌体进化过程中未受到重大影响。对262株金葡菌成熟阶段胞内*icaA*、*icaD*和*icaBC*基因进行PCR检测，其携带率分别为90.1%、93.1%和94.7%。其中，81.7%菌株同时携带*icaA*、*icaD*和*icaBC*，说明多数金葡菌在生物被膜形成过程中具备可合成并分泌PIA的能力。对262株金葡菌成熟阶段聚集效应基因*aap*进行PCR检测，其携带率为87.0%，结合金葡菌81.7%的*ica*操纵子携带率，金葡菌形成生物被膜的概率很大，即使*ica*操纵子不能调控生物被膜的形成，*aap*基因也会编码合成相关蛋白质，促使菌体生物被膜的形成。对262株金葡菌成熟与分化调控基因*agr*进行PCR检测，其携带率为84.4%，与其他生物被膜相关基因携带率进行比较，发现*agr*基因携带率偏低。说明金葡菌在生物被膜形成过程中具有初始黏附、细胞间粘连和聚集能力，但是在生物被膜成熟后除可以扩展和迁移外，也有少量的菌株具有固化和加厚生物被膜的情况。

(2)ica^{+} atl^{+} aap^{+} agr^{+}型与ica^{+} atl^{+} aap^{+} agr^{-}型在表型上倾向具备较强生物被膜形成能力，前者生物被膜具有较强分化与扩散能力，后者趋于形成牢固与加厚的稳定生物被膜，两类基因型共占72.5%(190/262)；ica^{+} atl^{+} aap^{-} agr^{+}型与ica^{-} atl^{+} aap^{+} agr^{+}型金葡菌只具有PIA或*aap*聚集两条被膜成熟路径之一，说明其被膜形成能力相对较弱，这两类被膜基因型占18.7%(49/262)。

(3)对 262 株金葡菌进行基因组岛 SCC*mec* 分型。首先，多重 PCR 与 *orfX* 的 PCR 结果显示，16S rRNA、*femA*、*mecA* 和 *orfX* 的携带率分别为 100.0%、94.3%、92.7%和 91.6%。其次，*ccr* 复合物、*mec* 复合物与 SCC*mec* 生物信息学分析结果显示，43 株(17.6%)为Ⅱ型 SCC*mec*，138 株(56.8%)与 15 株(6.2%)分别为Ⅲ型和ⅢA 型 SCC*mec*，26 株(10.7%)为Ⅳ型 SCC*mec*，10 株(4.1%)为Ⅴ型 SCC*mec*，5 株(2.1%)为Ⅵ型 SCC*mec*；其中，复合型(Ⅱ或Ⅲ型)SCC*mec* 占 80.6%，轻便型(Ⅳ、Ⅴ或Ⅵ型)SCC*mec* 占 16.9%，另有 6 株(2.5%)无法分型。

(4)关于在 SCC*mec* 的进化过程中对生物被膜相关基因型的影响，研究结果显示，携带 SCC*mec* 的金葡菌倾向于同时伴随携带生物被膜形成过程初期黏附、细胞间粘连和聚集以及被膜成熟后的迁移和扩散等阶段的多个关键基因，形成的生物被膜具有较强分化与扩散能力。初期黏附基因 *atl* 在各型别的 SCC*mec* 菌株中的携带率均高于 96%，说明 SCC*mec* 介导的基因转移、交换与重组不影响其携带，*atl* 基因在进化历程中为金葡菌本身所固有存在的基因。*ica* 操纵子在Ⅱ、Ⅲ、Ⅳ和Ⅴ型 SCC*mec* 菌株中携带率较高(均高于 80%)，而在Ⅵ型 SCC*mec* 菌株中携带率较低(60.0%)，推测较低的 *ica* 伴随携带率可能与 4 型 *ccr* 复合物相关。聚集相关因子 *aap* 在Ⅱ型和Ⅵ型 SCC*mec* 菌株中携带率在 95%以上，说明 *aap* 基因与Ⅱ型和Ⅳ型基因组岛存在伴随携带关系。被膜成熟调节基因 *agr* 在Ⅲ、Ⅴ和Ⅵ型 SCC*mec* 菌株中携带率均高于 90%，在Ⅱ型和Ⅳ型 SCC*mec* 菌株中分别为 60.5%和 65.4%，说明生物被膜成熟期调节因子 *agr* 基因可能受到 SCC*mec* 中的 2 型 *ccr* 复合物编码的重组酶抑制或切除。

(5)对 262 株葡萄球菌进行分型，均可扩增出指纹图谱条带，AP1、AP7 和 ERIC2 分别把 262 株葡萄球菌区分为 7、8 和 7 种带型。选取 33 株代表性基因型菌株进行了 MLST 分型，分为 4 种 ST 序列型：ST5 占 12.1%(4/33)，ST45 占 12.1%(4/33)，ST239 占 72.7%(24/33)和 ST546 占 3.0%(1/33)，分得 3 种克隆复合群，根据各基因携带率对金葡菌 MLST 分型与生物被膜形成基因的相关性进行分析。33 株 MRSA 的 *spaA* 分型有 5 种，其中主要的 t037 占 57.6%，其次 t1081 占 21.2%，t030 占 12.1%，t002 占 6.1%，t1714 占 3.0%。具有完整生物被膜形成能力的 $ica^{+}atl^{+}aap^{+}agr^{+}$ 基因型菌株 t037 占 70%，推测多数 t037 型菌株生物被膜形成能力较完备。同时也对金葡菌进化过程对生物被膜基因型的影响进行了探究。

6.3 金葡菌生物被膜的形成与发展

6.3.1 金葡菌生物被膜的形成

生物被膜作为微生物的一种生长策略，在各种微生物中均有出现，而葡萄球菌，尤其是金葡菌，更易于生成生物被膜[354]。金葡菌能在许多不同基质表面形成生物被膜，成为食品的潜在污染源，进而引发各种食品安全问题。

在食品加工过程中，加工环境为细菌生物被膜的形成提供了有利条件——合适的湿度、丰富的营养物质以及从原料带入的微生物等。由于杀菌、清洗等工业除菌方式在管材或管道系统中的裂缝、边角、垫圈、接头和裂缝处存在不足之处，导致生物被膜易在这些部位形成，并伴随着被膜的发展和成熟进一步扩大到管道中其他位置。研究显示，细菌黏附于接触表面然后形成生物被膜是微生物最常见的生存方式。生物被膜的形成使细菌抵御不利生存环境及外部压力刺激的能力得到显著增强。由生物被膜引起的污染又能通过微生物接触转移到各种食品中，统计表明，致病性微生物引起的食源性疾病中65%由生物被膜引起[416,417]。在食品工业中，由有害微生物形成的生物被膜可能是引起食源性疾病的最大安全隐患，而其中，食品及饮料一直被认为是微生物引起疾病的载体[418,419]。

食品加工过程中，病原菌能形成生物被膜，导致最终产品的腐败和疾病的传播；同时，以生物被膜形式存在的细菌，可成为新的黏附位点，使更多浮游状态的细菌黏附至被膜中；在生物被膜成熟后，部分微生物会逃逸被膜，成为游离状态，重新附着于新的接触表面，并分泌有害物质与因子，造成二次侵袭、交叉污染与持续感染。由病原菌在食品加工表面形成的生物被膜是食品卫生的潜在危害物与高度危害污染源[419,420]。

6.3.2 不同阶段金葡菌生物被膜的形成特性研究

生物被膜的形成包括细菌初期黏附、菌体聚集增殖、生物被膜发展成熟、生物被膜脱落分化等几个时间阶段，该动态过程同时由多个基因位点共同调控，如黏附基因 *atl*、*ica* 基因簇、聚集基因 *aap*、脱落分化基因 *agr* 等[421~423]。由于生物被膜会在不同的途径和时间阶段中形成，因此不同的观察时间会导致检测结果的差异。不同种类的细菌、同一种细菌不同的类型形成生物被膜所需要的时间均不同，因此食品、医疗等领域多种抗菌措施的制定需考虑时间等因素的影响[424]。目前国内外的研究大多集中在细菌在某一时间形成生物被膜的表型及基因型研究，对其整体阶段的追踪及把控的研究鲜有报道。

本研究以9株金葡菌（分别为4506、123875、10008、120866、120184、11403、110437、1204151、10071）为实验对象，将所有典型菌株分别进行8 h、16 h、24 h、48 h、72 h、7 d与14 d培养，收集不同形成阶段的生物被膜，利用CFU计数法、结晶紫染色法、XTT染色法对生物被膜中活菌数、被膜总量、代谢活性进行定量分析，探讨携带不同基因型的菌株生物被膜在不同阶段的形成特性。

6.3.2.1 结晶紫染色法对9株金葡菌不同阶段生物被膜代谢活性的检测

为探究不同被膜形成能力菌株在不同生长阶段的生物被膜形成特性，首先运用结晶紫染色法（相关操作同6.1.1节）对9株金葡菌在7个时间阶段的被膜总量进行测定，结果如图6-20所示。由图可知，在0～16 h阶段，生物被膜形成总量较少，对于不同形成能力的菌株被膜总量的递增趋势存在差别，如金葡菌4506、123875、10008的被膜总量增速较快，相反其他6株金葡菌的被膜总量递增则相对较慢。在16 h～3 d阶段，生物被膜形成总量继续增多，大多数金葡菌生物被膜形成总量在1～3 d阶段的增速高于16 h～1d阶段。在此期间，菌体细胞开始大量增殖并不断分泌多糖、脂质、蛋白质等基质至胞外，导致检测到的OD值持续攀升。在3～14 d阶段，各菌株生物被膜总量仍然在增多但递增速率已显著降低，尤其是7～14 d阶段，折线趋于平行，9株金葡菌生物被膜总量基本稳定不变，如金葡菌120866的被膜总量由0.6978(7 d)到0.6991(14 d)。推测原因，一方面，由于金葡菌新陈代谢活性降低使得代谢产物的分泌及生成大量减少；另一方面，由于细菌和胞外基质聚集在一起形成致密的被膜，从而影响其中理化反应的顺利进行。

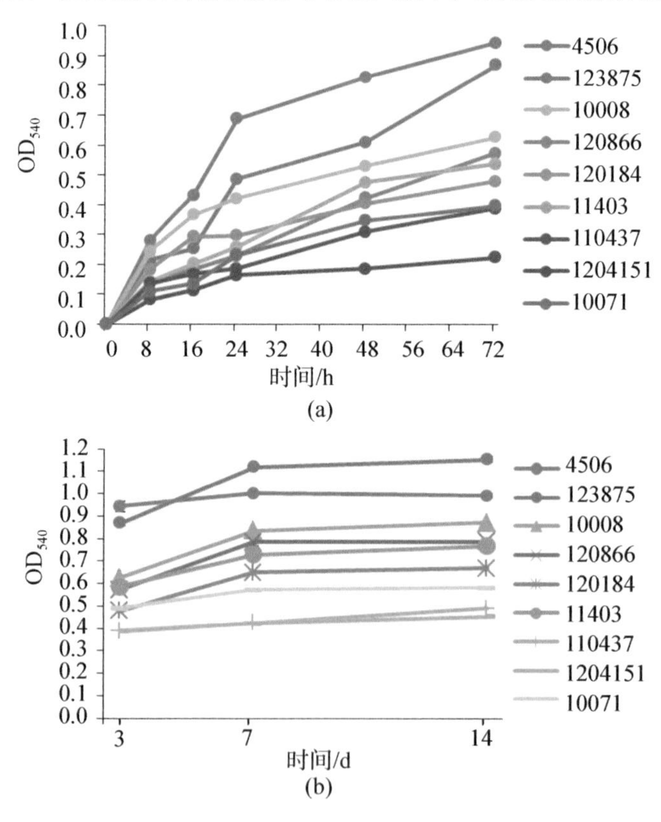

图6－20 结晶紫染色法对9株金葡菌不同阶段生物被膜形成总量的检测

6.3.2.2 XTT染色法对9株金葡菌不同阶段生物被膜代谢活性的检测

运用XTT染色法(相关操作同6.1.2节)对9株金葡菌在7个时间阶段的代谢活性进行测定，结果如图6－21所示。由图可知，在金葡菌被膜的黏附阶段，即0～16 h，生物被膜的代谢活性逐渐增强。其中，在0～8 h阶段被膜内金葡菌增速较慢，多数细菌倾向于开始粘连到接触表面；而在8～16 h阶段，金葡菌被膜的代谢活性大幅增强，菌体开始大量繁殖并聚集于接触表面。在16 h～3 d阶段，金葡菌被膜的代谢活性逐渐减弱，且随着时间的推移这种减弱现象愈加显著，表明菌体开始进入代谢缓慢或休眠状态。在后期，即3～14 d，金葡菌被膜的代谢活性已经非常弱，尤其在7～14 d阶段，金葡菌被膜代谢已趋于停滞状态。不同菌株形成的生物被膜在相同阶段活性也存在一定差异，如金葡菌10008经培养16 h后，其生物被膜活性达到1.1009，远远高于同时期其他菌株的生物被膜；金葡菌10071经培养14 d后，其生物被膜活性减弱至0.0135，几乎为零。由此可见，生物被膜活性存在菌株特异性差异。

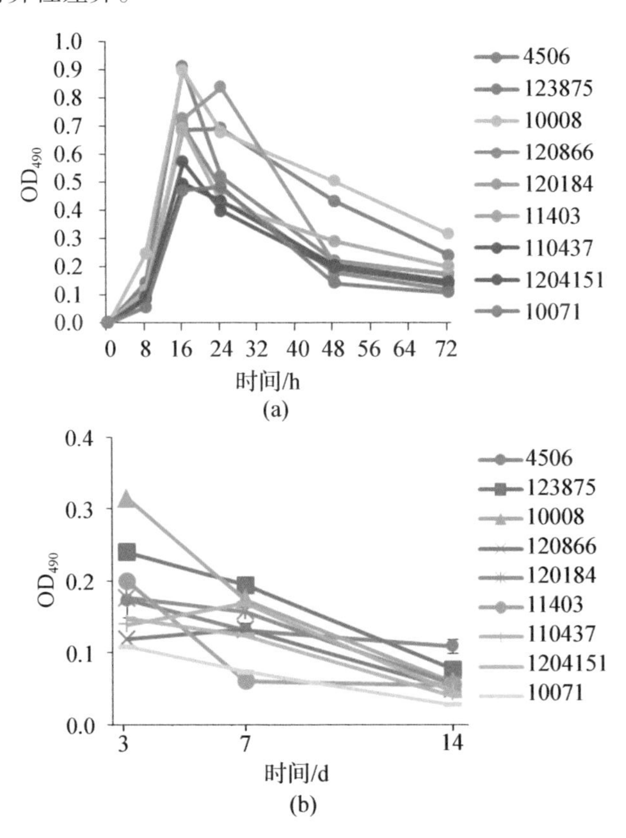

图6-21 XTT染色法对9株金葡菌不同阶段生物被膜活性的检测

6.3.2.3 CFU计数法对9株金葡菌不同阶段生物被膜活菌数的检测

将活化的菌种接种至盛有梯度浓度稀释的固体培养基的平板培养皿中，培养至相应时间后，计数每个平板上的菌落数。可用肉眼观察，必要时用放大镜检查，以防遗漏。在记下各平板的菌落总数后，求出同稀释度的各平板平均菌落数，计算出每毫升原始样品中的菌落数。

选取分别培养8 h、16 h、24 h、48 h、3 d、7 d、14 d的生物被膜中单菌落接种于 TSB 固体培养基中，37℃下静置培养后进行 CFU 平板计数。9 株金葡菌在不同阶段形成的生物被膜中的活菌数如图 6－22 所示，分析生物被膜在不同形成阶段的活菌数变化情况。由图 6－22 可知，菌体在接触表面黏附一定时间后，在 8 h 时大多数生物被膜中活菌数已达 10^6 CFU/mL，至 16 h 时活菌数处于 10^8 ～ 10^{11} CFU/mL 范围内，能力较强的菌株甚至更高，生物被膜中活菌数呈现递增趋势且不同能力生物被膜中活菌数增加量存在个体差异。而从 24 h 开始，所有生物被膜的活菌量开始下降，至 72 h 时，部分生物被膜中活菌数降至 10^2 ～ 10^5 CFU/mL，随着培养时间的延长，生物被膜中的可培养活菌数大幅减少，新陈代谢水平也逐渐下降。而在 3 ～ 7 d阶段，生物被膜中活菌数继续减少且大多数菌株的降幅超过 50%，结合 6.3.2.1 和 6.3.2.2 节的实验结果，生物被膜在 3 d 后形成总量持续增加但被膜代谢活性不断减弱，CFU 计数结果与上述现象相符。至 14 d 时，活菌数总体上已处于相对稳定水平，成熟的生物被膜代谢能力几乎为零。

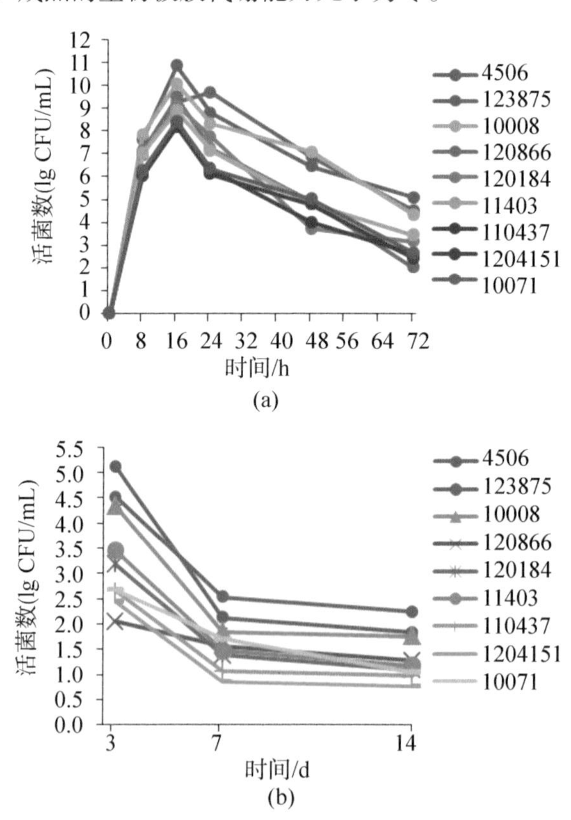

图 6－22　CFU 法对 9 株金葡菌不同阶段生物被膜中活菌数的检测

6.3.3　基因型与生物被膜形成的相关性研究

本课题组曾利用 PCR 技术对上述 9 株金葡菌生物被膜相关基因 *atl*、*ica*、*aap* 和 *agr* 分别进行检测，各菌株携带情况如表 6－13 所示。

表 6－13　9 株金葡菌生物被膜相关基因携带情况

菌株编号	生物被膜相关基因					
	atl	*icaA*	*icaD*	*icaBC*	*aap*	*agr*
4506	+	+	+	+	+	+
123875	+	+	+	+	+	−
10008	+	−	+	+	+	+
120866	+	+	+	+	+	−
120184	+	−	+	+	+	+
11403	+	−	+	+	+	+
110437	+	+	+	−	−	−
1204151	+	+	+	+	−	+
10071	+	+	+	+	+	+

将新活化的金葡菌接种到 5 mL TSB 液体培养基中，于 37℃、200 r/min 振荡培养，取对数期的菌体继续培养至不同时间获得不同成熟度的生物被膜。设置无菌体的 TSB 液体培养基为对照组。吸取 1.5 mL 菌液于 2 mL 离心管中，3000 r/min 离心 5 min 后，弃上清液，以 2.5%（体积分数）戊二醛溶液固定菌液 4 h。固定后的菌液经 3000 r/min 离心 5 min，弃上清固定液，以超纯水清洗菌体，重复 3 次，然后用超纯水重悬。依次用体积分数为 30%、50%、70%、80%、90% 的酒精脱水，每个梯度中静置 10 min。最后，用纯酒精脱水 3 次，每次 30 min，再用叔丁醇置换酒精 3 次，每次 30 min，吸取混匀的细菌－叔丁醇悬浮液滴在载玻片上，载玻片裁剪为规格 1 cm×1 cm 的正方形。在镀金之前，需在光学显微镜（EVO，德国蔡司有限公司）下观察菌体浓度。将镀金后的载玻片置于扫描电子显微镜（SEM）下，观察金葡菌的形态并进行拍照。

6.3.3.1　*atl* 黏附基因

通过结晶紫（CV）染色法和 XTT 染色法对上述均携带 *atl* 基因的 9 株金葡菌和不携带 *atl* 基因的菌株 10051 形成的生物被膜的总量和代谢活性进行定量检测，结果如图 6－23 所示。结果显示，9 株金葡菌的生物被膜总量（OD_{540}）波动范围为 0.1151～0.2937，被膜代谢活性（OD_{490}）范围为 0.0560～0.2465；而菌株 10051 的生物被膜总量（OD_{540}）和被膜代谢活性（OD_{490}）分别为 0.0231 和 0.0203，远低于上述菌株。通过扫描电子显微镜（SEM）进一步观察经培养 8 h 时金葡菌生物被膜的表面形貌和结构（图 6－24），图 6－24a 为空白对照，图 6－24b 为缺失 *atl* 基因的

10051 菌株，图 6 - 24c、图 6 - 24d 分别为携带 *atl* 基因的 4506 和 10008 菌株。对比发现图 6 - 24a 中没有任何菌株的黏附，图 6 - 24b 中有少量菌体黏附在接触表面但黏附量很少，图 6 - 24c 和图 6 - 24d 中显然有更多的菌体黏附在接触表面且出现菌体大量聚集。*atl* 黏附基因编码一种金葡菌表面相关蛋白质，该蛋白质并不直接作用于菌体的初始黏附，而是通过降解金葡菌细胞壁中的肽聚糖成分，在细胞表面通过非共价结合使得菌体向惰性物质表面附着。综合分析判断出 *atl* 基因在生物被膜初期黏附过程中发挥重要作用。

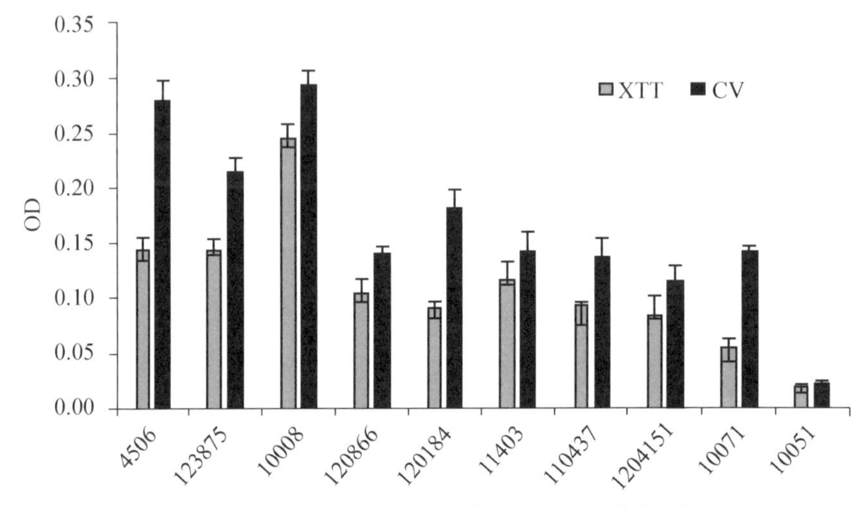

图 6 - 23　*atl* 基因对生物被膜黏附初期被膜总量和代谢活性的影响

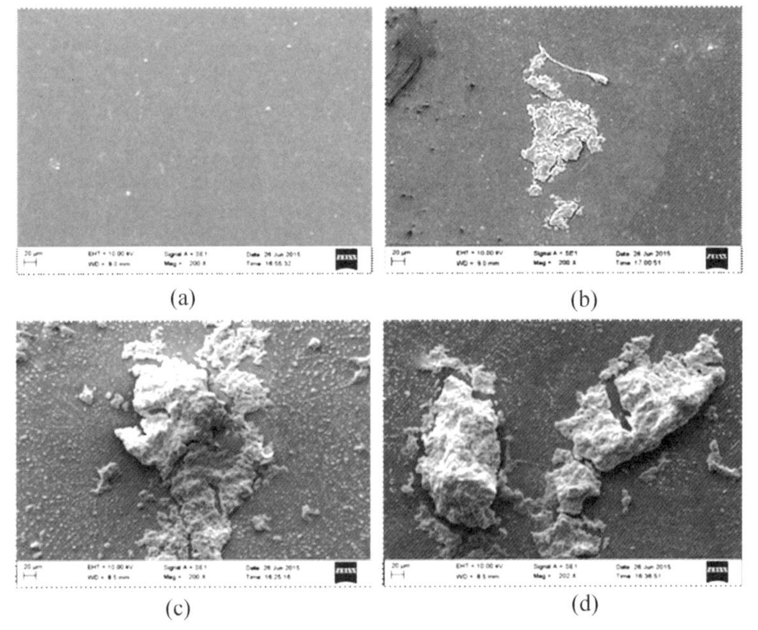

图 6 - 24　金葡菌生物被膜在培养 8 h 时的扫描电镜图像(200×)

6.3.3.2　*ica* 操纵子

ica 操纵子含有 *icaA*、*icaD* 与 *icaBC* 基因，负责调控 PIA 代谢产物的合成。其中 *icaA* 基因负责编码合成 N－乙酰氨基葡萄糖基转移酶，*icaD* 基因负责编码合成提高 N－乙酰氨基葡萄糖转移酶活性的蛋白质。选取携带完整 *ica* 基因（*icaA*、*icaD* 与 *icaBC* 均为阳性）的金葡菌 4506、不携带 *icaA* 基因的金葡菌 10008、120184 与 11403，不携带 *icaBC* 基因的金葡菌 110437（其他基因携带情况相同），通过结晶紫染色法对其形成的生物被膜总量进行测定。结果显示（图 6－31），在生物被膜形成中期，即 16～72 h 阶段，4506 的生物被膜总量整体上一直高于 10008、120184、11403 和 110437，表明携带完整 *ica* 基因簇的 4506 在该阶段形成更多的生物被膜。其中在 16～24 h 阶段，4506 的被膜总量（OD_{540}）从 0.4323 增至 0.6888，增速为 59.3%；而缺少 *ica* 某基因片段的其他 4 株金葡菌的被膜总量增速均低于 20%。同时，120184 和 110437 两者之间的生物被膜总量在各阶段也存在一定差异。*icaBC* 基因处于 *icaAD* 下游，编码合成负责多糖类复合物转运和壳聚糖脱乙酰化的相关蛋白质，该蛋白质可促使多糖类物质黏附到惰性物质表面。不携带 *icaBC* 基因的金葡菌 110437 的每一阶段被膜总量相比不携带 *icaA* 基因的金葡菌 120184 都要低，可初步得知 *icaBC* 基因对被膜形成的调控能力比 *icaA* 基因要大。均缺少 *icaA* 基因的金葡菌 10008 和 11403 在各阶段形成生物被膜的情况也存在较大差异，表明生物被膜的形成受多种基因调控，菌株间存在特异性差异。

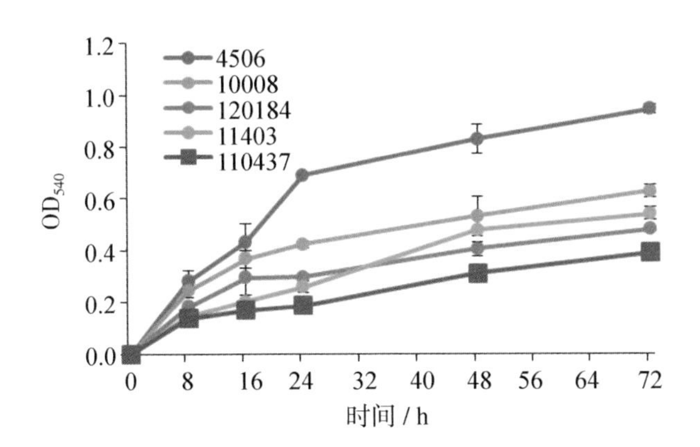

图 6－25　*ica* 操纵子对生物被膜形成中期被膜总量的影响

通过扫描电子显微镜进一步观察经培养 16 h、24 h、48 h 时生物被膜的表面形貌和结构（图 6－26），其中图 6－26a 为阳性对照菌株 4506，图 6－26b 为缺少 *icaA* 基因的菌株 120184；图 6－26c 为缺少 *aap* 基因的菌株 1204151；1、2、3 分别表示对应的生物被膜培养至 16 h、24 h、48 h。从 SEM 图可看出，当生物被膜生长至 24 h、48 h 时，可观察到更多的附着菌体（图 6－26a2，a3，b2，b3），且生物被膜的三维立体结构更加致密。可初步判断出 *ica* 操纵子间基因的相互作用在生物被膜形成中期发挥重要作用，共同调控细菌间的黏附，生物被膜逐渐成熟。与此同时，生物被膜的形成仍受其他基因的共同调控影响。

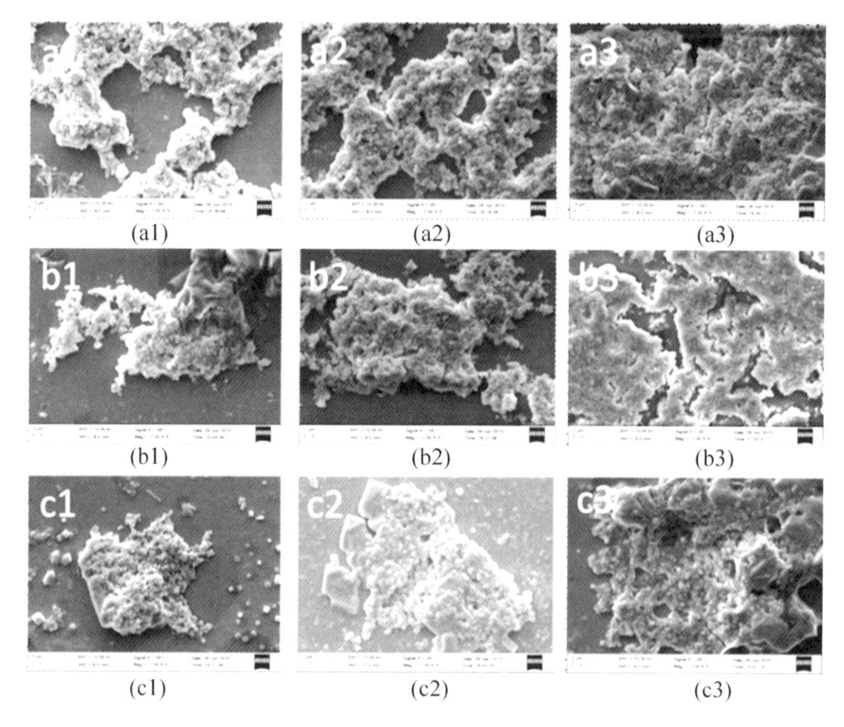

(a1) (a2) (a3)
(b1) (b2) (b3)
(c1) (c2) (c3)

图 6－26 金葡菌生物被膜经培养 16 h、24 h、48 h 时的扫描电镜图像(2000×)

6.3.3.3 *aap* 聚集因子

选取携带完整 *aap* 基因的金葡菌 4506、10071 和不携带 *aap* 基因的金葡菌 1204151，其他基因携带情况完全相同。通过结晶紫染色法对其形成的生物被膜总量进行测定，如图 6－27 所示。结果显示，在生物被膜形成中期，即 16～72 h 阶段，4506 和 10071 的生物被膜总量整体上一直高于 1204151，表明携带完整 *aap* 基因的 4506 在中期有更多的生物被膜形成。其中，在 16～24 h 阶段，4506 和 10071 的 OD_{540}分别从 0.4323 增至 0.6888、从 0.1356 增至 0.2305，增速分别为 59.3% 和 70%。而 1204151 的 OD_{540}增速为 44.6%；在 24～72 h 阶段，4506 和 10071 的 OD_{540}增速同样也高于缺少 *aap* 基因的 1204151。同时，120184 和 110437 两者之间的生物被膜总量在各阶段也存在一定差异。因此表明 *aap* 基因在金葡菌生物被膜形成中期阶段发挥一定作用。通过扫描电子显微镜进一步观察经培养 16 h、24 h、48 h 时生物被膜的形貌和结构(图 6－26)，结果显示，在生物被膜从 16 h 生长至 48 h 的过程中，图 6－26a 中可观察到更多的细菌聚集现象，图 6－26b 中细菌聚集量较少且形成的生物被膜较为松散，不够致密，这与上述结晶紫染色法测定被膜总量的结果相符。综上所述，表明 *aap* 聚集因子在生物被膜形成中期发挥着重要调控作

用，同时生物被膜形成过程仍受其他基因位点的影响。

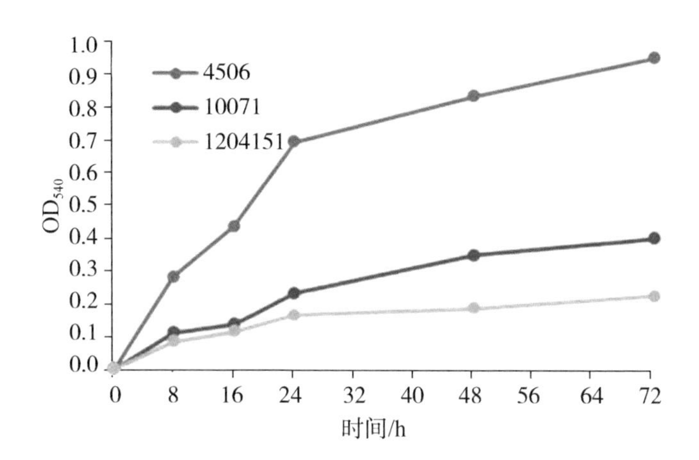

图 6－27 *aap* 对生物被膜形成中期被膜总量的影响

6.3.3.4 *agr* 分化因子

选取携带 *agr* 基因的金葡菌 4506 和不携带 *agr* 基因的金葡菌 123875 和 120866，通过结晶紫染色法对形成的生物被膜总量进行检测，如图 6－28 所示。结果显示，生物被膜成熟期及后期，即在 3～7 d 阶段，4506 的 OD_{540} 从 0.9439 增至 1.0019，增速为 6.1%；而 123875 的 OD_{540} 从 0.8684 增至 1.1204，120866 的 OD_{540} 从 0.6255 增至 0.8347，增速分别为 29.4% 和 33.4%，明显高于 4506；表明 4506 在该阶段的被膜总量几乎没有增加，而 123875 和 120866 的被膜总量则仍出现一定量的增加。在 7～14 d 阶段，123875 和 120866 的 OD_{540} 只出现小幅度的增加，而 4506 的 OD_{540} 却从 1.0019 降至 0.9926，推测携带 *agr* 基因的金葡菌 4506 在生物被膜成熟后期出现脱落分化的迹象，而缺少 *agr* 基因的 123875 和 120866 形成的生物被膜则在接触表面变得更加牢固，厚度有可能增加。通过扫描电子显微镜进一步观察经培养 3 d 和 7 d 时生物被膜的形貌和结构（图 6－29），图 6－29a1 和 a2 为缺少 *agr* 基因的菌株 4506，图 6－29b1 和 b2 为携带 *agr* 基因的菌株 123875，1、2 分别表示生物被膜培养至 3 d、7d 阶段。从中可看出，在生物被膜逐渐成熟的过程中，图 6－29a1 和 a2 中可观察到细菌之间连接更加紧密，生物被膜逐渐固化加厚，而图 6－29b1 和 b2 中生物被膜分化严重，部分被膜已脱离接触表面，且被膜的厚度变薄，这也与上述结晶紫染色法测定被膜总量的实验结果相一致。综上，表明 *agr* 基因在生物被膜成熟期及后期发挥着重要作用。

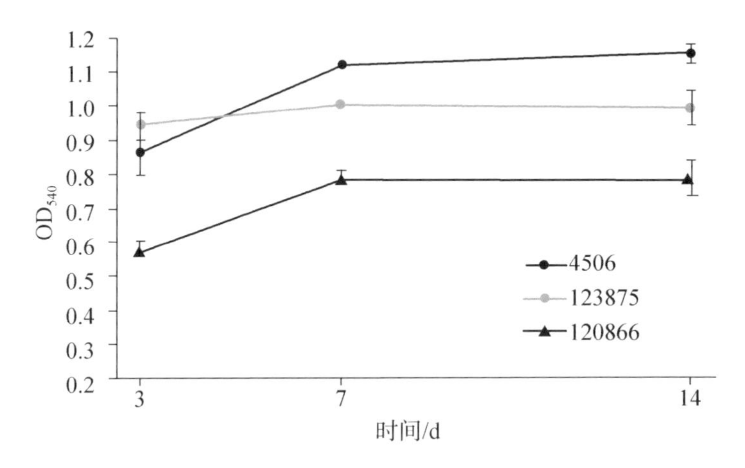

图 6－28　*agr* 基因对生物被膜成熟期及后期被膜总量的影响

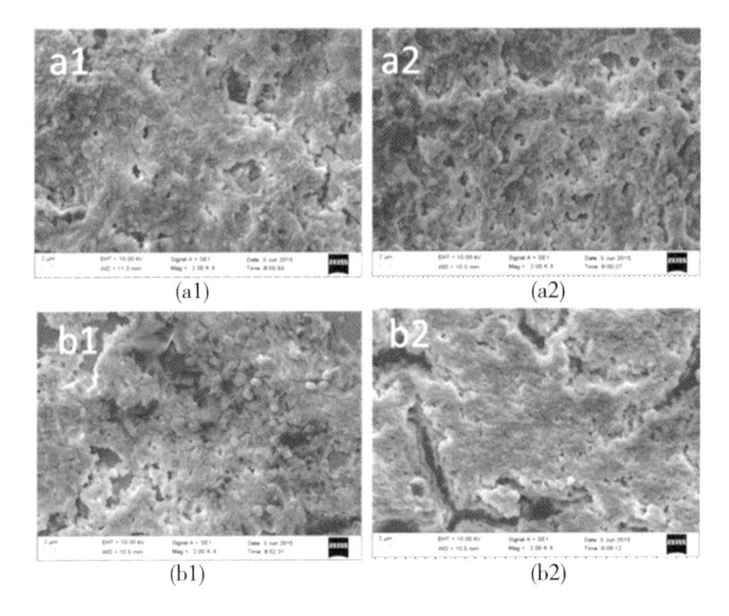

(a1)　(a2)

(b1)　(b2)

图 6－29　金葡菌生物被膜经培养 3d、7d 时的扫描电镜图像（2000 ×）

6.3.4　小结

首先，对金葡菌生物被膜在不同阶段的形成特性进行研究，对 9 株金葡菌在 8 h、16 h、24 h、48 h、3 d、7 d 和 14 d 等 7 个培养阶段的生物被膜形成情况进行结晶紫染色法定量检测，在 0 ～ 14 d 整个阶段，9 株金葡菌被膜生物总量一直不断增加，最后趋于不变，说明随着培养时间的延长，金葡菌生物被膜不断积累变化的现象；对 9 株金葡菌在 7 个培养阶段的生物被膜形成情况进行 XTT 染色法定量检测，在 0 ～ 16 h，生物被膜代谢活性逐渐升高，24 h 之后均开始逐渐降低，至 7 ～ 14 d

阶段趋于稳定不变状态；对9株金葡菌在7个培养阶段的生物被膜形成情况进行CFU平板计数，其中活菌数在16 h时处于最高水平约10^{11} CFU/mL，随后开始数量级减少，至14 d时被膜中活菌数基本为零。综上可得，金葡菌生物被膜的黏附期为0～8 h，发展期为16～48 h，成熟及分化期为3～14 d。

其次，对金葡菌生物被膜形成与基因型的相关性进行研究，对携带不同基因的菌株进行结晶紫染色法定量和SEM形态结构观察，发现*atl*基因在生物被膜黏附初期发挥重要作用，*ica*基因和*aap*基因都在生物被膜形成发展中期、成熟期发挥重要作用，*agr*基因在生物被膜脱落分化期发挥一定作用，同时生物被膜的形成受多种基因和因素共同影响。

6.4　金葡菌生物被膜的抑制与清除

据相关研究表明[424,425]，跟一般浮游菌相比，生物被膜包绕中的细菌对抗生素、杀菌剂等具有更强的抵抗力(1000倍以上)。生物被膜抗性来源于很多方面，如渗透过生物被膜基质的能力减弱、生物被膜里层中的细菌代谢活动水平较低、一些细胞进入休眠状态等[426]。在食品及医疗行业，金葡菌被认为是最强的致病菌之一，可以通过生物被膜污染食品和医疗设备[427]，科学家们已经对金葡菌生物被膜不同的形成机制、行为特点等进行过很多研究和报道。

体外抗菌实验表明，一些天然产物如右旋龙脑(natural borneol，NB)对细菌、酵母菌和霉菌均有一定的抑菌作用；而溶菌酶(lysozyme，Lys)对细菌细胞壁肽聚糖交联结构具有特异水解作用，可抑制细菌的生长。故本部分实验探究天然产物、生物酶及其复合物对金葡菌生物被膜的控制作用。

实验菌株选取6.3.2节中携带生物被膜相关基因的菌株，首先对生物被膜进行处理。在37℃、100%的TSB培养基下进行振荡摇菌培养，取过夜培养的菌液稀释100倍放至新鲜的液体培养基中再培养3 h以获得对数生长期的细菌，将稀释好后的培养液以200 μL/孔加入到无菌96孔板中，37℃下分别静置培养至相应时间，分别将右旋龙脑液、溶菌酶液和复合液加入生物被膜液中作用处理一定时间，然后利用染色法检测抑制清除效果，空白对照为没有经过处理的生物被膜液。

配制右旋龙脑液：用分析天平称取0.032 g右旋龙脑于塑料管中，将其溶解于1 mL二甲基亚砜(DMSO)中配成储备液(0.032 g/mL)，用锡纸包好后置于4℃下备用。然后取一定量的右旋龙脑液，加入TSB液体培养基中并梯度稀释至5、10、20、40和80 μg/mL。

配制溶菌酶液：取一定量的50 mg/mL的标准溶菌酶液，加入无菌超纯水并梯度浓度稀释至5、10、20、40和80 mg/mL。

最后，运用结晶紫染色法在540 nm下测定各实验组和空白组的生物被膜形成总量，清除率(%)指化学物质对生物被膜的清除效率，计算方法为：

$$生物被膜清除率 = (OD_c - OD_s) / OD_c \times 100\%$$

其中，OD_s 表示不同实验组的 OD 值；OD_c 表示空白组的 OD 值。

运用 XTT 染色法在 490 nm 下测定各实验组和空白组的生物被膜代谢活性，杀菌率(%)指化学物质对生物被膜的杀菌效率，计算方法为：

$$生物被膜杀菌率 = (OD'_c - OD'_s)/OD'_c \times 100\%$$

其中，OD'_s 表示不同实验组的 OD 值；OD'_c 表示空白组的 OD 值。

6.4.1　右旋龙脑和溶菌酶质量浓度对金葡菌被膜的影响

选取强、中、弱生物被膜形成能力的金葡菌株 10008、120184、10071，根据之前生物被膜形成过程的研究结果，生物被膜生长至 1 d 时新陈代谢旺盛且生物总量较大，本实验首先探究了右旋龙脑和溶菌酶质量浓度对成熟度为 1 d 的生物被膜的控制作用。

运用结晶紫染色法对各菌株生物被膜总量进行定量检测，结果显示(图 6 - 30)，对于强生物被膜形成能力菌株 10008，经过 5 组梯度质量浓度右旋龙脑溶液处理后，其生物被膜总量减少率分别为 1.22%、17.49%、31.85%、48.59%、48.68%；对于中等生物被膜形成能力菌株 120184，经过右旋龙脑溶液处理后，其生物被膜总量减少率分别为 6.42%、13.52%、24.32%、55.38%、55.41%；对于弱生物被膜形成能力菌株 10071，经过右旋龙脑溶液处理后，其生物被膜总量减少率分别为 12.27%、24.82%、57.58%、57.82%、57.86%。其中 40 μg/mL 右旋龙脑对 10008、120184 的作用效果最好，而 80 μg/mL 右旋龙脑对 10071 的作用效果最好。由此可见，与对照组相比，5、10、20、40、80 μg/mL 的右旋龙脑均可显著减少生物被膜总量($p<0.05$)，随着右旋龙脑质量浓度的增加，控制生物被膜作用逐渐增强。而且相同质量浓度的右旋龙脑对不同生物被膜形成能力菌株 10008、120184、10071 的作用效果顺序为强、中、弱。

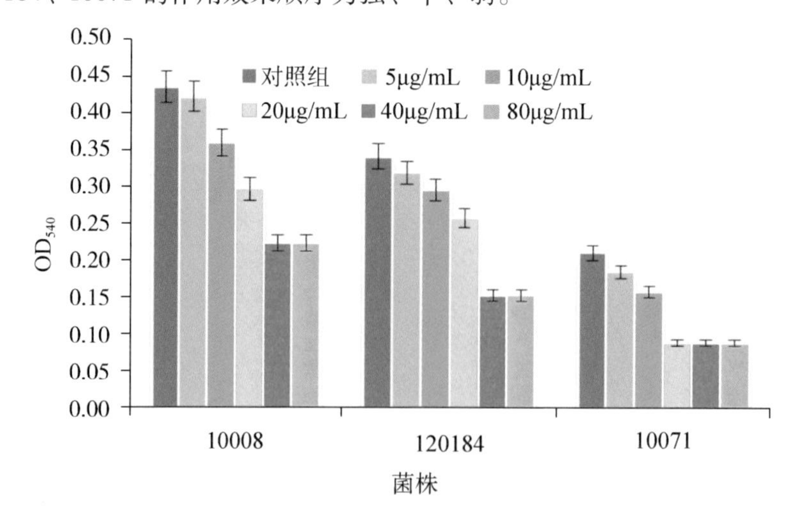

图 6 - 30　右旋龙脑质量浓度对生物被膜总量的影响

运用 XTT 染色法对各菌株生物被膜活性进行定量检测，结果显示(图 6 - 31)，对于强生物被膜形成能力菌株 10008，经过 5 组梯度质量浓度溶菌酶溶液处理后，其生物被膜活性降低率分别为 10. 29%、20. 78%、41. 52%、68. 51%、68. 74%；对于中等生物被膜形成能力菌株 120184，经过溶菌酶溶液处理后，其生物被膜活性降低率分别为 23. 38%、37. 95%、59. 72%、74. 65%、74. 77%；对于弱生物被膜形成能力菌株 10071，经过溶菌酶溶液处理后，其生物被膜活性降低率分别为 31. 93%、45. 35%、75. 69%、75. 87%、75. 95%。其中 40 mg/mL 溶菌酶对 10008、120184 的作用效果最好，而 80 mg/mL 溶菌酶对 10071 的作用效果最好。由此可见，与对照组相比，5、10、20、40、80 mg/mL 的溶菌酶均可显著降低生物被膜活性($p<0.05$)，随着溶菌酶质量浓度的增加，控制生物被膜作用逐渐增强。而且相同质量浓度的溶菌酶对不同生物被膜形成能力菌株 10008、120184、10071 的作用效果顺序为强、中、弱。

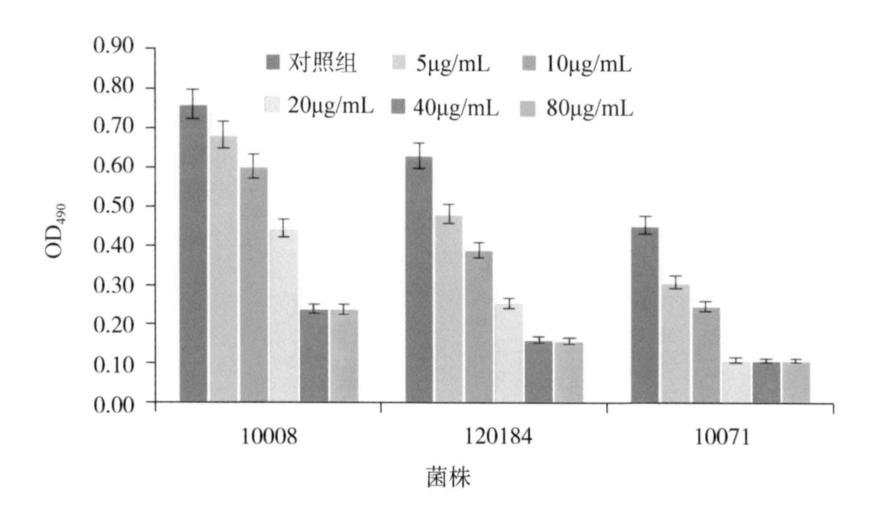

图 6 - 31　溶菌酶质量浓度对生物被膜活性的影响

6. 4. 2　右旋龙脑和溶菌酶作用时间对金葡菌被膜的影响

选取强、中、弱生物被膜形成能力的金葡菌株 10008、120184、10071，根据之前生物被膜形成过程和上述研究结果，本实验首先探究了右旋龙脑和溶菌酶作用时间对成熟度为 1 d 的生物被膜的控制作用。

运用结晶紫染色法对各菌株生物被膜总量进行定量检测，根据图 6 - 32 结果显示，对于强生物被膜形成能力菌株 10008，经过右旋龙脑溶液不同时间处理后，其生物被膜总量减少率分别为 9. 96%、12. 65%、37. 54%、42. 76%、47. 26%，可看出随着处理时间的延长，右旋龙脑对生物被膜作用效果越来越显著；对于中等生物被膜形成能力菌株 120184，经过右旋龙脑溶液处理 0. 5 h、1 h 后，生物被膜总量反而逐渐增加，而在处理时间为1.5 h、2 h、2.5 h条件下生物被膜总量出现下降且减少率分别为21.01%、12.09%、29.37%；对于弱生物被膜形成能力菌株10071，经过右旋龙脑溶液不同时间处理后，生物被膜总量也出现不规律的变化情况，即在0.5 h、1 h处理后被膜总量上升然后开始下降，在经右旋龙脑溶液处理1.5 h、2 h、2.5 h后生物被膜总量减少率分别为20.80%、11.77%、27.75%。右旋龙脑对10008、120184、10071的作用效果随作用时间的延长呈现不同的变化趋势。由此可见，与对照组相比，随着右旋龙脑作用时间的增加，强生物被膜呈现出时间依赖性，而中等、弱生物被膜没有时间依赖性，但三者均在经右旋龙脑溶液处理2.5 h后的作用效果最显著。

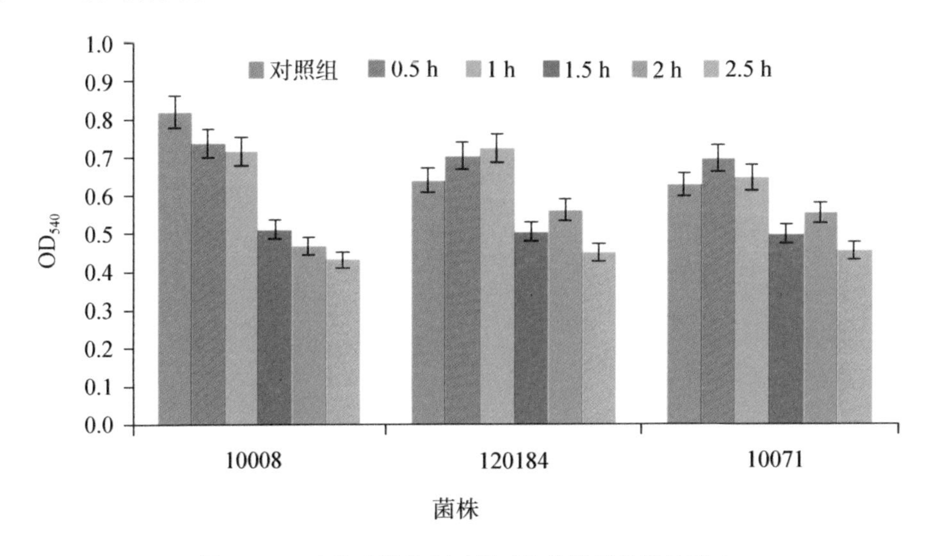

图6－32　右旋龙脑作用时间对生物被膜总量的影响

运用XTT染色法对各菌株生物被膜活性进行定量检测，根据图6－33结果显示，对于强生物被膜形成能力菌株10008，经过溶菌酶溶液不同时间处理后，其生物被膜活性降低率分别为45.03%、50.58%、37.28%、38.67%、32.88%，可看出随着处理时间的延长，溶菌酶对生物被膜活性抑制作用在1 h时最强，随后逐渐减弱；对于中等生物被膜形成能力菌株120184，经过溶菌酶溶液不同时间处理后，生物被膜活性降低率分别为53.45%、47.91%、41.51%、42.01%、47.09%，可看出溶菌酶对生物被膜活性抑制作用在0.5 h时最强，在1 h、1.5 h时逐渐减弱，而在2 h、2.5 h时又逐渐增强；对于弱生物被膜形成能力菌株10071，经过溶菌酶溶液不同时间处理后，生物被膜活性降低率也出现类似情况，即在0.5 h时最高为60.35%，在2.5 h时最低为44.07%，而1 h、1.5 h、2 h时呈现不同趋势的现象。同理得出溶菌酶对10008、120184、10071的作用效果随作用时间的延长呈现不同的变化趋势。与对照组相比，随着溶菌酶作用时间的增加，强、中、弱三种类型生物被膜对溶菌酶均没有一表现出时间依赖性，但普遍在溶菌酶处理短时间后的抑制作用较好。

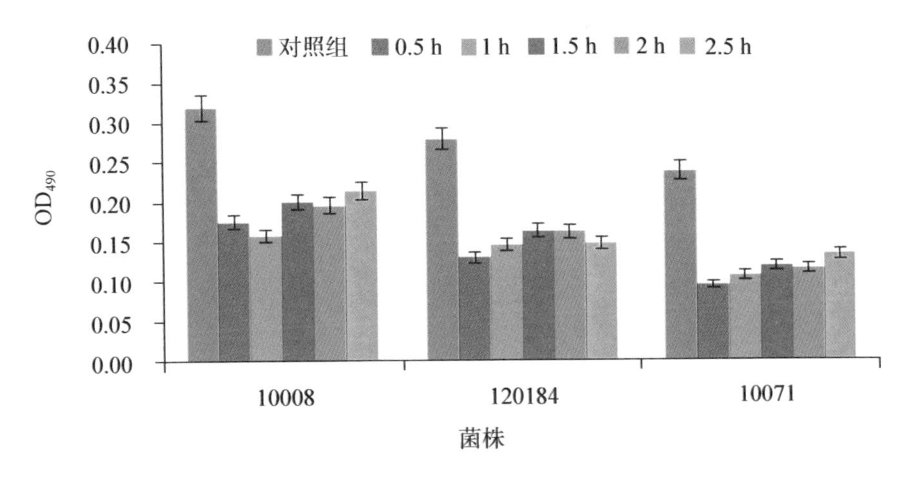

图 6－33 溶菌酶作用时间对生物被膜活性的影响

6.4.3 单独及联合方法对金葡菌黏附的抑制作用

细菌黏附至材料表面是形成生物被膜至关重要的第一步，黏附后的细菌可促进菌体的大量聚集。根据之前的研究结果，8 h 为金葡菌在形成生物被膜过程中的前期黏附阶段，此阶段右旋龙脑、溶菌酶等单独或联合作用对金葡菌在材料表面的黏附影响如图 6－34 和图 6－35 所示。

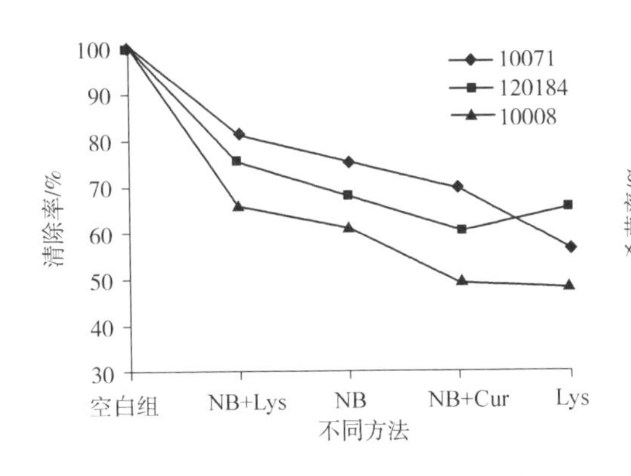

图 6－34 多种方法对黏附初期生物被膜的清除效果

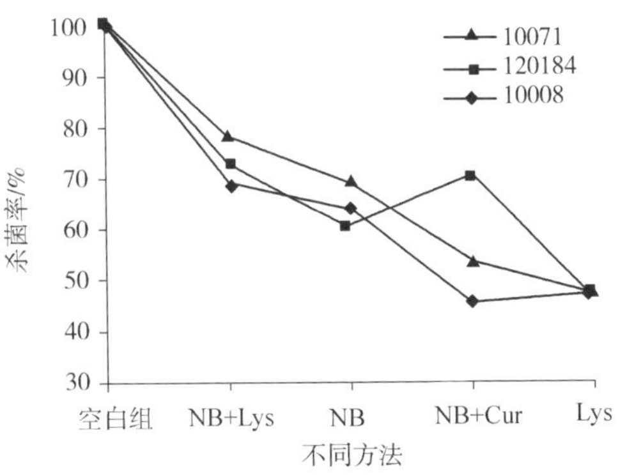

图 6－35 多种方法对黏附初期金葡菌的杀灭效果

运用结晶紫染色法和XTT染色法检测了空白组和各实验组中金葡菌生物被膜的总量和活性，结果表明，经过右旋龙脑联合溶菌酶、右旋龙脑、右旋龙脑联合姜黄素(Cur)、溶菌酶四组抑制剂的处理后，它们对强生物被膜形成能力菌株10008的清除率和杀菌率分别为65.66%、61.21%、49.30%、47.93%和69.29%、63.38%、45.75%、47.57%，其中右旋龙脑联合溶菌酶抑制剂的抑制作用最为显著，其次为右旋龙脑、右旋龙脑联合姜黄素、溶菌酶；四组抑制剂对中等生物被膜形成能力菌株120184的清除率和杀菌率分别为75.37%、68.38%、60.38%、65.47%和73.21%、60.47%、70.69%、45.88%，可看出对120184的抑制结果普遍高于10008；对弱生物被膜形成能力菌株10071的清除率和杀菌率分别为81.00%、75.61%、69.43%、56.94%和78.31%、68.89%、53.50%、46.65%，右旋龙脑联合溶菌酶对弱生物被膜的清除率高达81.00%，高于前两者。

6.4.4 单独及联合方法对生物被膜形成的抑制作用

细菌黏附至材料表面后开始大量增殖并分泌多糖、蛋白质等胞外基质将其包绕其中逐步形成生物被膜，此时的生物被膜中既有活菌也有代谢分泌物等。根据之前的研究结果，24 h为金葡菌生物被膜形成中期，此时右旋龙脑、溶菌酶等单独或联合作用对金葡菌生物被膜形成的影响如图6-36和图6-37所示。

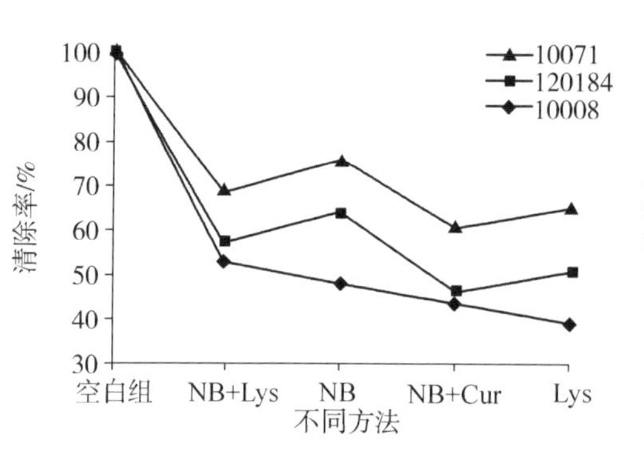

图6-36 多种方法对形成生物被膜的清除效果

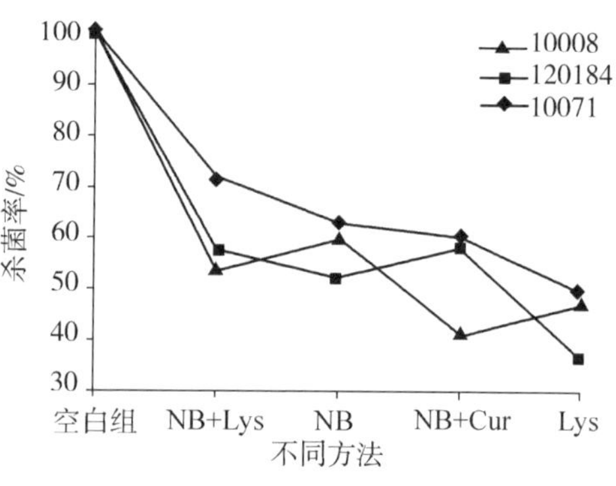

图6-37 多种方法对形成生物被膜中金葡菌的杀灭效果

运用结晶紫染色法和XTT染色法检测了空白组和各实验组中金葡菌生物被膜的总量和活性，结果表明，经过右旋龙脑联合溶菌酶、右旋龙脑、右旋龙脑联合姜黄素、溶菌酶四组抑制剂的处理后，它们对强生物被膜形成能力菌株10008的清除率和杀菌率分别为52.57%、47.95%、43.37%、39.04%和53.63%、59.95%、41.43%、47.36%；四组抑制剂对中等生物被膜形成能力菌株120184的清除率和杀菌率分别为56.60%、64.01%、45.61%、50.74%和56.49%、52.16%、58.01%、

36.39%，可看出对120184的抑制作用普遍高于对10008的抑制作用；对弱生物被膜形成能力菌株10071的清除率和杀菌率分别为68.38%、75.37%、60.38%、65.47%和71.14%、62.47%、60.22%、49.72%；右旋龙脑对形成生物被膜的清除作用强于其他实验组，而右旋龙脑联合溶菌酶、溶菌酶两组抑制剂对24 h生物被膜的抑制作用弱于对8 h生物被膜的抑制作用，右旋龙脑联合姜黄素的抑制效果较弱。

6.4.5 单独及联合方法对生物被膜成熟及分化的抑制作用

细菌形成生物被膜后继续趋于成熟且被膜内活菌新陈代谢开始变慢，根据之前的研究结果，72 h时金葡菌生物被膜开始进入成熟及分化状态，此时右旋龙脑、溶菌酶单独及联合作用对成熟生物被膜的影响如图6-38和图6-39所示。

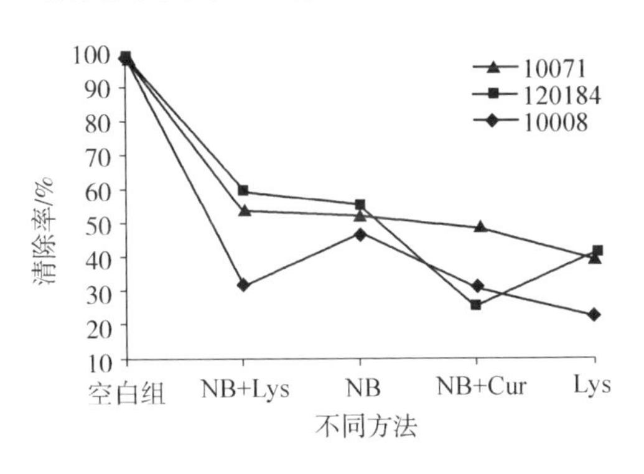

图6-38 多种方法对成熟生物被膜的清除效果

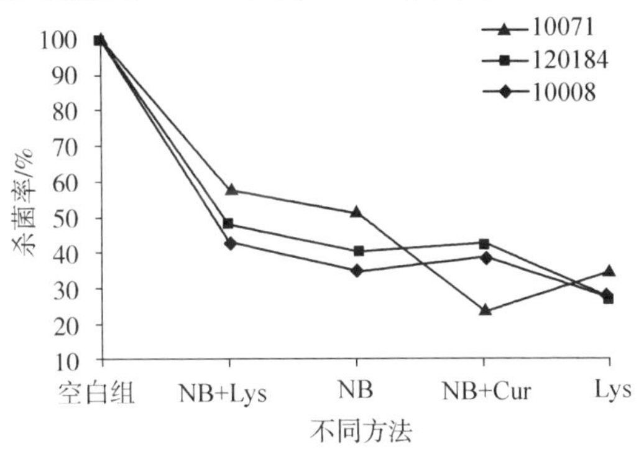

图6-39 多种方法对成熟生物被膜中金葡菌的杀灭效果

运用结晶紫染色法和XTT染色法检测了空白组和各实验组中金葡菌生物被膜的总量和活性，结果表明，经过右旋龙脑联合溶菌酶、右旋龙脑、右旋龙脑联合姜黄素、溶菌酶四组抑制剂的处理后，它们对强生物被膜形成能力菌株10008的清除率和杀菌率分别为31.46%、46.38%、29.87%、22.25%和43.57%、35.01%、38.68%、28.01%；四组抑制剂对中等生物被膜形成能力菌株120184的清除率和杀菌率分别为58.59%、55.63%、25.06%、41.27%和47.20%、40.12%、42.57%、27.17%，可看出对120184的抑制作用普遍高于对10008的抑制作用；对弱生物被膜形成能力菌株10071的清除率和杀菌率分别为53.03%、52.26%、47.94%、39.19%和56.75%、51.31%、24.10%、34.57%；右旋龙脑联合溶菌酶、右旋龙脑对成熟生物被膜的清除作用强于其他实验组，而右旋龙脑联合姜黄素对不同实验组间抑制效果的差异较大，溶菌酶抑制剂对成熟生物被膜的杀菌率降至27.17%～34.57%，杀菌效果弱于8 h、24 h的生物被膜。

综合上述分析可看出，右旋龙脑与溶菌酶具有协同作用，两者联合作用可提高对生物被膜的清除率和杀菌率，而右旋龙脑与姜黄素没有协同作用，联合作用结果反而低于右旋龙脑单独作用；与此同时，不同抑制方法对 10071 菌株的抑制效果最为显著，对 120184 的抑制效果低于前者，而对 10008 的抑制效果最弱。对于不同阶段的生物被膜，随着其成熟度的上升，每种方法对生物被膜的清除率和杀菌率总体呈现下降趋势。

6.4.6 光学显微镜对生物被膜的观察

以正方形的载玻片(1 cm×1 cm)为载体，在 96 孔板中建立生物被膜模型并培养至相应时间，每隔 24 h 换一次培养基，进行结晶紫染色后置于普通显微镜下进行观察，空白组为没有经过处理的生物被膜。

运用光学显微镜观察法证实上述实验结果(如图 6－40 所示)，对照组金葡菌在 8 h 时在材料表面有一定的黏附作用，紫色区域表示黏附的金葡菌株；在 24 h 时紫色区域逐渐加深，表明金葡菌大量聚集并分泌胞外基质形成一定量的生物被膜；至 72 h 时生物被膜量及分泌基质不断增多。经过不同实验组处理后，可发现右旋龙脑、溶菌酶实验组的紫色叠影区域相比对照组均出现不同程度的减少，可见两者对不同时期的生物被膜均有一定的抑制作用；而观察右旋龙脑联合溶菌酶实验组可发现紫色叠影区域在 8 h、24 h、72 h 均少于之前实验组，故右旋龙脑联合溶菌酶对金葡菌生物被膜的抑制作用最为显著；右旋龙脑联合姜黄素实验组观察到的紫色叠影区仍较多，因此其对金葡菌生物被膜的抑制作用不够显著。

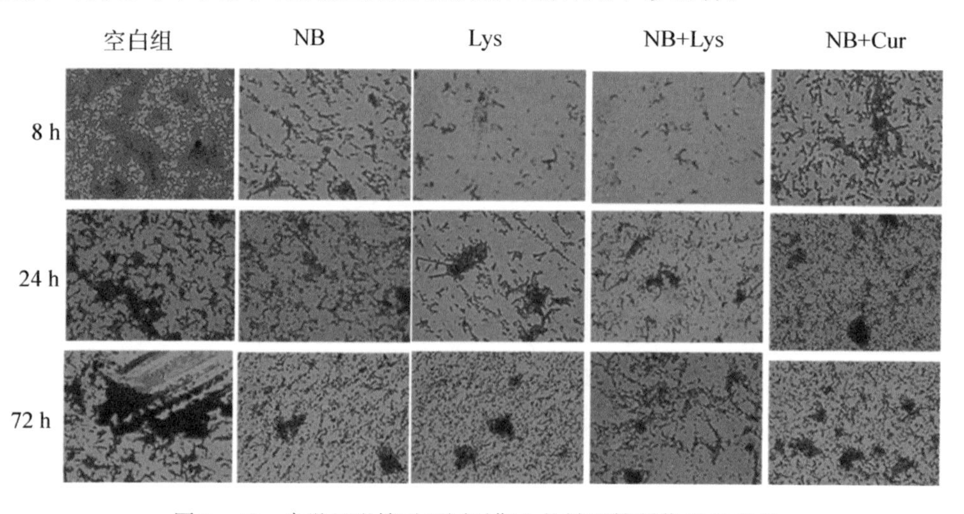

图 6－40　光学显微镜对不同时期生物被膜控制作用的观察

6.4.7 扫描电镜对生物被膜的观察

采用扫描电镜进一步证实不同方法对 24 h 金葡菌生物被膜的控制作用，结果如图 6-41 所示，对照组中金葡菌形成生物被膜，膜状物大量附着在表面，金葡菌聚集成团或黏附在表面。经右旋龙脑处理后，生物被膜膜状物减少且出现裂缝，金葡菌量出现一定量减少。溶菌酶处理后，生物被膜中活菌量明显减少且生物被膜间的连接变得较为松散，不够致密。右旋龙脑联合溶菌酶处理后，可看出生物被膜总量明显减少，黏附在材料表面的金葡菌数也变少。以上结果进一步证实了上述清除率和杀菌率的结果。

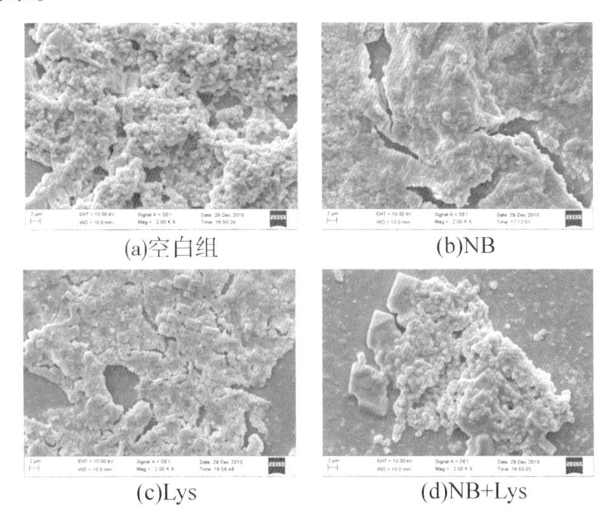

图 6-41 扫描电镜对 24 h 生物被膜控制作用的观察(2000 ×)

采用扫描电镜进一步证实不同方法对 72 h 金葡菌生物被膜的控制作用，结果如图 6-42 所示，对照组的生物被膜金葡菌个体形状出现一定变形，菌体间连接相较 24 h 时更为紧密。经右旋龙脑处理后，生物被膜中出现一定裂缝但比 24 h 时少。溶菌酶处理后，生物被膜中活菌量明显减少且生物被膜三维立体结构变薄。右旋龙脑联合溶菌酶处理后，可看出黏附在材料表面的金葡菌数变少且生物被膜间形成一种封闭结构，膜状物减少。以上结果进一步证实了上述清除率和杀菌率的结果。

(a) 空白组 (b) NB

(c) Lys (d) NB+Lys

图 6－42 扫描电镜对 72 h 生物被膜控制作用的观察(5000 ×)

6.5 食品加工条件对金葡菌生物被膜形成的影响

在食品加工过程中，大多数食源性致病菌会以形成生物被膜的形式逃脱常规的杀菌消毒程序，如高温高压、机械冲洗等；同时，细菌的生长代谢过程会与外界环境不断地进行着物质交换、小分子合成、水通道运输、代谢产物累积等理化活动，操作环境中的富营养环境也为细菌生物被膜的形成提供了必要条件。食品从原材料、加工、运输，到货架上成品的整个过程均会受到细菌的污染，不同环境条件对细菌内部基因的突变、转录、表达也会产生一定影响[428～430]。在生物被膜的各个形成阶段，外界环境对其初期黏附、中期形成发展、后期成熟及脱落分化的影响大小也不尽相同。因此，研究外界条件对细菌生物被膜在不同阶段的形成规律显得尤为重要。

本节将模拟不同食品加工条件如温度、pH、TSB 浓度、葡萄糖浓度、NaCl 浓度，探究外界环境因素对金葡菌生物被膜在不同阶段形成规律的影响作用，运用结晶紫染色法和 XTT 染色法对被膜形成总量和代谢活性进行定量分析，系统性地研究不同外界环境胁迫下生物被膜的形成特点，为研究细菌生物被膜的理化特征以及抑制其形成提供科学依据和参考。

首先配制培养基，具体步骤如下：①不同 TSB 浓度的培养基：分别将 3、6、15、30、60 g 胰蛋白胨大豆肉汤加入到 1000 mL 蒸馏水中，在 121℃、1.034×10^5 Pa高压条件下蒸汽灭菌 20 min，得配比为 10%、20%、50%、100%、200% 的 TSB 液体培养基(原始 TSB 质量浓度为 3 g/100 mL H_2O)；②不同 pH 的培养基：将 30 g 胰蛋白胨大豆肉汤加入到 1000 mL 蒸馏水中，然后加入少量的浓盐酸或氢氧化钠粉末，用 pH 计测定，分别将溶液 pH 调至 5、6、7、8、9，在 121℃、1.034×10^5 Pa 高压条件下蒸汽灭菌 20 min；③不同葡萄糖浓度的培养基：将 30 g 胰蛋白胨大豆肉汤加入到 1000 mL 蒸馏水中，然后分别加入不同量的葡萄糖粉末，配得葡萄糖质量浓度分别为 0.5%、1%、2%、3%、5%、10% 的培养基，在 121℃、1.034×10^5 Pa 高压条件下蒸汽灭菌 20 min；④不同 NaCl 浓度的培养基：将 30 g 胰蛋白胨大豆肉汤加入到 1000 mL 蒸馏水中，然后分别加入不同量的氯化钠粉末，配得 NaCl 质量浓度分别为 10%、15%、20% 的培养基，在 121℃、1.034×10^5 Pa 高压条件下蒸汽灭菌 20 min。

运用不同稀释浓度、pH、葡萄糖浓度、NaCl 浓度的 TSB 培养基以及不同温度（25℃、31℃、37℃、42℃、65℃）的条件分别进行探究。首先过夜摇菌培养，取过夜培养的菌液稀释 100 倍放至新鲜的液体培养基中再培养 3 h 以获得对数生长期的细菌，将稀释好的培养液以 200 μL/孔加入到无菌 96 孔板中，37℃下分别静置培养 8 h、16 h、1 d、3 d、7 d、14 d，然后进行染色法定量检测。结晶紫染色法同 6.1.1 节，XTT 染色法同 6.1.2 节。

6.5.1　温度对金葡菌生物被膜形成的影响

图 6－43 和图 6－44 分别为不同温度下金葡菌生物被膜在各阶段的形成总量和代谢活性情况。由图可知，25℃下生物被膜的形成总量和代谢活性都较低，随着温度的升高，31℃和 42℃下各时期形成生物被膜的总量有所增加、代谢活性有所增强，尤其是 37℃条件下生物被膜的形成情况最好，在各阶段的被膜总量和活性均远优于其他温度条件。而当温度继续升高至 65℃，各阶段生物被膜的 OD_{540} 和 OD_{490} 均低于 0.2，可见高温会抑制金葡菌生物被膜的形成。推测是由于生物被膜形成过程中发生理化反应所需的温度条件在一定范围内时，菌体才会正常进行各项新陈代谢活动。

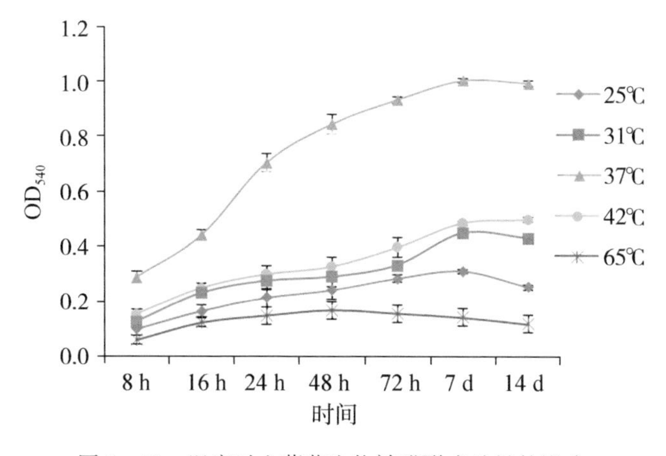

图 6－43　温度对金葡菌生物被膜形成总量的影响

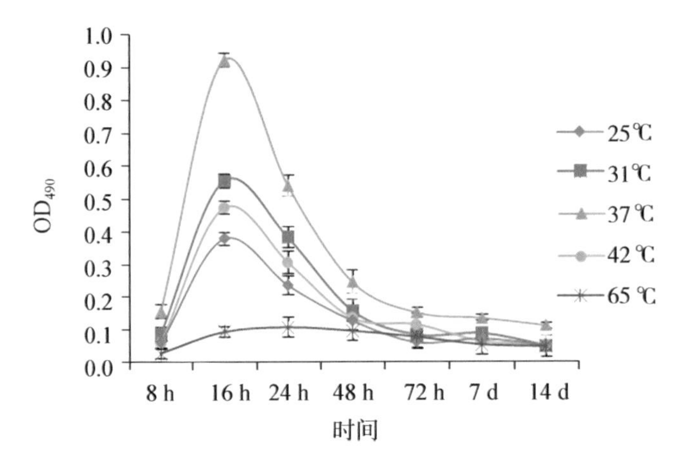

图 6－44　温度对金葡菌生物被膜代谢活性的影响

6.5.2　pH 对金葡菌生物被膜形成的影响

图 6－45 和图 6－46 分别为不同 pH 下金葡菌生物被膜在各阶段的形成总量和代谢活性情况。由图可知，在 pH 为 5 或 9 条件下，生物被膜的形成总量和代谢活性都处于较低水平，OD_{540} 和 OD_{490} 均在 0.2 左右，且 pH 为 9 的强碱环境对生物被膜代谢活性的影响更为显著。在 pH 为 6 或 8 条件下，生物被膜在各阶段的代谢活性有所增强，但形成总量仍较少，OD_{540} 在整个形成过程大致均低于 0.4。而在 pH 为 7 的中性条件下，随着培养时间的延长，生物被膜形成总量不断增多，被膜活性也在 16 h 时达到峰值随后开始逐渐减弱。说明酸性或碱性环境均会抑制金葡菌生物被膜的形成，且在不同时间点的抑制作用强弱不同，推测 pH 不同的酸碱环境会对菌体繁殖代谢过程中有关酶的活性及基因的表达调控产生某种影响，有待对其机理进一步探究。

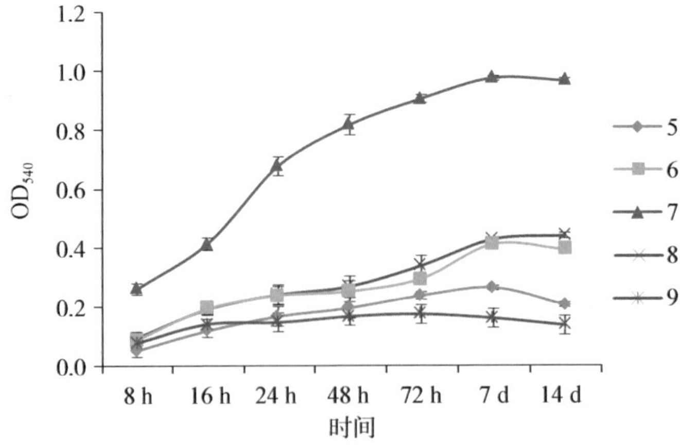

图 6－45　pH 对金葡菌生物被膜形成总量的影响

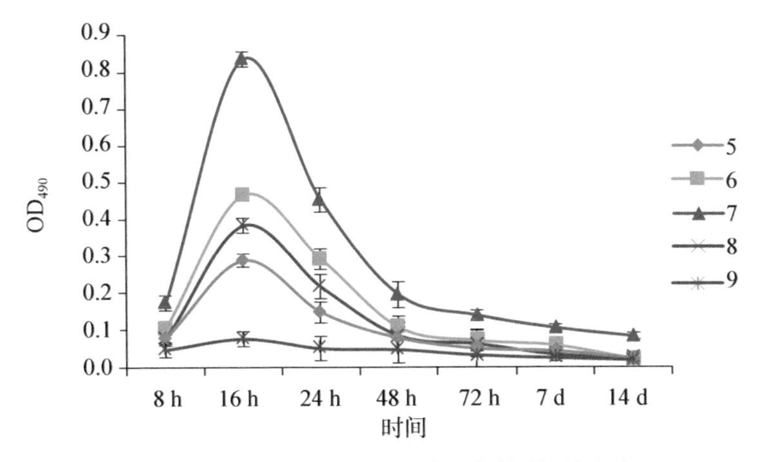

图 6－46 pH 对金葡菌生物被膜代谢活性的影响

6.5.3 TSB 配比对金葡菌生物被膜形成的影响

图 6－47 和图 6－48 分别为不同 TSB 配比下（原始 TSB 质量浓度为 3g/100mL H_2O，此处“配比”指与原始 TSB 质量浓度之比，下同）金葡菌生物被膜在形成各阶段的形成总量和代谢活性情况。由图可知，随着 TSB 配比的增加，生物被膜形成总量和代谢活性均不断升高，从配比 50% 开始，升高幅度开始增大，10% 和 200% 之间被膜形成总量和代谢活性相差约 5 倍。由此表明在营养物质充足条件下，金葡菌更倾向于形成大量的生物被膜，这从侧面反映出食品加工环境中营养物质的残留及堆积会为食源性微生物提供良好的寄居场所，从而影响食品的安全性。纵观生物被膜整个形成阶段，在 72 h 前各 TSB 配比间 OD_{540}、OD_{490} 的差距明显大于 72 h 之后的阶段，说明 TSB 配比对生物被膜形成初期、中期的影响作用强于成熟后期。推测菌体在黏附、大量繁殖、相互聚集间对营养物质的需求更为迫切，而进入成熟期后，菌体靠自身代谢产物的分泌及外界环境间物质交换会促进其生物被膜结构的进一步完善和加固，具体分子机制有待进一步探究。

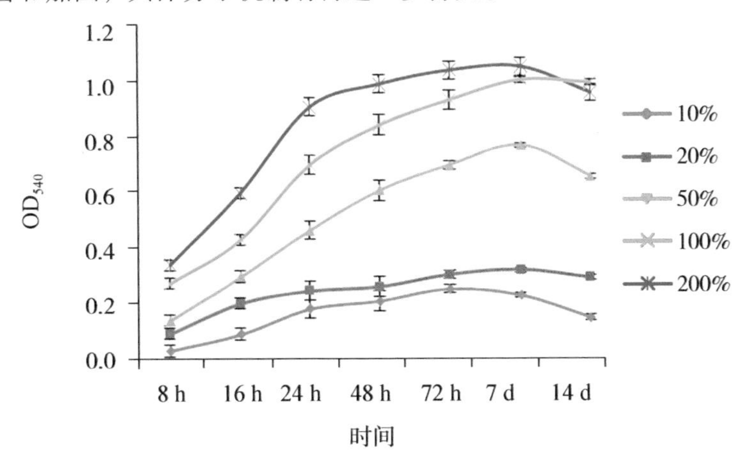

图 6－47 TSB 配比对金葡菌生物被膜形成总量的影响

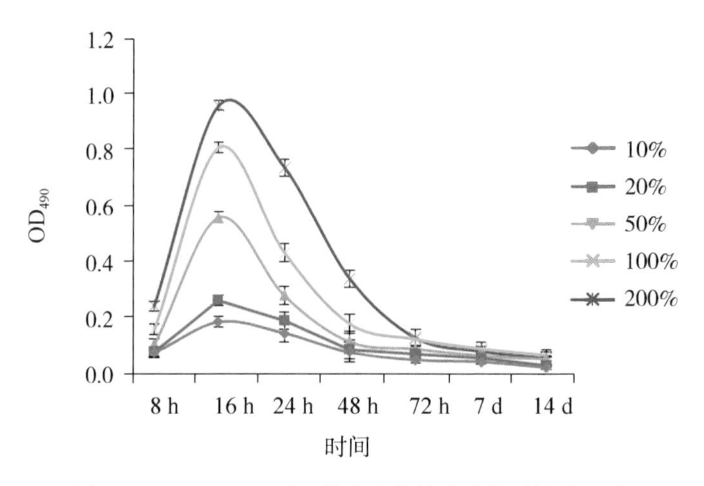

图 6－48　TSB 配比对金葡菌生物被膜代谢活性的影响

6.5.4　葡萄糖质量分数对金葡菌生物被膜形成的影响

图 6－49 和图 6－50 分别为不同葡萄糖质量分数下金葡菌生物被膜在各阶段的形成总量和代谢活性情况。由图可知，随着葡萄糖质量分数的递增，生物被膜形成总量和代谢活性并没有出现规律性变化，各质量分数对其影响不一。首先，0.5% 的葡萄糖会不同程度地增加各阶段生物被膜的形成总量，但对被膜中菌体的代谢活性没有增强作用；1%、2%、3% 的葡萄糖均会促进生物被膜在各阶段的形成总量和代谢活性，在 16～48 h 阶段，3% 的葡萄糖质量分数下被膜形成总量增幅最大，而在3～14 d阶段，2% 的葡萄糖质量分数下被膜形成总量增幅最大，两者对被膜代谢活性的影响差别不大；在生物被膜黏附初期即 8 h 时，5% 和 10% 的葡萄糖质量分数下被膜形成总量增幅最大，但 24 h 后两组质量分数的被膜形成总量反而低于空白对照组，尤其是 10% 的葡萄糖在大多数阶段会抑制生物被膜代谢活性。由此表明，低质量分数的葡萄糖会在一定程度上促进生物被膜的形成，而过高质量分数的葡萄糖则会对生物被膜的形成产生阻碍作用。推测生物被膜形成过程中，单糖是有关生理生化反应的前体小分子物质，一定质量分数的单糖会推动多糖基质、糖蛋白等物质的生成。

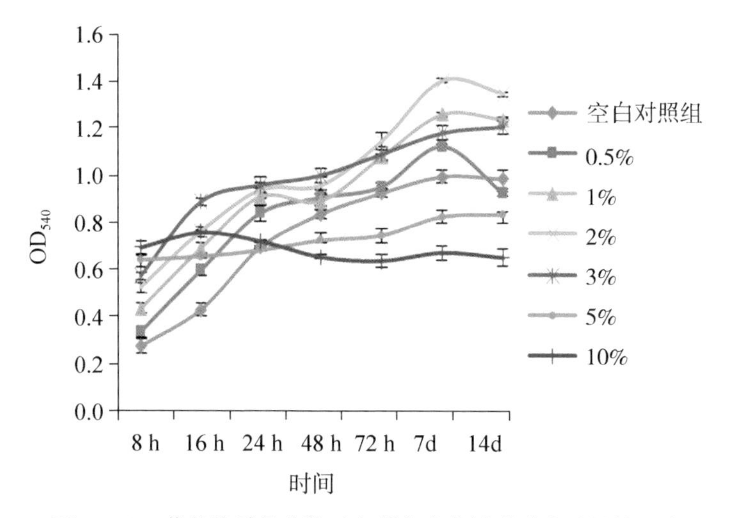

图 6－49　葡萄糖质量分数对金葡菌生物被膜形成总量的影响

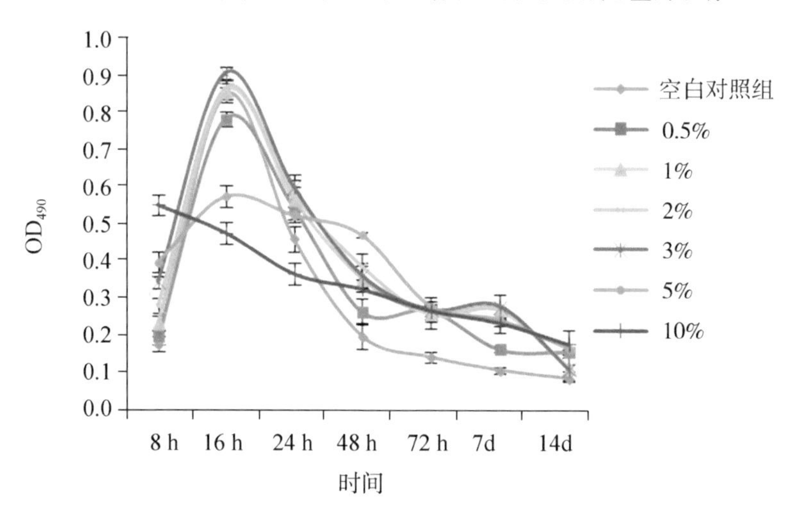

图 6－50　葡萄糖质量分数对金葡菌生物被膜代谢活性的影响

6.5.5　NaCl 质量分数对金葡菌生物被膜形成的影响

图 6－51 和图 6－52 分别为不同 NaCl 质量分数下金葡菌生物被膜在各阶段的形成总量和代谢活性情况。由图可知，10% 的 NaCl 会促进生物被膜在各阶段的形成总量积累，同时在 24～72 h 阶段，10% 的 NaCl 会增强生物被膜代谢活性，而至 7～14 d 阶段则会减弱形成生物被膜的代谢活性。NaCl 质量分数升高至 15%、20% 时，生物被膜在各阶段的形成总量和代谢活性均低于空白对照组，尤其在 7 d 和 14 d 两个阶段，生物被膜形成总量降幅较大，且 20% 的 NaCl 对生物被膜形成的抑制作用强于 15% 的 NaCl。由此表明，低质量分数的 NaCl 可能会促进生物被膜的

形成，而质量分数继续升高则可能会抑制生物被膜的形成。推测由于生物被膜的形成过程中新陈代谢活动需要一部分盐的参与，而过高的盐浓度则会破坏适宜的理化环境导致一些化学反应无法顺利进行。

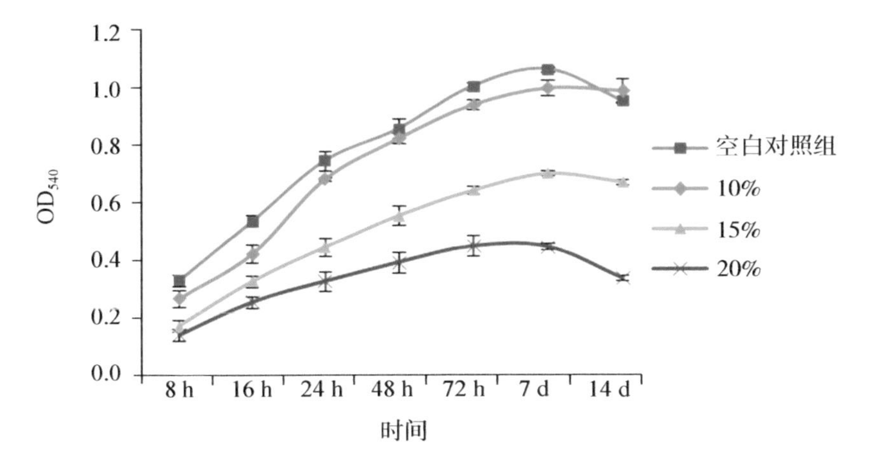

图 6－51　NaCl 质量分数对金葡菌生物被膜形成总量的影响

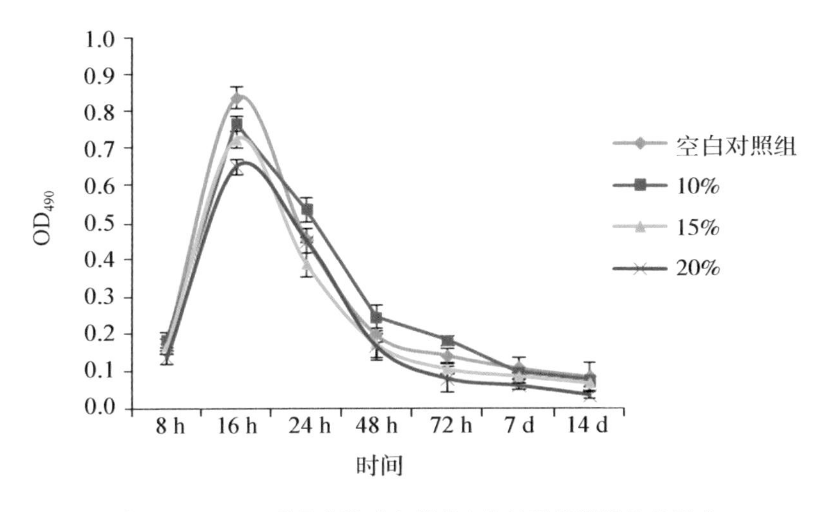

图 6－52　NaCl 质量分数对金葡菌生物被膜代谢活性的影响

6.5.6　小结

本节探究了不同食品加工条件对生物被膜形成的影响。金葡菌生物被膜形成的最适宜温度为 37℃，低温（如 25℃、31℃等）或高温（如 42℃、65℃等）条件均会在一定程度上抑制生物被膜的形成。最适宜金葡菌生物被膜形成的是 pH 为 7 左右的中性环境，强酸或强碱环境均会在一定程度上抑制生物被膜的形成，且 pH 对生物被膜形成初期、中期的影响作用更大。低于100%的TSB配比会抑制金葡菌生物被膜的形成，更高配比的TSB培养基对金葡菌初期黏附、生物被膜中期形成的影响更大。质量分数为0.5%、1%、2%、3%的葡萄糖均会促进金葡菌生物被膜的形成，而质量分数为5%和10%的葡萄糖则会在一定程度上抑制金葡菌生物被膜的形成。10%的NaCl会促进金葡菌生物被膜的形成，而15%和20%的NaCl会抑制金葡菌生物被膜的形成，且抑制作用强度与质量分数呈正比。

6.6 金葡菌生物被膜中羧甲基赖氨酸的生成

6.6.1 生物被膜中羧甲基赖氨酸的生成规律

6.6.1.1 美拉德反应及其产物的食物安全性

1)美拉德反应简介

美拉德反应(Maillard reaction)又称为“非酶棕色化反应”，是羰基化合物(主要为还原糖)与氨基化合物(氨基酸、蛋白质等)之间的复杂反应[431]。美拉德反应对食品色、香、味的形成起着极为重要的作用，如在传统的面包烘焙、咖啡豆烤制、肉类烧烤等过程中都发生了美拉德反应。美拉德反应不仅发生在温度较高的食品烹煮过程，也可发生在室温条件下，因此，美拉德反应是涵盖了食品加工、贮藏、发酵、运输等环节的一种重要的化学反应过程。

自1912年法国人Louis发现了美拉德反应以及1953年Hodge等把这个反应正式命名为美拉德反应以来，至今食品工业界对美拉德反应开展了大量的研究工作[433]。国际美拉德反应大会(international symposium on the Maillard reaction)自1979年召开第一届会议以后，目前已成功举办了十多届会议。随着对美拉德反应在食品风味、色泽、营养、生物安全认识的日益加深，2005年更是成立了非营利组织——国际美拉德反应学会(international Maillard reaction scociety，IMARS)，其目标就是要更为客观地了解和研究美拉德反应及其反应产物对食品带来的好处以及危害，从而更好地利用食品加工过程中的美拉德反应。美拉德反应包括一系列反应过程，其产物复杂，包括类黑精、还原酮、含N和S的杂环化合物等，这些产物赋予食品棕色色泽，同时也赋予食品各种浓郁芳香的风味。近来研究还发现，一些美拉德反应产物具有抗氧化活性，其中，某些物质的抗氧化活性可以与食品中常用的抗氧化剂相媲美。在关注美拉德反应及其产物有利的一面时，也不应忽视美拉德反应对食品不利的一面，例如，影响食品的营养性，不利于必需氨基酸或矿物元素的吸收利用。近20年的研究更发现，某些美拉德反应产物具有诱变性与致癌性，会危害人体健康。2002年4月，瑞典国家食品管理局(SNFA)和斯德哥尔摩大学研究人员率先报道，在一些油炸和烧烤的淀粉类食品，如炸薯条、炸土豆片、谷物、面包等中检出具有潜在的神经毒性、遗传毒性和致癌性的丙烯酰胺后，美拉德反应引起的食物安全性问题越发引起国际社会与各国政府的高度关注[434]。2008 年在北京举办的第 40 届 CCFA(codex committee on food additives，食品添加剂法典委员会)会议针对美拉德产物中焦糖的使用做了新规定，中断、废除、更新了焦糖在某些食品中的使用[435]。

美拉德反应在日常生活中是相当普遍的，在食品加工工业中也是相当普遍的，其与人类的健康密切相关，但是人们对其反应机理的研究还不是很彻底。由于对美拉德反应的研究大多数是针对在食品工业中的应用以及与人类健康密切相关的情况，因此，当前的研究成果主要集中在这些产物的结构与性能变化以及对营养效价的影响和对 DNA 的破坏等方面。由于美拉德反应产物众多，对一些具有潜在危害人类健康的产物的研究还未受到重视，因此，鉴于应未雨绸缪，深入了解在食品加工过程中具有潜在危害性的美拉德反应产物的产生机制，从而提出相应的抑制措施减少或避免美拉德反应产物对人体健康的危害是非常必要的。

2)美拉德反应过程及其产物的性质

(1)美拉德反应的三个阶段。

从 20 世纪中期开始，国内外的研究者逐渐重视和研究食品加工过程中的美拉德反应，在探索美拉德反应机理及其产物的过程中，产生了大量的文献报道，并创建了许多相关的理论体系。在众多的理论研究中，Hodge 在 1953 年提出的将美拉德反应过程划分为三个阶段的说法被普遍地接受[433]。所谓美拉德反应的三个阶段是指：

第一阶段主要产生一种可逆的加合物——希夫碱(Shiff-base)，希夫碱化学性质不稳定，极易进一步发生反应生成一系列其他化合物，因此，第一阶段的反应过程包含了几个主要步骤：首先，还原糖的游离羰基与氨基酸或蛋白质的游离氨基发生缩合反应，生成化学性质不稳定的亚胺衍生物——希夫碱。然后，不稳定的希夫碱发生环化反应，生成 *N* - 葡基胺。最后，*N* - 葡基胺发生阿马多利重排(Amadori rearrangement)反应，生成美拉德反应第一阶段的阿马多利重排产物——果糖胺(1 - 氨基 - 1 - 脱氧 - 2 - 酮糖)。在该阶段的食品体系中，原料的色泽变化不大。

第二阶段，原料开始出现色泽的加深并发生褐变，这是由于第一阶段生成的前提物质发生了复杂的化学反应，产生了大量的有色物质，包括芳香醛、酮、胺等有益成分以及晚期糖基化终末产物(advanced glycation endproducts，AGEs)，丙烯酰胺和羟甲基糠醛等不利于人体健康的有害物质。

第三阶段，主要是醇醛缩合和类黑精的聚合反应。醇醛缩合反应是两分子的醛缩合脱水生成不饱和醛。类黑精的聚合反应属于第三阶段的主要反应，由第二阶段生成的产物进一步缩合或聚合形成更大分子的化合物，这些大分子化合物是引起食品非酶促褐变的主要物质。

需要注意的是，类黑精是美拉德反应最终阶段(第三阶段)的产物，是食品加工过程中产物风味物质和褐变的主要来源，在研究美拉德反应的途径中占有重要的地位。在食品加工的过程中，糖类与含有自由氨基的含氮化合物(如氨基酸、肽、蛋白质等)之间发生美拉德反应，反应的最终阶段生成了一种棕褐色物质——类黑精，该类物质广泛存在于各类食品加工、运输和储藏等过程中，类黑精与食品的品质以及饮食的健康密切相关。研究表明，此类物质具有一定的抗氧化、抗诱变和消除活性氧等性能。

国内外的研究对食品颜色的形成机理尚未完全了解，而对类黑精的结构更是不甚明晰[436,437]。部分研究者认为，类黑精是一类结构复杂的含氮大分子化合物，部分类黑精具有还原酮、烯胺或杂环胺类的结构，其生成的途径各不相同[438,439]。Hofmann 的观点是低相对分子质量的生色团通过赖氨酸的 ε-NH_2 或精氨酸和蛋白质交联而形成高相对分子质量的有色物质[440,441]。Tressl 等明确提出类黑精主要是由重复单元的吡咯或呋喃组成，通过缩聚反应最终生成的聚合物[442]。Cammerer 则认为，主要是由美拉德反应第一阶段的糖降解产物通过缩合聚合而成，氨基酸可能是后连上的[443,444]。

(2)美拉德反应条件及反应物的影响。

美拉德反应所生成的一系列复杂的化合物统称为美拉德反应产物(Maillard reaction products，MRPs)。MRPs 种类繁多，结构复杂，且与反应温度、时间、pH 值、溶剂等因素有重要关系，也和参与反应的糖、氨基酸和蛋白质等有很大关系。在影响食品美拉德反应的历程以及 MRPs 变化的因素中，反应温度的影响最为直接，温度越高，产物的褐变速度越快，一般认为在食品加工的过程中，反应温度每提高 10℃，美拉德反应速率提高 3 ～ 5 倍，同时生成 MRPs 的种类和总量增加迅速[445,446]。

反应时间也是控制美拉德反应程度的一个重要因素，通过控制加热反应时间，能够人为控制美拉德反应的不同阶段，防止食品出现严重的褐变现象和焦煳现象，降低有害物质的产生，从而使美拉德反应向着对食品加工和人体健康有益的方向发展。

pH 是影响不同美拉德反应历程的一个主要因素。在美拉德反应的第二阶段中，pH <7 时，戊糖生成的产物主要是糠醛，己糖生成的产物主要是羟甲基糠醛(hydroxymethylfurfural，HMF)。pH≤7 时，阿玛多利化合物的降解过程主要涉及两

个部分：一是其经过2，3-烯醇化形成还原酮；二是其生成各种裂变产物，包括丙酮醛醇、丙酮醛和双乙酰形成。两个降解过程产生的化合物都具有很高的活性，有利于进行进一步的反应。然后，发生Strecker降解反应，各种化合物的羰基与游离氨基结合，从而产生了含氮化合物。最后，在美拉德反应的第三阶段，各种含氮化合物经过环化、脱氢、逆醇醛缩醛反应、重排、异构化等反应，最终形成棕色含氮聚合物或共聚物——类黑精[447]。

糖类和氨基化合物是美拉德反应最基本的反应底物，糖类和氨基化合物的结构和种类影响美拉德反应的速率，导致产物有很大差别。研究者发现，醛糖的反应速度大于酮糖，五碳糖的反应速率大于六碳糖，单糖的反应速率大于双糖。引起美拉德反应的氨基化合物中，碱性氨基酸比酸性氨基酸反应速度快[448]，发生反应的速率为：胺>氨基酸>蛋白质[449,450]。

水分活度(water activity，a_w)也是影响美拉德反应程度的一个因素。在无水的条件下，糖类和氨基化合物的分子无法运动，因此，不能发生美拉德反应。Laura等研究水分活度、加热温度和加热时间等因素对美拉德反应的影响，研究对比了两组不同加热温度下的褐变程度，发现55℃、a_w=0.65的加热模型其产物的褐变程度高于60℃、a_w=0.44的加热模型的产物[451]，此研究结果说明控制一个合理的水分活度将有利于美拉德反应的进行。

(3)美拉德反应产物的性质。

早期的研究者认为，美拉德反应第二阶段的MRPs中有大量还原酮类和醛类化合物，此类物质有较强的还原能力，因此整体的MRPs表现出抗氧化活性[432,433]，而近年的研究表明，美拉德反应第二阶段的MRPs中部分含N、S的杂环化合物也具有一定的抗氧化活性[452,453]。此外，有研究认为美拉德反应第三阶段的MRPs中类黑精具有清除活性氧的能力，因此可以抑制脂类的氧化[454,455]。Xu等研究中式食品加工过程中产生的MRPs时发现，类黑精具有清除自由基的抗氧化作用，而且类黑精的浓度与420nm波长的吸光度有密切的联系，在一定的范围内呈正相关性[456]。

3)美拉德反应及其产物的安全性

越来越多的MRPs被分离鉴定出来，部分对人体有益，而有些却能损害人体健康，所以，必须要对美拉德反应进行深入研究。业已证实的MRPs中对人体有害的物质主要是丙烯酰胺和AGEs。丙烯酰胺是一种中等毒性的亲神经毒物，具有积聚性，是人类潜在的致癌物。一些食品加工过程中如油炸、焙烤等较容易产生丙烯酰胺。AGEs也具有体内积聚性，已经证实，这类化合物与人类的白内障[449,457]、早老性痴呆(阿耳茨海默氏病)[458]、糖尿病[459]、肾病、神经病、视网膜病等疾病都存在着千丝万缕的关系[460]。

目前，对 MRPs 进行结构分析的主要困难是反应中产生了很多化合物，很难分离出单个 AGEs。对于分析检测丙烯酰胺和 AGEs 也受到方法和仪器的限制。这种状况导致目前对这些 MRPs 中的有害物质形成的机理认识不够深刻，因而也就无法抑制食品中的丙烯酰胺和 AGEs 的产生。

2002 年 Mottram 和 Stadler 等在同一期 *Nature* 杂志上分别详细阐述了通过美拉德反应生成丙烯酰胺的机制[461,462]。Mottram 指出，美拉德反应的中间产物希夫碱经过阿玛多利重排生成阿玛多利产物，然后脱水脱氢生成羰基化合物。天冬酰胺和羰基化合物通过 Strecker 降解机制脱羧脱氨后生成丙烯酰胺。同时他还得出，温度在 120℃ 以上时才有丙烯酰胺生成，且随温度升高，生成量增加，在 170℃ 达最高量，但随后下降，当温度在 185℃ 以上时，检测不到丙烯酰胺[461]。Yaylayan 等研究指出，希夫碱经过分子内环化反应生成唑烷酮后，脱羧形成阿玛多利产物，该产物的 C—N 键在高温下断裂也可生成丙烯酰胺[463]。Vattem 等进一步指出，游离的天冬酰胺和游离的还原糖是丙烯酰胺形成的基础[464]。由此可见，在当前的食品科技领域，关于美拉德反应中丙烯酰胺的形成机理研究还是开展得较为理想的。

6.6.1.2 糖基化终末产物的研究现状

美国的研究者 Vlassara 于 1984 年提出了 AGEs 的概念，指出它是糖类和蛋白质、氨基酸等物质的氨基端不经过酶促反应所形成的产物，是美拉德反应在终期阶段产生的[465]。对 AGEs 的认识仅始于近二十多年，特别是随着医学界对糖尿病、肾病、关节炎、衰老的深入了解，以及 Neeper 于 1992 年发现人体内的晚期糖基化终末产物受体(receptor for advanced glycation endproducts，RAGE)以后，对 AGEs 的研究才受到关注。

1)晚期糖基化终末产物的特性

AGEs 是一类化合物，有其独特的理化与生化特性，如呈棕色、部分 AGEs 具有特有的荧光特性、具有交联性、对酶稳定、不易被降解等。目前已发现 20 多种 AGEs，包括羧甲基赖氨酸[N^{ε}-(carboxymethyl)lysine，CML]，吡咯素(pyrraline)，戊糖素等[466,467]。依据 AGEs 的生成途径和特性，可将 AGEs 分成两种，一种类似于咪唑衍生物，可能是由 2 个阿玛多利产物缩合形成的，为棕褐色，具有蛋白质特征性荧光光谱，如羧乙基赖氨酸[N^{ε}-(carboxyethyl)lysine，CEL]、乙二醛赖氨酸二聚物(glyoxal derived lysine dimer，GOLD)、脱氧葡萄糖醛酮赖氨酸二聚物(deoxyglucosone derived lysine dimer，DOLD)、甲基赖氨酸二聚物(methylglyoxal derived lysine dimer，MOLD)、戊糖苷素(pentosidine)和咪唑酮(imidazolones)等，它们均可通过荧光技术和酶联免疫分析技术进行检测。另一种可能是由一种阿玛多利产物与多种糖酵解产物缩合形成的，缺乏荧光性，如 CML、吡咯素等[468,469]。

2)糖基化终产物的生理毒性

临床检测发现 AGEs 主要存在于糖尿病及其并发症病人的神经组织和细胞中[470,471]，其含量随着病情的加重而增加[472,473]。大量的研究表明，与正常对照组相比较，Ⅱ型糖尿病病人血中 AGEs 水平明显偏高[474,475]，糖尿病诱发肾病和糖尿病诱发微蛋白尿病人体内的 AGEs 水平更高[459,476,477]。

AGEs 的生理毒性主要表现为两种方式[478]：

(1)AGEs 直接损伤神经组织[479,480]。Misur 等对Ⅱ型糖尿病患者腓肠及股神经进行活检发现，其轴突及髓鞘 AGEs 沉积量明显增加，影响细胞内信号转导及蛋白质磷酸化或去磷酸化，发生轴突变性的现象，进而使得再生能力下降[481]。

(2)AGEs 和其受体(receptor for advanced glycation endproducts，RAGE)相互作用导致神经病变[482,483]。RAGE 位于内皮细胞、平滑肌细胞、单核－吞噬细胞、神经元及轴突等表面[484]，参与糖尿病及其并发症病理过程。Bierhaus 等研究发现，AGEs 通过与 RAGE 相互作用，触发一系列级联反应，可能改变神经纤维结构，导致神经元功能紊乱，最终导致糖尿病神经病变的发生[485]。

食品安全中各种有毒有害化学物质的产生虽引起重视，但由于其来源较为广泛而未能全面掌握，因此人类对于食品加工过程中化学危害物的预防处于被动状况。AGEs 是美拉德化学反应产物，由蛋白质、脂质、核酸之间的糖基化反应生成，近年来被广泛认为在人类多种疾病，尤其是慢性疾病中起关键作用。在多种食品加工过程中，大量 AGEs 在富含糖类物质和蛋白质的食品中产生，其主要是由蛋白质、脂质、核酸的游离氨基组与糖的醛基组之间非酶性糖基化反应的终产物[486,487]。如上所述，在食品加工与食物样品中常见的生物被膜，其中同样含有丰富的多糖基质和蛋白质，因此，当对其进行加热处理即可能引发 AGEs 的产生。在糖生物化工过程中，热加工是常用方法，当其中存在的微生物形成生物被膜后，热加工过程则促使生物被膜中大量多糖基质与支架蛋白间发生糖基化反应，形成 AGEs，进而对加工的食品与糖生物产品产生大量食源性 AGEs。此外，脂质的超氧化反应也会促使 AGEs 的生成[487～489]。AGEs 在生物系统中缓慢形成，其在体内通过交联作用可改变修饰天然活性分子物质的物理化学特性或者联结到细胞表面的受体上，促进细胞氧化压力从而发挥其病理效应。这些多样化的生理特性，如蛋白质交联、细胞活化、生长促进、血管功能失常诱导、促氧化、促炎症等，会严重影响人体免疫系统并与人体内环境紊乱密切相关[490,491]。基于现代食品原料的热加工处理的饮食模式，不同结构 AGEs 物质的生成常有报道。食物在加热过程中生成大量 AGEs，据研究表明，约 10% 食源性 AGEs 会被吸收进入人体内，进而引起循环、组织系统

AGEs 水平升高。大量研究表明[396,487～489,492]，AGEs 与众多糖尿病肾病综合征、尿毒症并发症、白内障、视网膜病变、老年痴呆症、衰老等的发生和发展高度相关，被认为是一类新的“尿毒症毒素”。减少各种饮食及食品加工来源的 AGEs 的摄入对组织疾病的演化具有重要意义。近年来，关于 AGEs 的研究多集中于其在体内的影响以及膳食来源摄入的危害性，关于在微生物来源方面的研究未见报道[493～497]。食品安全研究就是要提供足够的信息，使人们尽量少地摄入有毒有害物质，包括各种急性的或潜在慢性的危害人体健康的物质，减少疾病的发生。食品加工中为了减少微生物病害，常需要采取热加工杀菌技术，而鉴于生物被膜在食品加工环境中的广泛存在及生物被膜中丰富的糖类、蛋白质、脂质等物质，这些高蛋白质含量、高脂含量的食品在高温下处理会生成更大量的 AGEs，因此，生物被膜中 AGEs 的生成又给食品安全中有毒有害化学物质的形成提出了新的潜在来源。

3）糖基化终产物形成机制的前人探讨情况

AGEs 结构复杂多样，且不同的 AGEs 其形成的机理也不相同[38]。研究者从多个方面考察了 AGEs 的形成机理，并得出了许多具有参考价值的理论。

Du 等在体外实验发现，高血糖引起的活性氧簇(reactive oxygen species，ROS)含量升高使甘油醛-3-磷酸脱氢酶(GAPDH)的活性下降 66 %，导致 AGEs 中间产物甲基乙二醛的大量生成，从而使得 AGEs 生成量增加[498]。某些氧化应激作用会激发 AGEs 的生成，Brownlee 等提出的糖尿病并发症发病的统一机制学说认为，高血糖诱导细胞产生过量的活性氧簇激活了 AGEs 的生成[499]。Arribas-Lorenzo 等评价了曲奇饼中 AGEs 中间产物乙二醛与甲基乙二醛的含量，试图从中间产物形成的角度来解释 AGEs 的生成机制和分布[500]。Singh 等推导的 AGEs 可能的生成途径，其研究对比了内源性和食源性 AGEs 形成的差异[501]。通过综合国内外的研究成果发现，研究者对内源性 AGEs 的形成机制和路径有了较为全面的研究，然而，关于食源性 AGEs 的研究尚处在初步了解的阶段。

有一种观点认为，食源性 AGEs 都是在美拉德反应的末期由还原糖和蛋白质的氨基首先形成希夫碱，希夫碱重排成稳定的阿玛多利产物，阿玛多利产物经过继续反应生成的稳定物质[456]。同时，氧化可以加速 AGEs 的产生，而抗氧化作用也可以减少 AGEs 的生成[502]。除蛋白质外，核酸及含胺的脂质也能提供氨基，因而可以与还原糖发生反应，也能形成 AGEs[503,504]。对业已完成的研究结果分析发现，AGEs 即使在室温下也可以产生[505]，可见，AGEs 在食品中的产生及存在尤其值得关注。

然而，关于食源性 AGEs 在体内的代谢和吸收没有明确的定论，而且，尚不明晰在不同食品加工的条件下生成 AGEs 的普遍规律，没有建立起一套完整的食源性

AGEs 的形成机制和代谢理论，因此，不能建立有效的抑制食品加工中 AGEs 生成的途径。研究食源性 AGEs 的形成机制，将是开拓美拉德反应有害物质研究的一个重要领域，可为食品加工和人体健康提供有益的理论基础。

4)糖基化终产物的分析检测方法

国内外检测 AGEs 的常用方法包括分子荧光分析、色谱分析技术、酶联免疫吸附试验(enzyme linked immunosorbent assay，ELISA)、放射免疫分析、放射受体分析、免疫组化技术等。

由于部分 AGEs 具有发射荧光的特性，因而可用荧光分光光度计测定其荧光值，从而反映 AGEs 在循环或组织中的水平。Gopalkrishnapillai 等检测得到糖基化血红蛋白(Hb-AGE)的特征性荧光光谱波长为激发 308nm/发射 345nm，可以由此来测定其血清中 AGEs 的浓度。实验证明，相比用 ELISA 法所获得的结果，该法测得的 Hb-AGE 值更为精确和合理[506]。但是，部分 AGEs(如 CML)没有荧光特性，故而不能采用此方法进行测定。

ELISA 法检测 AGEs 是通过待测抗原、固相抗原与特异性抗体的竞争结合来反映待测抗原的水平，结合到固相抗原上的抗体量与待测样品中 AGEs 的量呈负相关。ELISA 具有敏感度高、特异性强、操作简单、观察结果容易的特点，是一种颇为理想的微量测定技术。Mitsuhashi 等提出用正常人血清(NHS)来标准化 AGEs 检测[507]。因正常人血清中可测到 AGEs 而且其水平处在狭窄范围，所以，可用正常人群血清平均 AGEs 值作为测定 AGEs 的通用标准。

目前用于检测 AGEs 的色谱技术主要是高效液相色谱(high performance liquid chromatography，HPLC)。Odeni 等将糖尿病患者和尿毒症患者的血浆蛋白与血红蛋白盐酸水解后，再用反相 HPLC 分析戊糖苷素，其实验结果也证明酸性水解过程中氧化产生的荧光物质是影响检测戊糖苷素准确性的主要因素，而用阳离子交换柱进行再层析或者在无氧条件下水解可以消除这种影响[508]。

质谱技术逐渐应用于 AGEs 检测，如气相色谱质谱法(GC－MS)、液相色谱质谱法(LC－MS)以及基质辅助激光解吸电离飞行时间质谱法(MALDI－TOF－MS)等。Kislinger 等用 MALDI-TOF-MS 检测阿玛多利产物和 CML，将 AGE－溶菌酶通过蛋白内切酶 Glu－C 酶切并用 Binex Ⅲ MALDI-TOF-MS 检测，获得质量指纹谱，与蛋白质数据库比较后，可以获知蛋白质的糖基化位点[509]。Lin 等提出用光散射免疫测定法，可以进行大规模血清 AGEs 测量[510]。

通过对以上 AGEs 检测方法的总结，我们发现每种检测方法都有其优势以及特定的检测领域和检测精确度，但是也要注意以上检测方法存在的不足或检测限制范围。

ELISA 法检测 AGEs 最先用于糖尿病人的血液检测，其能够快速测定大批量样品和容易操作的特点，决定了此方法可以用作医院等机构的常规检测。然而，ELISA 法检测 AGEs 是否适用于检测食源性 AGEs 尚有待进一步的证实，因为内源性 AGEs 和食源性 AGEs 分别在血液中和食品中的存在方式并非完全相同，两种 AGEs 在检测前的预处理方面存在较大的差异。而且，目前使用的 ELISA 法试剂盒中的内源性 AGEs 抗原或抗体主要来自于人或动物体内，而食源性 AGEs 产生于食品加工的过程，两种 AGEs 在结构和结合方式上有较大的差异，因此，采用医学上使用的 ELISA 法试剂盒来检测食源性 AGEs 的准确性尚有待考证。高效液相色谱法和质谱法是国内外研究者最常用的检测 AGEs 的方法，可以有效检测食源性和内源性 AGEs 在食品和血液中的分布。然而，以上两种检测方法在使用上有一定的限制。首先，两种方法使用的设备价格昂贵，同时要求实验者有较为熟练的操作技术，并非一般实验室、医院和科研机构能够承担和使用，而且，样品的预处理步骤繁琐，耗时长，不能进行快速的检测，限制了以上两种方法的使用范围。另外，需要强调的是，采用高效液相色谱法或质谱法只能同时检测一种或几种 AGEs，不能全面地分析食品加工中产生的所有食源性 AGEs 的分布水平，从而造成检测结果出现偏差。因此，以上两种检测方法只能够应用在结构和种类明确的 AGEs 的定性和定量。

6.6.1.3　糖基化终末产物中的羧甲基赖氨酸的研究进展

AGEs 在体内有多种不同的存在形式，目前已知的结构形式有 CML、CEL、戊糖素、吡咯素和咪唑酮等 20 多种。在生物学领域中，内源性 CML 是总量最多的一种 AGEs，该科学领域将其作为研究 AGEs 的标志性物质，用于探讨 AGEs 的毒理、形成和抑制等规律。部分研究者认为，在人体内 CML 也有可能是果糖基赖氨酸(fructoselysine，FL)的氧化产物。在糖尿病病人的神经束膜、内皮细胞、神经内膜微血管中均发现了超过正常水平的 CML[458]。

结构上被鉴定的 AGEs 数量与日俱增，其中 CML(图 6－53)是食物样品中最早被鉴定出来的 AGEs，可由食品体系中不同途径生成。由于 CML 在生物医疗及食品研究领域中相对广泛，含量丰富，且其性质稳定，故而常被用作体系中 AGEs 总含量研究的标准物质[511]。

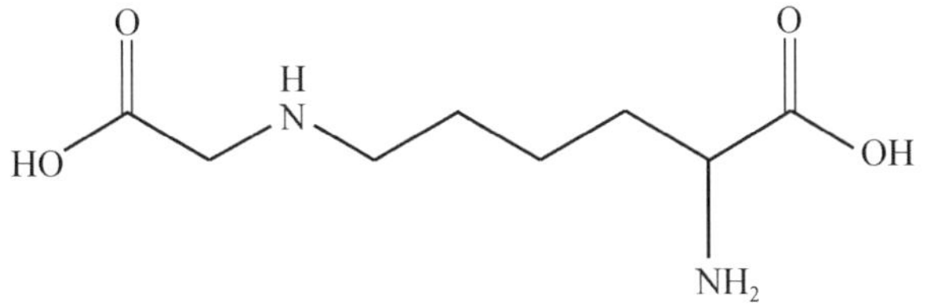

图 6－53　羧甲基赖氨酸的分子式

6.6.1.4 羧甲基赖氨酸检测方法的研究进展

在检测 CML 的过程中，依据不同的检测物以及检测要求，可以采取不同的仪器和方法检测 CML，具体的检测方法可以部分参考 AGEs 的检测方法，比如 ELISA 法、高效液相色谱法、气相色谱法和质谱法等。但是，检测 AGEs 的方法并非完全适用于检测 CML，比如具有发射荧光特性的 AGEs 可用荧光分光光度计测定其荧光值从而反映 AGEs 的分布，然而 CML 没有荧光特性，不能采用此方法检测。因此可以看出，检测 CML 需要一套特殊的分析方法。

目前，国内外研究者针对 CML 的特殊性质，做了大量的研究来建立检测食源性 CML 的方法，表 6-14 归纳了目前检测食源性 CML 的方法，从表中可以看出，检测 CML 的方法存在较大的差异。检测 CML 方法的多样性主要体现在以下几个方面：①使用的检测仪器不同；②检测的对象不同；③不同检测对象的预处理步骤有区别。

表 6-14 食品中羧甲基赖氨酸的检测方法

检测方法	检测原理	检测对象	参考文献
ELISA	应用 CML 单克隆抗体	日常食品、模拟体系	Beaulieu，2009[512]；Dittrich，2006[513]
HPLC	CML 衍生后有荧光性	牛奶、牛奶制品、谷物	Dittrich，2006[513]；Nico，2004[514]
GC-MS	SIM 模式检测衍生化的 CML	牛奶、奶粉	Chaissou，2007[515]
LC-MS	MRM 模式检测 CML	饮料、牛奶、日常食品	Assar，2009[516]；Fenaille，2006[517]

注：SIM、MRM 为质谱的工作模式，SIM 为单离子检测扫描，MRM 为多反应检测扫描。

需要注意的是，每一种检测方法都有其检测和适用范围，而且其检测的速度和精确性都有待讨论。

1）酶联免疫法

ELISA 法检测 CML 的方法类似于检测 AGEs。采用 ELISA 试剂盒检测 CML 水平时，纯化的 CML 抗体包被微孔板，并制成固相抗体，微孔中依次加入抗原 CML 和酶标抗体，形成抗体-抗原-酶标抗体复合物。CML 最后结合在固相载体上的酶量与其总量有一定的比例，加入酶反应的底物后，底物被酶催化变为有色产物，产物的量与标本中 CML 抗原的总量直接相关，用酶标仪在特定波长下测定吸光度，CML 的总量与吸光度值成正比，然后通过绘制标准曲线计算样品中 CML 的总量。ELISA 法具有敏感度高、特异性强、操作简单、观察结果容易的特点，是一种颇为理想的微量测定技术[513,518]。

2)高效液相色谱法

HPLC 法也用于对 CML 定量分析，在这个分析过程中，由于美拉德反应体系复杂，多采用衍生技术将 CML 进行衍生化处理，从而得到 CML 衍生物，采用反相 HPLC 对 CML 衍生物分离纯化，选择特定的紫外波长或者荧光激发检测 CML[519,520]。

3)气相色谱法

类似于 HPLC 法检测 CML，GC 法检测 CML 也需要一个 CML 衍生化的步骤。不同的是，GC 法检测 CML 的步骤更为复杂和严格。例如，GC 采用荧光检测器检测 CML 时，不仅需要对 CML 进行衍生化预处理，而且 CML 衍生物需要具有挥发性。因此，GC 法检测 CML 的方法已经逐渐淡出。

4)质谱法

质谱技术逐渐应用于 CML 检测，如气相色谱质谱法、高效液相色谱质谱法(HPLC - MS)以及基质辅助激光解吸电离飞行时间质谱法等。采用 HPLC - MS 检测 CML 的时间短、重现性好，在定性和定量方面有优势。从 CML 检测方法的发展趋势看，各种色谱串联质谱法是研究者重点研究的领域。

20 世纪 80 年代，质谱技术的发展发生了大的飞跃，出现了很多软电离技术，如快原子轰击电离子源(FAB)，基质辅助激光解吸电离源(MALDI)，电喷雾电离源(ESI)，大气压化学电离源(APCI)。电喷雾电离源系统适用于中等极性到强极性的化合物，可用于分析在溶液中能事先形成离子的化合物和获得多个质子的蛋白质、肽等大分子化合物，这两种离子源都具备使溶液汽化、样品电离等性质，成功地解决了液相色谱和质谱之间的接口问题，使得液质联用技术逐渐发展成为一种成熟的技术[432]。Ahmed 等用 HPLC 串联三重四级杆质谱检测了食品和饮料中的 CML，通过多离子检测模式检测母离子和碎片离子，在保证检测 CML 的准确性的同时，能够快速检测食品中的 CML[457]。Fenaille 等也采用了 HPLC - MS/MS 检测了液态奶和婴幼儿奶粉中的 CML，研究发现，乳糖含量高的液态奶和婴幼儿奶粉中 CML 的含量较高，说明了还原性二糖也有利于生成 CML[517]。

5)检测羧甲基赖氨酸的方法对比

以上资料说明，通过免疫学原理和仪器皆可用于测定食品中的 CML。对比不同的实验结果发现，免疫学法和仪器法各有其检测优势、适用领域以及不足之处。在一般情况下，免疫学方法(ELISA 法)检测 CML 的优点是快速、价格相对便宜;缺点是容易受到杂质的干扰，精确度值得怀疑。而且，ELISA 法中的抗原或抗体主要来自于人体或者动物体内，其用于检测食源性 CML 的准确性有待进一步的鉴定。采用准确的仪器法，实验人员按照严格的操作方法，一般能够精确地检测内源性和食源性 CML。仪器法检测 CML 的成本远高于免疫学法，对于设备和操作人员的要求更高。因此，目前检测食源性 CML 的关键点是探索快速、精确、易操作和价格低廉的方法。我们选用液相色谱 - 质谱联用技术，因其将色谱对复杂样品的强分离能力与质谱灵敏度高、分析速度快、样品消耗量少等优点结合起来，作为液相色谱和质谱优势的互补，已经成为药物、化工、临床医学、分子生物学等许多领域中的一种高效的检测技术方法。

6.6.1.5　食品加工过程中食源性羧甲基赖氨酸形成机理的初步探讨

1）食源性羧甲基赖氨酸形成途径的研究进展

国内外研究者对食源性 CML 的生成途径进行了大量的研究，研究的出发点和视角有所不同，因此得出了 CML 生成的不同路径。

图 6－54 归纳了食品加工中 CML 形成的几种可能路径[483]，从该图中可以看出，参与 CML 形成的原料包括还原糖、脂质、抗坏血酸和氨基化合物等，涉及的反应主要是蛋白质的糖基化反应和脂质氧化反应。在以上两种反应中，CML 形成的中间产物主要来自四个方面：①赖氨酸和还原糖的阿玛多利产物（ARP）；②还原糖的自氧化产物乙二醛（gloxal，GO）；③还原糖氧化作用生成的希夫碱或者阿玛多利产物重排产物果糖基赖氨酸；④脂质的脂氧化产物[459,521,522]。

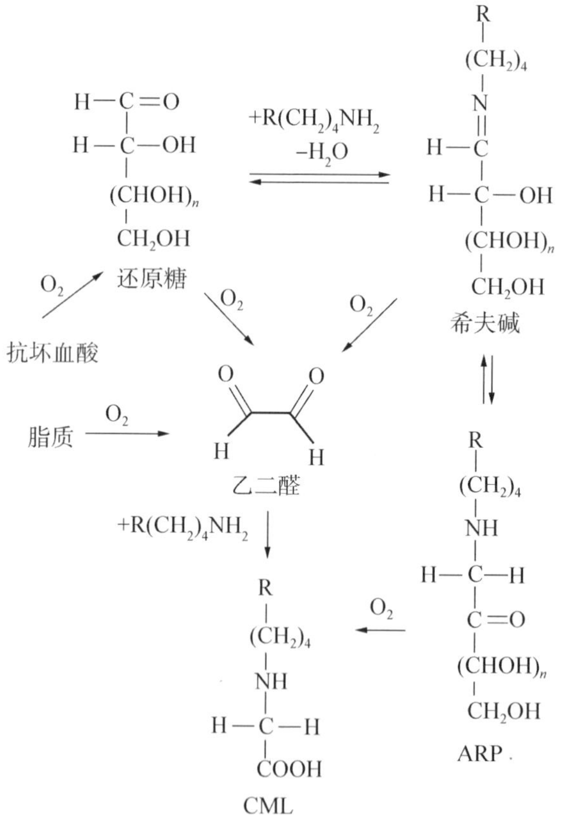

图 6－54　食品加工中 CML 形成的可能路径[483]

果糖基赖氨酸是一种阿玛多利重排产物，其经过氧化裂解等方式生成CML[516]。另外，越来越多的研究显示，在加热的条件下，还原糖会自动氧化裂解，从而生成还原性极强的二羰基化合物，二羰基化合物与部分氨基酸反应生成多种AGEs，其中的乙二醛和甲基乙二醛与氨基酸反应，分别生成CML和CEL[523,524]。

在研究食源性CML的生成规律和路径时，研究者通过不同的研究方向提出了不同的观点，通过以上的研究成果表明，在食品加工过程中，CML的形成有以下四条途径：

(1)糖类美拉德反应第一阶段的中间产物希夫碱经过阿玛多利重排生成果糖基赖氨酸，其通过自氧化裂解生成CML(Hodge路径)[433]。

(2)葡萄糖与赖氨酸直接反应生成希夫碱，希夫碱裂解生成的二羰基化合物乙二醛与赖氨酸反应生成CML(Namiki路径)[425]。

(3)葡萄糖的自氧化降解，生成二羰基化合物乙二醛，乙二醛作为CML形成的中间产物与赖氨酸反应生成CML(Wolf路径)[526]。

(4)脂质的自氧化降解，生成中间产物乙二醛，乙二醛与赖氨酸反应生成CML(Fu路径)[459]。

Henle和Bengmark的研究均认为，在加热的过程中，食品中游离氨基化合物上的含N的氨基侧链与还原糖的氧化产物反应，即糖基化反应，从而生成食源性CML[527]。Ruttkat等考察了四种不同的单糖(果糖、山梨糖、葡萄糖和半乳糖)与赖氨酸生成CML的规律。此研究采用烘箱作为热源(98℃)，加热反应3～24 h，在不同单糖的反应模型中，CML的生成量的差异为：半乳糖 > 葡萄糖 > 山梨糖 > 果糖，其中，半乳糖生成的CML远远高于其他三种单糖，出现此结果的原因也许是因为半乳糖更容易与赖氨酸发生美拉德反应生成阿玛多利产物[528]。Lima等从赖氨酸损失的角度研究赖氨酸、葡萄糖、脂肪酸模型中CML的产生，比较不同赖氨酸、葡萄糖、脂肪酸配比条件下CML生成量的差异。研究发现在95℃内的水浴加热条件下，葡萄糖比脂肪酸生成更多的CML，在此反应条件下，蛋白质的糖基化反应是生成CML的主要反应[529,530]。Fu等通过模拟实验提出新的观点，生成CML的中间产物乙二醛不仅产生于糖基化作用，而且产生于脂质氧化作用，因此，推断脂质和氨基化合物反应也能够生成CML[459]。

6.6.2　食品加工过程中羧甲基赖氨酸的生成规律

微生物易于在各种加工管道形成生物被膜，其中部分微生物形成的被膜在成熟后少量微生物会脱落逃逸，但绝大部分微生物仍以被膜状态被包裹。在加工管道一旦形成生物被膜，其数量将是巨大的。热加工是各种食品或制糖过程中常用的加工条件，如前所述，生物被膜的主要成分包括多糖、骨架蛋白等，在热加工条件下，高温条件对蛋白质、多糖、脂质等丰富的生物被膜来说，无疑为潜在化学危害物——CML 的生成提供了条件。同时，生成的 CML 又能通过直接与食料接触而迁移到各种食品中。因此，在食品加工过程，尤其是热加工下生物被膜中由于高温和微生物作用形成的 CML，可能是食品加工过程中产生引起各种急性、慢性食源性疾病的有毒有害化学物质，是食品安全的潜在隐患。金葡菌作为最常见的食源性病原菌之一，在自然界中广泛存在，常见于食品加工厂中，通过黏附于刚性表面形成生物被膜。不同成熟度的生物被膜中，被膜的体积有较大差别，其中含有的多糖、蛋白质等物质以及包裹的微生物均有较大差别；此外，不同菌株间生物被膜形成能力的差异决定其形成的生物被膜量；上述因素均对 CML 的生成量具有较大影响。本章基于食品热加工处理条件，拟对金葡菌生物被膜中 CML 生成情况进行研究，为掌握食品热加工过程中由细菌生物被膜引起的潜在化学危害物提供研究依据。基于前面章节对流行性金葡菌生物被膜能力进行鉴定的研究基础，本章通过培养、采集不同时间点的生物被膜，对其中的 CML 进行定量分析，确定不同成熟度生物被膜中 CML 的生成规律；此外，随机挑选具有不同被膜形成能力的微生物，对其形成 CML 的规律进行研究。上述研究将为目前国内外在细菌生物被膜中化学危害物形成机理方面的研究空缺提供参考。

取经检测鉴定的 3 种不同生物被膜形成能力分离株各 3 株为实验菌株，菌号分别为 12071013、120866、120608、120334、123635、120157、10853、11151 和 11270。首先进行金葡菌生物被膜的培养与收集(同 6.1.1 节)，然后对被膜中的 CML 进行测定。

6.6.2.1　*游离态 CML 的测定*

将 1 mL 溶解金葡菌生物被膜的样品采用食品工业中常见热加工方式预处理(100℃、15 min)，随后转入玻璃离心管中。选取 1 mL 热处理后的样品过固相萃取柱，取 3 mL 水冲洗，过 0.22 μm 微滤膜，得待测样品，后上质谱(Waters ZQ2000，沃特世科技上海有限公司)检测。离子源 ESI，极性(检出模式)正离子，毛细管电压 3.0 kV，脱溶剂温度 300℃，源温度 100℃，取样椎孔电压 20 V，萃取椎孔电压 5 V，离子能量 0.5 V，六极杆射频透镜电压 0.25 V，倍增器电压 650 V，氮气流量 3.7 L/h，进样量 10 μL/min，分流比为 10∶1，单离子记录扫描模式(single ion recording，SIR)，CML 质荷比为 205(M+)。

由表 6-15 和图 6-55 可见，不同培养时间的生物被膜即代表不同成熟度的生物被膜，均能检测到游离态 CML 的生成，检出的浓度有从 0 到 0.4564 μg/mL。随着生物被膜培养时间的延长，CML 生成量呈现上升趋势。在生物被膜形成早期，即 0～24 h 阶段，CML 生成量增长速率缓慢，而在被膜形成中期，即 24～48 h 阶段，CML 生成量增长速率较快。由于在生物被膜成熟过程中，其内部的信号小分子物质分泌增加，同时，随着微生物代谢活动的进程，蛋白质与多糖大分子在分解作用中倾向于形成小分子甚至于游离态的氨基酸和单糖，这些因素均在加热处理时导致游离态 CML 生成的增加。但由于在生物被膜中微生物以群体方式存在，其生理调节体系是一个极度复杂的过程，小相对分子质量的物质更易被生物体系利用，代谢后产生的小分子物质是否可以作为 CML 生成的前体物有待进一步研究。本课题组曾对赖氨酸与葡萄糖各为 0.1 mmol/L 的水相体系加热(100℃)15 min，以探讨游离态 CML 生成状况，反应完成后应用 HPLC - MS 检测，发现 CML 生成浓度为 173.4 μg/mL。与之相比，本研究中培养 48 h 的生物被膜中 CML 形成量仅为 0.46 μg/mL，但由于模拟体系为水溶液，相对简单，同时反应物均为纯品，利于游离态 CML 的生成。此外，48 h 生物被膜仅为被膜形成中期，如通过延长被膜培养时间获得成熟度更高的被膜，预期游离态 CML 的生成量将进一步增加。

表 6 - 15 游离态 CML 生成规律

时间/h	0	8	16	24	48
CML/($\mu g \cdot mL^{-1}$)	0	0.073 ±0.0087	0.093 ±0.0090	0.1459 ±0.0178	0.4564 ±0.0501

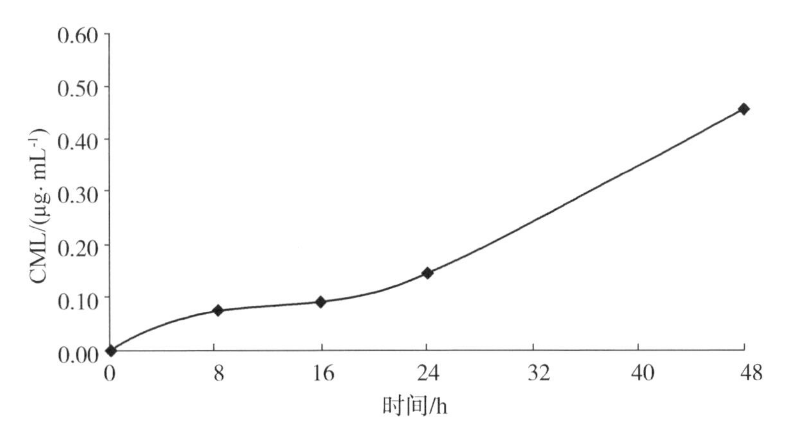

图 6 - 55 游离态 CML 随时间的生成规律

6.6.2.2 结合态 CML 的测定

将 1 mL 溶解菌株 120866 生物被膜的样品采用食品工业中常见热加工方式处理(100℃、15 min)，随后转入玻璃离心管中。再与 0.5 mol/L、pH 为 9.2 的硼酸钠缓冲液混合，使最终浓度变为 0.2mol/L。

向混合溶液中添加硼氢化钠溶液(2 mol/L 溶于 0.1 mol/L NaOH)，使混合液中硼氢化钠的最终浓度达到 0.1mol/L。混合后漩涡振荡 30 s，室温下放置 4 h。向体系中添加质量分数为 60% 的三氯乙酸(TCA)，使三氯乙酸在样品中的含量达到 20%(质量分数)。上述混合液漩涡振荡 1 min(若管壁黏有蛋白质颗粒则加以适当的质量分数为 20% 的 TCA 冲洗下去)，静置 30 min，用高速台式冷冻机(SIGMA 3

-30K，北京博劢行仪器有限公司)7000 r/min、4℃离心 15 min，弃去上层清液。获得的蛋白质再加入 1 mL 质量分数为 20% 的 TCA 洗涤(漩涡振荡 30 s)，7000 r/min、4℃离心 15 min(重复此操作 2 次)，弃去上层清液。向离心管中加入 6 mol/L 的 HCl 1 mL，在 110℃ 水解 24 h。在水解液专制称量瓶中，用吹氮仪吹干，向离心管中分三次加入蒸馏水(每次 0.5 mL)冲洗，洗涤液转至称量瓶中。真空除酸。将干燥的样品取出，加 1 mL 蒸馏水重新溶解，重溶液体过固相萃取柱，分 3 次加入蒸馏水(每次用1 mL)润洗称量瓶后过固相萃取柱，所得液体重新置于新的称量瓶中。真空干燥浓缩。将称量瓶取出，重新溶解于 300 μL 10% 的甲醇、水混合液中，上质谱检测，质谱条件同 6.6.2.1 节。

由表 6-16 及图 6-56 中可见，不同培养时间的生物被膜，即代表不同成熟度的生物被膜，均检测到结合态 CML 的生成，且随着生物被膜培养时间的延长，CML 生成量也呈现正相关性。在被膜形成早期，即 0～24 h 阶段，CML 生成量的增长速率缓慢，而在被膜形成中期，即 24～48 h 阶段，CML 生成量的增长速率则较快。

表 6-16　菌株 120866 结合态 CML 生成规律

时间/h	0	8	16	24	48
CML/($\mu g \cdot mL^{-1}$)	0	0.3803 ±0.01813	0.6641 ±0.06167	0.8232 ±0.05308	2.146 ±0.3221

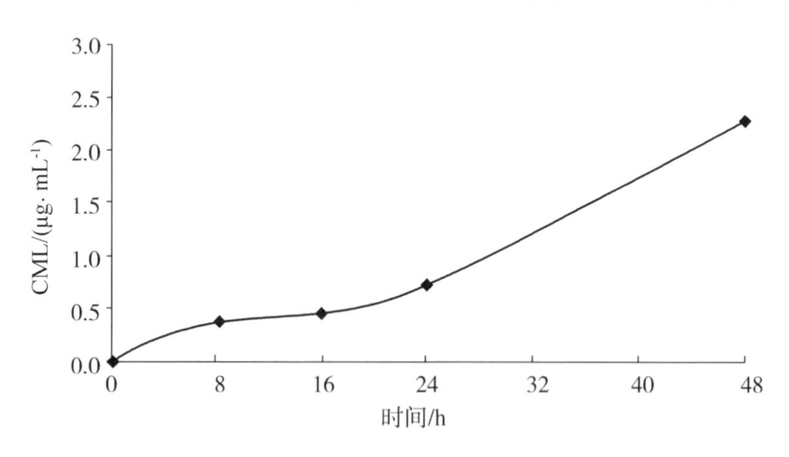

图 6-56　菌株 120866 结合态 CML 生成规律

综合上述生物被膜中游离态和结合态 CML 生成的结果可见，生物被膜培养 24 h之后不论是游离态还是结合态 CML，生成量均显著增加，原因可能是 24 h 之内，金葡菌生物被膜形成处于早期，即处于黏附阶段，分泌的复杂胞外基质物质较少。而24 h后，细菌向着成熟的阶段进行，在被膜形成中期，分泌物的复杂基质物增加，使得CML生成量也随着增加。

通过对比数据可见，相同时间段内生物被膜中结合态CML的含量都远高于游离态CML。由生物被膜的形成过程可知，被膜中由大量多糖、糖蛋白、糖脂、核酸等大分子物质组成，以维持生物被膜空间复杂结构的稳定性。因此，CML的生成前体物质来源于大分子，主要以结合态形式存在。

Dittrich等[377]采用酶联免疫印记法测定人乳和人血清中的CML含量，发现人乳中的CML含量为0.137 μg/mL，人血清中的CML含量为4.754 μg/mL。各种研究显示，正常人体中AGEs是在体温37℃下长时间反应生成的，因为该温和条件下，CML的形成速率是缓慢的。通过对实验数据进行分析发现，不论是游离态还是结合态，CML检出量都非常少，其高于人乳中CML含量，但低于正常人体血清内CML含量。由于人乳中各种有机大分子反应时间相对较短，其生成量相对较少，而工业环境的剧烈加热可以极短时间内使得CML生成量跳跃式增加。再则金葡菌生物被膜的生成过程直至完全成熟需要至少14 d的时间[385]，前期生物被膜未成熟，分泌物较少，因此，其数值仍低于长期反应积累的血清中CML含量。但在食品生产的工业环境中，生物被膜的生成量是巨大且难以完全清除的，伴随着各种食品剧烈条件的积累，CML的生成量也是不容忽视的。本课题组研究成员对日常常见食品中CML含量进行普查，结果发现，牛奶中结合态CML含量为4.10 μg/mL，游离态CML含量为0.16 μg/mL。由此可见，在富含大分子如蛋白质、脂质等的体系中，CML主要以结合态形式存在。分析以上数据会发现，以上测量结果均以mL物质为单位，而如果生物被膜中CML含量以μg/mg生物被膜为单位，则该计量结果值是不容小视的。

6.6.2.3　不同生物被膜形成能力菌株的结合态CML的检测

选取不同生物被膜生成能力的菌株进行结合态CML检测，表6－17和图6－57结果显示，生物被膜总量增多，CML含量也相应增高，这在强、中、弱三组之间的体现明显。但同一强、中、弱组别之间，生物被膜总量递减，而CML含量却并未呈现递减的趋势，出现这种现象的原因可能是菌株本身特异性的存在，导致分泌的多糖、蛋白质成分含量不同。Wagner等人[531]曾对一些常见食品中CML含量进行调查，结果发现，高蛋白物质中的CML含量高于碳水化合物丰富的食品中的CML含量，但低于高油脂含量的食物中的CML含量，因AGEs的生成可以在大分子蛋白质、脂质、核酸之间进行，还可以源于脂质物质的超氧化过程。生物被膜的调节是个动态的过程，这之间涉及很多物质的分泌，且即使是同一种类的微生物，不同属别、不同基因背景的微生物分泌物质的差异性很大，最终影响CML生成状况。如对于携带不同SCC*mec*基因背景的耐药性金葡菌来说，该基因元件会编码毒素基因生成酚可溶性调控蛋白，增强生物被膜形成阶段及后期的毒素分泌[532]，但对于敏感性金葡菌而言，更易受到一些多糖黏附素类物质的影响。

表6-17　不同菌株结合态CML生成规律

被膜形成能力	序号	菌号	RU	CML含量/(μg·mL⁻¹)				
				0	8 h	16 h	24 h	48 h
强 +++	1	12071013	8.17±0.26	0	0.6397±0.0601	0.6899±0.0578	0.8660±0.0704	3.153±0.0832
	2	120866	4.75±0.77	0	0.3803±0.0181	0.6641±0.0617	0.8232±0.0531	2.146±0.0622
	3	120608	4.38±1.04	0	0.3912±0.0423	0.5729±0.0331	0.7250±0.0131	2.514±0.1019
中 ++	4	120334	3.33±0.67	0	0.1067±0.0164	0.2228±0.0101	0.2871±0.0137	0.8174±0.0522
	5	123635	2.58±0.31	0	0.0695±0.0153	0.0855±0.0121	0.1397±0.0091	0.3974±0.0603
	6	120157	2.02±0.42	0	0.0887±0.0131	0.0995±0.0112	0.1052±0.0136	0.4205±0.0132
弱 +	7	10853	1.73±0.35	0	0.0396±0.0051	0.0651±0.0131	0.0967±0.0142	0.2130±0.0280
	8	11151	1.52±0.23	0	0.0492±0.0068	0.0719±0.0092	0.2396±0.0120	0.4240±0.0310
	9	11270	1.14±0.22	0	0.0445±0.0073	0.0955±0.0103	0.2013±0.0256	0.2842±0.0184

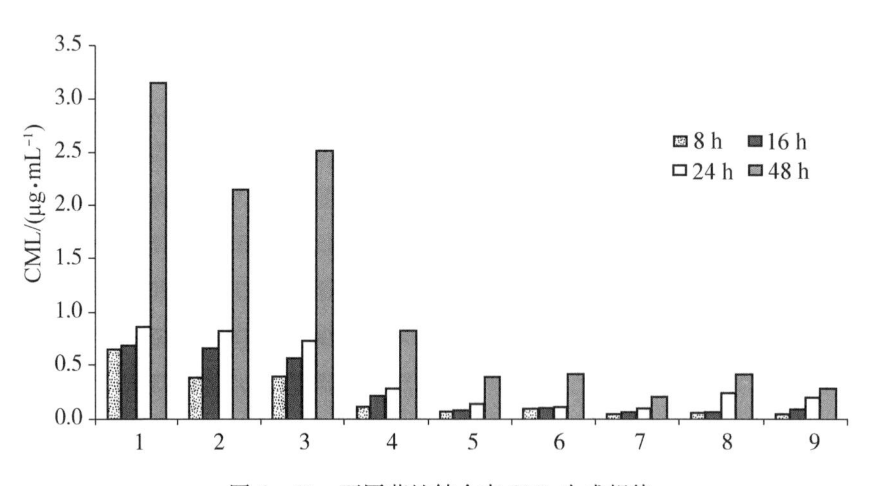

图6-57　不同菌株结合态CML生成规律

6.6.3　小结

对不同成熟度以及不同生物被膜形成能力的菌株，在热加工条件下对金葡菌被膜中 CML 生成规律进行了研究。首先，选取具有强被膜形成能力的菌株，通过不同时间进行生物被膜培养，获得不同成熟度的被膜；其次，随机挑选被膜形成能力不同(强、中、弱各组随机挑选 3 株)的菌株，对 CML 生成量进行研究。结果显示，CML 生成量随生物被膜培养时间的延长而增加，其中在被膜形成早期(0 ～ 24 h阶段)增长较慢，在被膜形成中期(24 ～ 48h 阶段)增长较快；同时，具有不同生物被膜形成能力的菌株中，CML 生成量存在差异。结果表明，食源性致病菌生物被膜在热加工条件下能生成潜在化学危害物 CML，其生成量受被膜成熟度和菌株的被膜形成能力所影响。

参考文献

[1] 张兰荣，王连秀，张文利．食品中金黄色葡萄球菌的污染状况及耐药性分析[J]．中国食品卫生杂志，2004，16（10）：1，35－36.

[2] Xu Z, Peters B M, Li B, et al. Staphylococcal food poisoning and novel perspectives in food safety [M]// Makun H A. Significance, Prevention and Control of Food Related Diseases. Manila: InTech, 2016.

[3] Zhenbo Xu, Jian Miao, Chii－wann Lin, et al. Current methods for methicillin-resistant *Staphylococcus aureus* (MRSA) rapid identification[M]. Hyderabad: Avid Science, 2017.

[4] Hennekinne J A, de Buyser M L, Dragacci S. *Staphylococcus aureus* and its food poisoning toxins: characterization and outbreak investigation[J]. Fems Microbiology Reviews, 2012, 36(4): 815－836.

[5] 李彦媚，赵喜红，徐泽智，等．金黄色葡萄球菌引起食物中毒的作用机制与其耐药性的研究进展[J]．现代生物医学进展，2011，11(14)：2786－2792.

[6] Alarcon B, Vicedo B, Aznar R. PCR-based procedures for detection and quantification of *Staphylococcus aureus* and their application in food[J]. J Appl Microbiol, 2006, 100(2): 352－364.

[7] Shimizu A, Fujita M, Igarashi H. Characterization of *Staphylococcus aureus* coagulase type Ⅶ isolates from staphylococcal food poisoning outbreaks (1980－1995) in Tokyo, Japan, by pulsed－field gel electrophoresis[J]. J Clin Microbiol, 2000, 38(10): 3746－3749.

[8] Centers for Disease Control and Prevention, Food Safety[DB/OL]. [2015－08－31]. http://www.cdc.gov/foodsafety.

[9] Xu Z, Li L, Chu J. Development and application of loop-mediated isothermal amplification assays on rapid detection of various types of staphylococci strains[J]. Food Res Int, 2012, 47(2): 166－173.

[10] Scallan E, Hoekstra R M, Angulo F J. Foodborne illness acquired in the United States—major pathogens[J]. Emerg Infect Dis, 2011, 17(7): 7－15.

[11] Smyth D S, Kennedy J, Twohig J. *Staphylococcus aureus* isolates from Irish domestic refrigerators possess novel enterotoxin and enterotoxin-like genes and are clonal in nature[J]. J Food Protect. 2006, 69(3): 508－515.

[12] Asao T, Kumeda Y, Kawai T. An extensive outbreak of staphylococcal food poisoning due to low-fat milk in Japan: estimation of enterotoxin A in the incriminated milk and powdered skim milk[J]. Epidemiol Infect, 2003, 130(1): 33－40.

[13] Xu Z, Liu X, Li L, et al. Development of *Staphylococcus aureus* enterotoxin in food-borne bacteria [J]. Mod Food Sci, 2013, 29(9): 2317－2324.

[14] Deng Y, Liu C, Li B. Review of methicillin-resistant *Staphylococcus aureus* and its detection in food safety[J]. Mod Food Sci, 2015, 31(1): 259-266.

[15] United States Food and Drug Administration. Bad bug book: foodborne pathogenic microorganisms and natural toxins [Z/OL]. 2012. http://wcitlibrary.pbworks.com/w/file/fetch/53803907/The%20Bad%20Bug%20Book.pdf

[16] U. S. Department of agriculture food safety and inspection service, basics for handling food safely [Z/OL]. 2011. http://www.ucop.edu/risk-services/_files/safety-resources/basics-handling-food.pdf

[17] Tsutsuura S, Shimamura Y, Murata M. Temperature dependence of the production of staphylococcal enterotoxin A by *Staphylococcus aureus*[J]. Biosci Biotechnol Biochem, 2013, 77(1): 30-37.

[18] Bergdoll M S. Enterotoxins[M]// Adlam C, Easmon C F S. Staphylococci and staphylococcal infections. London: Academic Press, 1983.

[19] Schmitt M, Schuler-Schmid U, Schmidt-Lorenz W. Temperature limits of growth, TNase and enterotoxin production of *Staphylococcus aureus* strains isolated from foods [J]. Int J Food Microbiol, 1990, 11(1): 1-19.

[20] 巢国祥，焦新安，钱晓勤，等．扬州市食品中7种食源性致病菌污染状况及耐药性[J]．研究中国食品卫生杂志，2006，18 (1)：23-25.

[21] 索玉娟，于宏伟，凌巍，等．食品中金黄色葡萄球菌污染状况研究[J]．中国食品学报，2008，8 (3)：88-93.

[22] 于梅，徐景野，扬元斌．速冻食品中金黄色葡萄球菌的检出与存活情况[J]．现代预防医学，2004，31 (1)：104-105.

[23] 贺连华，吴平芳，刘涛，等．深圳市熟食中食源性致病菌污染状况的调查研究[J]．中国热带医学，2005，5 (2)：357-358.

[24] 方叶珍，徐丹戈，包芳珍，等．2006年杭州市江干区食源性致病菌污染状况分析[J]．中国卫生检验杂志，2008，18 (3)：488-490.

[25] 郝琼，谢明英，闫立群，等．银川市市售食品食源性致病菌监测结果分析[J]．宁夏医学杂志，2008，30 (3)：273-274.

[26] 郑官增，裘丹红，沈伟伟，等．5类市售食品5种致病菌污染状况的主动监测[J]．中国卫生检验杂志，2006，16(12)：1513-1515.

[27] Minor T E. *Staphylococcus aureus* and staphylococcal food intoxication, A review Ⅲ. Staphylococci in dairy foods[J]. J Milk Food Technol, 1972, 35 (2): 77-82.

[28] 徐景野，傅小红，张恩敏，等．冷冻状态下微生态中金黄色葡萄球菌的存活极限观察[J]．中国医学检验杂志，2001，2 (2)：107.

[29] Miao J, Peters B M, Li L, et al. Evaluation of ERIC-PCR for fingerprinting methicillin-resistant *Staphylococcus aureus* strains [J]. Basic & Clinical Pharmacology & Toxicology. 2016, 118 (S1): 33.

[30] Xu Z, Shi L, Alam M J, et al. Integrin-bearing methicillin-resistant coagulase-negative staphylococci in South China, 2001-2004[J]. FEMS Microbiology Letters. 2008, 278: 223-230.

[31] Kluytmans J, van Leeuwen W, Goessens W, et al. Food-initiated outbreak of methicillin-resistant

Staphylococcus aureus analyzed by pheno-and genotyping[J]. J Clin Microbiol, 1995, 33(5): 1121-1128.

[32] Kwon N H, Park K T, Moon J S, et al. Staphylococcal cassette chromosome *mec* (SCC*mec*) characterization and molecular analysis for methicillin-resistant *Staphylococcus aureus* and novel SCC*mec* subtype Ⅳg isolated from bovine milk in Korea[J]. J Antimicrobial Chemotherapy, 2005, 56(4): 624-632.

[33] Sospedra I, Soler C, Manes J. Analysis of staphylococcal enterotoxin A in milk by matrix-assisted laser desorption/ionization-time of flight mass spectrometry[J]. Anal Bioanal Chem, 2011, 400(5): 1525-1531.

[34] Bautista L, Gaya P, Medina M. A quantitative study of enterotoxin production by sheep milk staphylococci[J]. Appl Environ Microbiol, 1988, 54(2): 566-569.

[35] Becker K, Keller B, von Eiff C. Enterotoxigenic potential of *Staphylococcus intermedius*[J]. Appl Environ Microbiol, 2001, 67(12): 5551-5557.

[36] Jay J M. Microbiological food safety[J]. Crit Rev Food Sci Nutr, 1992, 31(3): 177-190.

[37] Noleto A L, Bergdoll M S. Staphylococcal enterotoxin production in the presence of non-enterotoxigenic staphylococci[J]. Appl Environ Microbiol, 1980, 39(6): 1167-1171.

[38] Fries B C, Varshney A K. Bacterial toxins—staphylococcal enterotoxin B[J]. Microbiol Spectr, 2013, 1(2).

[39] Dinges M M, Orwin M, Schlievert P M. Exotoxins of *Staphylococcus aureus*[J]. Clin Microbiol Rev, 2000, 13 (1): 16-34.

[40] Pexara A, Burriel A, Govaris A. *Staphylococcus aureus* and staphylococcal enterotoxins in foodborne diseases[J]. J Hellenic Vet Med Soc, 2010, 61: 316-322.

[41] McLean R A, Lilly H D, Alford J A. Effects of meat-curing salts and temperature on production of staphylococcal enterotoxin B[J]. J Bacteriol, 1968, 95(4): 1207-1211.

[42] Vandenbosch L L, Fung D Y, Widomski M. Optimum temperature for enterotoxin production by *Staphylococcus aureus* S-6 and 137 in liquid medium[J]. Appl Microbiol, 1973, 25(3): 498-500.

[43] Johnson H M. Staphylococcal enterotoxin microbial superantigens[J]. FASEB H, 1991, 5: 2706-2712.

[44] Smith J L, Buchanan R L, Palumbo S A. Effect of food environment on staphylococcal enterotoxin synthesis: a review[J]. J Food Protect, 1983, 46(6): 545-555.

[45] Notermans S, Heuvelman C J. Combined effect of water activity, pH and suboptimal temperature on growth and enterotoxin production of *Staphylococcus aureus*[J]. J Food Sci, 1983, 48(6): 1832-1835.

[46] Betley M J, Mekalanos J J. Nucleotide sequence of the type A staphylococcal enterotoxin gene[J]. J Bacteriol, 1988, 170(1): 34-41.

[47] Bunikowski R, Mielke M, Skarabis H. Prevalence and role of serum IgE antibodies to the *Staphylococcus aureus*-derived superantigens SEA and SEB in children with atopic dermatitis[J]. J Allergy Clin Immunol, 1999, 103: 119-124.

[48] Herz U, Bunikowski R, Mielke M. Contribution of bacterial superantigens to atopic dermatitis[J]

. Int Arch Allergy Immunol, 1999, 118(2-4): 240-241.

[49] Rasooly R, Do P M. In vitro cell-based assay for activity analysis of staphylococcal enterotoxin A in food[J]. FEMS Immunol Med Microbiol, 2009, 56(2): 172-178.

[50] Bunning V K, Lindsay J A, Archer D L. Chronic health effects of microbial foodborne disease [J]. World Health Stat Q, 1997, 50(1-2): 51-56.

[51] Howell M D, Diveley J P, Lundeen K A. Limited T-cell receptor beta-chain heterogeneity among interleukin 2 receptor-positive synovial T cells suggests a role for superantigen in rheumatoid arthritis[J]. Proc Natl Acad Sci USA, 1991, 88(23): 10921-10925.

[52] Ye Y M, Hur G Y, Park H J. Association of specific IgE to staphylococcal superantigens with the phenotype of chronic urticaria[J]. J Kor Med Sci, 2008, 23(5): 845-851.

[53] Crawley G J, Black J N, Gray I. Clinical chemistry of staphylococcal enterotoxin poisoning in monkeys[J]. Appl Microbiol, 1966, 14(3): 445-450.

[54] Omoe K, Hu D L, Ono H K. Emetic potentials of newly identified staphylococcal enterotoxin-like toxins[J]. Infect Immun, 2013, 81(10): 3627-3631.

[55] Hu D L, Nakane A. Mechanisms of staphylococcal enterotoxin-induced emesis[J]. Eur J Pharmacol, 2014, 722(1): 95-107.

[56] Casman E P, Bennett R W. Detection of staphylococcal enterotoxin in food[J]. Appl Microbiol, 1965, 13(9): 181-189.

[57] Su Y C, Wong A C. Identification and purification of a new staphylococcal enterotoxin, H[J]. Appl Environ Microbiol, 1995, 61(4): 1438-1443.

[58] Casman E P. Serologic studies of staphylococcal enterotoxin[J]. Public Health Rep, 1958, 73 (7): 599-609.

[59] Borst D W, Betley M J. Promoter analysis of the staphylococcal enterotoxin A gene[J]. J Biol Chem, 1994, 269(3): 1883-1888.

[60] Borst D W, Betley M J. Phage-associated differences in staphylococcal enterotoxin A gene (*sea*) expression correlate with *sea* allele class[J]. Infect Immun, 1994, 62(1): 113-118.

[61] Casman E P. Further serological studies of staphylococcal enterotoxin[J]. J Bacteriol, 1960, 79 (6): 849-856.

[62] Casman E P, Bergdoll M S, Robinson J. Designation of staphylococcal enterotoxins [J]. J Bacteriol, 1963, 85(3): 715-716.

[63] Tetsuya I, Naoto T, Keiji Y. Mass outbreak of food poisoning disease caused by small amounts of staphylococcal enterotoxins A and H[J]. Appl Environ Microb, 2005, 71(5): 2793-2795.

[64] Casman E P, Bennett R W. Culture medium for the production of staphylococcal enterotoxin A [J]. J Bacteriol, 1963, 86: 18-23.

[65] Casman E P, Mccoy D W, Brandly P J. Staphylococcal growth and enterotoxin production in meat [J]. Appl Microbiol, 1963, 11(6): 498-500.

[66] Silverman S J, Knott A R, Howard M. Rapid, sensitive assay for staphylococcal enterotoxin and a comparison of serological methods[J]. Appl Microbiol, 1968, 16(7): 1019-1023.

[67] Barber L E, Deibel R H. Effect of pH and oxygen tension on staphylococcal growth and enterotoxin

formation in fermented sausage[J]. Appl Microbiol, 1972, 24(6): 891 -898.
[68] McCoy D W. Influence of food microorganisms on staphylococcal growth and enterotoxin production in meat[J]. Appl Microbiol, 1966, 14(3): 372 -377.
[69] Markus Z H, Silverman G J. Factors affecting the secretion of staphylococcal enterotoxin A[J]. Appl Microbiol, 1970, 20(3): 492 -496.
[70] Reiser R, Conaway D, Bergdoll M S. Detection of staphylococcal enterotoxin in foods[J]. Appl Microbiol, 1974, 27(1): 83 -85.
[71] Niskanen A, Lindroth S. Comparison of different purification procedure for extraction of staphylococcal enterotoxin A from foods[J]. Appl Environ Microbiol, 1976, 32(4): 455 -464.
[72] Warren J R. Comparative kinetic stabilities of staphylococcal enterotoxin types A, B, and C1[J]. J Biol Chem, 1977, 252(19): 6831 -6834.
[73] Cavallin A, Arozenius H, Kristensson K. The spectral and thermodynamic properties of staphylococcal enterotoxin A, E, and variants suggest that structural modifications are important to control their function[J]. J Biol Chem, 2000, 275(3): 1665 -1672.
[74] Noleto A L, Malburg J L, Bergdoll M S. Production of staphylococcal enterotoxin in mixed cultures [J]. Appl Environ Microbiol, 1987, 53(10): 2271 -2274.
[75] Betley M J, Lofdahl S, Kreiswirth B N. Staphylococcal enterotoxin A gene is associated with a variable genetic element[J]. Proc Natl Acad Sci USA, 1984, 81(16): 5179 -5183.
[76] Betley M J, Mekalanos J J. Staphylococcal enterotoxin A is encoded by phage[J]. Science, 1985, 229(4709): 185 -187.
[77] Maina E K, Hu D L, Tsuji T. Staphylococcal enterotoxin A has potent superantigenic and emetic activities but not diarrheagenic activity[J]. Int J Med Microbiol, 2012, 302(2): 88 -95.
[78] Shafer W M, Iandolo J J. Staphylococcal enterotoxin A: a chromosomal gene product[J]. Appl Environ Microbiol, 1978, 36(2): 389 -391.
[79] Christianson K K, Tweten R K, Iandolo J J. Transport and processing of staphylococcal enterotoxin A[J]. Appl Environ Microbiol, 1985, 50(3): 696 -697.
[80] Huang I Y, Hughes J L, Bergdoll M S. Complete amino acid sequence of staphylococcal enterotoxin A [J]. J Biol Chem, 1987, 262(15): 7006 -7013.
[81] Akhtar M, Park C E, Rayman K. Effect of urea treatment on recovery of staphylococcal enterotoxin A from heat-processed foods[J]. Appl Environ Microbiol, 1996, 62(9): 3274 -3276.
[82] Yamashita K, Kanazawa Y, Ueno M. Significance of the detection of staphylococcal enterotoxin A gene in low fat milk which caused a serious outbreak of food poisoning[J]. Shokuhin Eiseigaku Zasshi, 2003, 44(4): 186 -190.
[83] Krakauer T, Stiles B G. The staphylococcal enterotoxin (SE) family: SEB and siblings[J]. Virulence, 2013, 4(8): 759 -773.
[84] Kashiwada T, Kikuchi K, Abe S. Staphylococcal enterotoxin B toxic shock syndrome induced by community-acquired methicillin-resistant *Staphylococcus aureus* (CA-MRSA)[J]. Intern Med, 2012, 51(21): 3085 -3088.
[85] Wang C C, Lo W T, Hsu C F. Enterotoxin B is the predominant toxin involved in staphylococcal

scarlet fever in Taiwan[J]. Clin Infect Dis, 2004, 38(10): 1498 - 1502.

[86] Li J, Yang J, Lu Y W. Possible role of staphylococcal enterotoxin B in the pathogenesis of autoimmune diseases[J]. Viral Immunol, 2015, 28(7): 354 - 359.

[87] Yang M, Kostov Y, Bruck H A. Gold nanoparticle-based enhanced chemiluminescence immunosensor for detection of staphylococcal enterotoxin B (SEB) in food[J]. Int J Food Microbiol, 2009, 133(3): 265 - 271.

[88] Friedman M E. Inhibition of staphylococcal enterotoxin B formation in broth cultures[J]. J Bacteriol, 1966, 92(1): 277 - 278.

[89] Jamlang E M, Bartlett M L, Snyder H E. Effect of pH, protein concentration, and ionic strength on heat inactivation of staphylococcal enterotoxin B[J]. Appl Microbiol, 1971, 22(6): 1034 - 1040.

[90] Keller G M, Hanson R S, Bergdoll M S. Effect of minerals on staphylococcal enterotoxin B production[J]. Infect Immun, 1978, 20(1): 158 - 160.

[91] Morse S A, Mah R A, Dobrogosz W J. Regulation of staphylococcal enterotoxin B[J]. J Bacteriol, 1969, 98(1): 4 - 9.

[92] Schumacher-Perdreau F, Akatova A, Pulverer G. Detection of staphylococcal enterotoxin B and toxic shock syndrome toxin: PCR versus conventional methods[J]. Zentralbl Bakteriol, 1995, 282(4): 367 - 371.

[93] Zhao X, Wang L, Chu J, et al. Development and application of a rapid and simple loop-mediated isothermal amplification method for food-borne *Salmonella* detection [J]. Food Science and Biotechnology. 2010, 19(6): 1655 - 1659.

[94] De Boer M L, Chow A W. Toxic shock syndrome toxin 1-producing *Staphylococcus aureus* isolates contain the staphylococcal enterotoxin B genetic element but do not express staphylococcal enterotoxin B[J]. J Infect Dis, 1994, 170(4): 818 - 827.

[95] Ranelli D M, Jones C L, Johns M B. Molecular cloning of staphylococcal enterotoxin B gene in *Escherichia coli* and *Staphylococcus aureus*[J]. Proc Natl Acad Sci USA, 1985, 82(17): 5850 - 5854.

[96] Johns M J, Khan S A. Staphylococcal enterotoxin B gene is associated with a discrete genetic element[J]. J Bacteriol, 1988, 170(9): 4033 - 4039.

[97] Mahmood R, Khan S A. Role of upstream sequences in the expression of the staphylococcal enterotoxin B gene[J]. J Biol Chem, 1990, 265(8): 4652 - 4656.

[98] Huang I Y, Bergdoll M S. The primary structure of staphylococcal enterotoxin B—Ⅲ. The cyanogen bromide peptides of reduced and aminoethylated enterotoxin B, and the complete amino acid sequence[J]. J Biol Chem, 1970, 245(14): 3518 - 3525.

[99] Shafer W M, Iandolo J J. Chromosomal locus for staphylococcal enterotoxin B[J]. Infect Immun, 1978, 20(1): 273 - 278.

[100] Shafer W M, Iandolo J J. Genetics of staphylococcal enterotoxin B in methicillin-resistant isolates of *Staphylococcus aureus*[J]. Infect Immun, 1979, 25(3): 902 - 911.

[101] Ataee R A, Karami A, Izadi M. Molecular screening of staphylococcal enterotoxin B gene in clinical isolates[J]. Cell J, 2011, 13(3): 187 - 192.

[102] Bergdoll M S, Borja C R, Avena R M. Identification of a new enterotoxin as enterotoxin C[J]. J Bacteriol, 1965, 90(5): 1481 - 1485.

[103] Avena R M, Bergdoll M S. Purification and some physicochemical properties of enterotoxin C, *Staphylococcus aureus* strain 361[J]. Biochemistry, 1967, 6(5): 1474 - 1480.

[104] Reiser R F, Robbins R N, Noleto A L. Identification, purification, and some physico chemical properties of staphylococcal enterotoxin C3[J]. Infect Immun, 1984, 45(3): 625 - 630.

[105] Bohach G A, Schlievert P M. Expression of staphylococcal enterotoxin C1 in *Escherichia coli*[J]. Infect Immun, 1987, 55(22): 428 - 432.

[106] Hovde C J, Hackett S P, Bohach G A. Nucleotide sequence of the staphylococcal enterotoxin C3 gene: sequence comparison of all three type C staphylococcal enterotoxins[J]. Mol Gen Genet, 1990, 220(2): 329 - 333.

[107] Schmidt J J, Spero L. The complete amino acid sequence of staphylococcal enterotoxin C1[J]. J Biol Chem, 1983, 258(10): 6300 - 6306.

[108] Marr J C, Lyon J D, Roberson J R. Characterization of novel type C staphylococcal enterotoxins: biological and evolutionary implications[J]. Infect Immun, 1993, 61(10): 4254 - 4262.

[109] Spero L, Morlock B A. Biological activities of the peptides of staphylococcal enterotoxin C formed by limited tryptic hydrolysis[J]. J Biol Chem, 1978, 253(24): 8787 - 8791.

[110] Orwin P M, Fitzgerald J R, Leung D Y. Characterization of *Staphylococcus aureus* enterotoxin L [J]. Infect Immun, 2003, 71(5): 2916 - 2919.

[111] Bohach G A, Handley J P, Schlievert P M. Biological and immunological properties of the carboxyl terminus of staphylococcal enterotoxin C1[J]. Infect Immun, 1989, 57(1): 23 - 28.

[112] Mantynen V, Niemela S, Kaijalainen S. MPN-PCR-quantification method for staphylococcal enterotoxin C1 gene from fresh cheese[J]. Int J Food Microbiol, 1997, 36(2 - 3): 135 - 143.

[113] Valihrach L, Alibayov B, Demnerova K. Production of staphylococcal enterotoxin C in milk[J]. Int Dairy J, 2013, 30(2): 103 - 107.

[114] Wilson I G, Cooper J E, Gilmour A. Detection of enterotoxigenic *Staphylococcus aureus* in dried skimmed milk: use of the polymerase chain reaction for amplification and detection of staphylococcal enterotoxin genes *entB* and *entC1* and the thermonuclease gene *nuc*[J]. Applied & Environmental Microbiology, 1991, 57(6): 1793 - 1798.

[115] Cretenet M, Nouaille S, Thouin J. *Staphylococcus aureus* virulence and metabolism are dramatically affected by *Lactococcus lactis* in cheese matrix [J]. Environ Microbiol Rep, 2011, 3 (3): 340 - 351.

[116] Valihrach L, Alibayov B, Zdenkova K. Expression and production of staphylococcal enterotoxin C is substantially reduced in milk[J]. Food Microbiol, 2014, 44(6): 54 - 59.

[117] Casman E P, Bennett R W, Dorsey A E. Identification of a fourth staphylococcal enterotoxin, enterotoxin D[J]. J Bacteriol, 1967, 94(6): 1875 - 1882.

[118] Duquenne M, Fleurot I, Aigle M. Tool for quantification of staphylococcal enterotoxin gene expression in cheese[J]. Appl Environ Microbiol, 2010, 76(5): 1367 - 1374.

[119] Bayles K W, Iandolo J J. Genetic and molecular analyses of the gene encoding staphylococcal

enterotoxin D[J]. J Bacteriol, 1989, 171: 4799 - 4806.

[120] Marta D, Wallin-Carlquist N, Schelin J. Extended staphylococcal enterotoxin D expression in ham products[J]. Food Microbiol, 2011, 28(3): 617 - 620.

[121] Zhang S, Stewart G C. Characterization of the promoter elements for the staphylococcal enterotoxin D gene[J]. J Bacteriol, 2000, 182(8): 2321 - 2325.

[122] Sihto H M, Tasara T, Stephan R. Temporal expression of the staphylococcal enterotoxin D gene under NaCl stress conditions[J]. FEMS Microbiol Lett, 2015, 362(6): 1 - 7.

[123] Pereira J L, Salzberg S P, Bergdoll M S. Production of staphylococcal enterotoxin D in foods by low-enterotoxin-producing staphylococci[J]. Int J Food Microbiol, 1991, 14(1): 19 - 25.

[124] Bergdoll M S, Borja C R, Robbins R N. Identification of enterotoxin E[J]. Infect Immun, 1971, 4(5): 593 - 595.

[125] Couch J L, Soltis M T, Betley M J. Cloning and nucleotide sequence of the type E staphylococcal enterotoxin gene[J]. J Bacteriol, 1988, 170(7): 2954 - 2960.

[126] Borja C R, Fanning E, Huang I Y. Purification and some physicochemical properties of staphylococcal enterotoxin E[J]. J Biol Chem, 1972, 247(8): 2456 - 2463.

[127] Lina G, Bohach G A, Nair S P. Standard nomenclature for the superantigens expressed by *Staphylococcus*[J]. J Infect Dis, 2004, 189(12): 2334 - 2336.

[128] Omoe K, Imanishi K, Hu D L. Characterization of novel staphylococcal enterotoxin like toxin type P[J]. Infect Immun, 2005, 73(9): 5540 - 5546.

[129] Bergdoll M S, Crass B A, Reiser R F. A new staphylococcal enterotoxin, enterotoxin F, associated with toxic-shock-syndrome *Staphylococcus aureus* isolates[J]. Lancet, 1981, 317(8228): 1017 - 1021.

[130] Arnow P M, Chou T, Weil D. Spread of a toxic-shock syndrome-associated strain of *Staphylococcus aureus* and measurement of antibodies to staphylococcal enterotoxin F[J]. J Infect Dis, 1984, 149(1): 103 - 107.

[131] Munson SH, Tremaine M T, Betley M J. Identification and characterization of staphylococcal enterotoxin types G and I from *Staphylococcus aureus*[J]. Infect Immun, 1998, 66(7): 3337 - 3348.

[132] Jarraud S, Cozon G, Vandenesch F. Involvement of enterotoxins G and I in staphylococcal toxic shock syndrome and staphylococcal scarlet fever[J]. J Clin Microbiol, 1999, 37(8): 2446 - 2449.

[133] Omoe K, Ishikawa M, Shimoda Y. Detection of *seg*, *seh*, and *sei* genes in *Staphylococcus aureus* isolates and determination of the enterotoxin productivities of *S. aureus* isolates harboring *seg*, *seh*, or *sei* genes[J]. J Clin Microbiol, 2002, 40(3): 857 - 862.

[134] Ren K, Bannan J D, Pancholi V. Characterization and biological properties of a new staphylococcal exotoxin[J]. J Exp Med, 1994, 180(5): 1675 - 1683.

[135] Jorgensen H J, Mathisen T, Lovseth A. An outbreak of staphylococcal food poisoning caused by enterotoxin H in mashed potato made with raw milk[J]. FEMS Microbiol Lett, 2005, 252(2): 267 - 272.

[136] Rosec J P, Gigaud O. Staphylococcal enterotoxin genes of classical and new types detected by PCR in France[J]. Int J Food Microbiol, 2002, 77(1-2): 61-70.

[137] Pereira M L, Do C L S, Santos E J D. Enterotoxin H in staphylococcal food poisoning[J]. J Food Protect, 1996, 3: 448-561.

[138] Su Y C, Wong A C. Production of staphylococcal enterotoxin H under controlled pH nd aeration [J]. Int J Food Microbiol, 1998, 39(1-2): 87-91.

[139] Chen T R, Chiou C S, Tsen H Y. Use of novel PCR primers specific to the genes of staphylococcal enterotoxin G, H, I for the survey of *Staphylococcus aureus* strains isolated from food-poisoning cases and food samples in Taiwan[J]. Int J Food Microbiol, 2004, 92(2): 189-197.

[140] Blaiotta G, Ercolini D, Pennacchia C. PCR detection of staphylococcal enterotoxin genes in *Staphylococcus* spp. strains isolated from meat and dairy products. Evidence for new variants of *seg* and *sel* in *S. aureus* AB-8802[J]. J Appl Microbiol, 2004, 97(4): 719-730.

[141] Zhang S, Iandolo J J, Stewart G C. The enterotoxin D plasmid of *Staphylococcus aureus* encodes a second enterotoxin determinant (*sej*)[J]. FEMS Microbiol Lett, 1998, 168(2): 227-233.

[142] Lindsay J A, Ruzin A, Ross H F. The gene for toxic shock toxin is carried by a family of mobile pathogenicity islands in *Staphylococcus aureus*[J]. Mol Microbiol, 1998, 29(2): 527-543.

[143] Orwin P M, Leung D Y, Donahue H L. Biochemical and biological properties of staphylococcal enterotoxin K[J]. Infect Immun, 2001, 69(1): 360-366.

[144] Aguilar J L, Varshney A K, Wang X. Detection and measurement of staphylococcal enterotoxin-like K (SEL-K) secretion by *Staphylococcus aureus* clinical isolates[J]. J Clin Microbiol, 2014, 52(7): 2536-2543.

[145] Jarraud S, Peyrat M A, Lim A. *egc*, a highly prevalent operon of enterotoxin gene, forms a putative nursery of superantigens in *Staphylococcus aureus*[J]. J Immunol, 2001, 166(1): 669-677.

[146] Pan Y Q, Ding D, Li D X. Expression and bioactivity analysis of staphylococcal enterotoxin M and N[J]. Protein Expr Purif, 2007, 56(2): 286-292.

[147] Thomas D Y, Jarraud S, Lemercier B. Staphylococcal enterotoxin-like toxins U2 and V, two new staphylococcal superantigens arising from recombination within the enterotoxin gene cluster[J]. Infect Immun, 2006, 74(8): 4724-4734.

[148] Kuroda M, Ohta T, Uchiyama I. Whole genome sequencing of methicillin-resistant *Staphylococcus aureus*. Lancet, 2001, 357(9264): 1225-1240.

[149] Calderwood M S, Desjardins C A, Sakoulas G. Staphylococcal enterotoxin P predicts bacteremia in hospitalized patients colonized with methicillin-resistant *Staphylococcus aureus*[J]. J Infect Dis, 2014, 209(4): 571-577.

[150] Orwin P M, Leung D Y, Tripp T J. Characterization of a novel staphylococcal enterotoxin-like superantigen, a member of the group V subfamily of pyrogenic toxins[J]. Biochemistry, 2002, 41(47): 14033-14040.

[151] Omoe K, Hu D L, Takahashi-Omoe H. Identification and characterization of a new staphylococcal enterotoxin-related putative toxin encoded by two kinds of plasmids[J]. Infect Immun, 2003, 71

(10): 6088 - 6094.

[152] Omoe K, Imanishi K, Hu D L. Biological properties of staphylococcal enterotoxin-like toxin type R[J]. Infect Immun, 2004, 72(6): 3664 - 3667.

[153] Ono H K, Omoe K, Imanishi K. Identification and characterization of two novel staphylococcal enterotoxins, types S and T[J]. Infect Immun, 2008, 76(11): 4999 - 5005.

[154] Lis E, Podkowik M, Schubert J. Production of staphylococcal enterotoxin R by *Staphylococcus aureus* strains[J]. Foodborne Pathogens Dis, 2012, 9(8): 762 - 766.

[155] Letertre C, Perelle S, Dilasser F. Identification of a new putative enterotoxin SEU encoded by the *egc* cluster of *Staphylococcus aureus*[J]. J Appl Microbiol, 2003, 95(1): 38 - 43.

[156] Tuffs S W, James D, Bestebroer J, et al. The *Staphylococcus aureus* superantigen SElX is a bifunctional toxin that inhibits neutrophil function [J]. Plos Pathogens, 2017, 13 (9): e1006461.

[157] Liu J, Chen D, Peters B M, et al. Staphylococcal chromosomal cassettes *mec* (SCC*mec*): A mobile genetic element in methicillin-resistant *Staphylococcus aureus*[J]. Microbial Pathogenesis, 2016, 101: 56 - 67.

[158] 胡付品，朱德妹，汪复，等. 2011 年中国 CHINET 细菌耐药性监测[J]. 中国感染与化疗杂志，2012，8(5)：321 - 329.

[159] 李彦媚，徐泽智，徐振波. 对万古霉素敏感性下降的金黄色葡萄球菌研究进展[J]. 现代生物医学进展，2011，11(1)：194 - 197，186.

[160] 邓阳，梁晏瑞，苗健，等. 金黄色葡萄球菌基因组岛对多重耐药表型与生物被膜能力的影响机制[J]. 现代食品科技，2015(4)：42 - 50.

[161] Costerton J W. Introduction to biofilm [J]. Int J Antimicrob Agents, 1999, 11 (3 - 4): 217 - 221.

[162] Bronwyn E R, Maria K, Susanne B. Biofilm formation in plant-microbe associations[J]. Current Opinion in Microbiol, 2004, 7(6): 602 - 609.

[163] 李燕杰，杜冰，董吉林，等. 食品中细菌生物被膜及其形成机制的研究进展[J]. 现代食品科技，2009，25 (4)：435 - 438.

[164] Maira L T, Kropec A, Abeygunawardana C, et al. Immunochemical properties of the staphylococcal Poly-N-acetylglu-cosamine surface polysaccharide[J]. Infect Immun, 2002, 70: 4433 - 4440.

[165] Lawrence J R, Wolfaardt G M, Korber D R. Determination of diffusion coefficients in biofilms by confocal laser[J]. Microscopy Appl Environ Microbiol, 1994, 60(4): 1166 - 1173.

[166] Lawrence J R, Korber D R, Hoyle B D, et al. Optical sectioning of microbial biofilms [J]. J Bacteriol, 1991, 173 (20): 6558 - 6567.

[167] Paul N D, Leslie A P, Roberto K. Exopolysaccharide production is required for development of *Escherichia coli* K-12 biofilm architecture[J]. J Microbiol, 2000, 182(12): 3593 - 3596.

[168] Mieke V, Gilbert S, Xuetao T. Atmospheric plasma inactivation of biofilm forming bacteria for food safety control[J]. IEEE Transctions on Plasma Science, 2005, 33(2): 824 - 828.

[169] Willem van S, Tjakko A. The role of σ^B in the stress response of Gram-positive bacteria-targets for food preservation and safety[J]. Curr Opin Biotechnol, 2005, 16(2): 218 - 224.

[170] Knight G C, Nicol R S, McMeekin T A. Temperature step changes: a novel approach to control biofilms of *Streptococcus thermophilus* in a pilot plant-scale cheese-milk pasteurisation plant[J]. IntJ Food Microbiol, 2004, 93(3): 305 -318.

[171] Bronwyn E R, Maria K, Susanne B B. Biofilm formation in plant-microbe associations [J]. Current Opinion in Microbiol, 2004, 7(6): 602 -609.

[172] Emily J M, Hongliang L, Hua W. A three-tiered approach to differentiate *Listeria monocytogenes* biofilm-forming abilities[J]. FEMS Microbiol Letters, 2003, 228: 203 -210.

[173] 易华西, 王专, 徐德昌. 细菌生物被膜与食品生物危害[J]. 生物信息, 2005, 3(4): 189 -191.

[174] Min S C, Heidi S. Comparative evaluation of adhesion and biofilm formation of *Listeria monocytogenes* strains[J]. IntJ Food Microbiol, 2000, 62(1 -2): 103 -111.

[175] Jee-Hoon R, Larry R, Beuchat. Biofilm formation by *Escherichia coli* O157: H7 on stainless steel: effect of exopolysaccharide and curli production on its resistance to chlorine[J]. Applied and Environ Microbiol, 2005, 71(1): 247 -254.

[176] Shirtliff M E, Mader J T, Camper A K, et al. Molecular interactions in biofilms[J]. Chem & Biol, 2002, 9(8): 859 -865.

[177] Hall-Stoodley L, Costerton J W, Stoodley P. Bacterial biofilms from the natural environment to infectious diseases[J]. Nature Reviews Microbiol, 2004, 2(2): 95 -108.

[178] Yousefi-Rad A, Ayhan H, Piskin E. Adhesion of different bacterial strains to low-temperature plasma-treated sutures[J]. J Biomed Mater Res, 1998, 41(3): 349 -358.

[179] Rivas L, Fegan N, Dykes G A. Expression and putative roles in attachment of outer membrane proteins of *Escherichia coli* O157 from planktonic and sessile culture[J]. Foodborne Pathog Dis, 2008, 5(2): 155 -164.

[180] Leslie A P, Roberto K. Genetic analyses of bacterial biofilm formation[J]. Current Opinion in Microbiol, 1999, 2(6): 598 -603.

[181] Kumar C G, Anand S K. Significance of microbial biofilm in food industry: a review[J]. Int J Food Microbiol, 1998, 42(1 -2): 9 -27.

[182] William F F, Peter H C. A survey of native microbial aggregates on alfalfa, clover and mung bean sprout cotyledons for thickness as determined by confocal scanning laser microscopy[J]. Food Microbiol, 2005, 22(2 -3): 253 -259.

[183] Monday S, Bohach G. Use of multiplex PCR to detect classical and newly described pyrogenic toxin genes in staphylococcal isolates[J]. J Clin Microbiol, 1999, 37(10): 3411 -3414.

[184] Cappitelli F, Polo A, Villa F. Biofilm formation in food processing environments is still poorly understood and controlled[J]. Food Engineering Reviews, 2014, 6(1 -2): 29 -42.

[185] Phillips C A. Bacterial biofilms in food processing environments: a review of recent developments in chemical and biological control[J]. International Journal of Food Science & Technology, 2016, 51(8): 1731 -1743.

[186] Coughlan L M, Cotter P D, Hill C, et al. New weapons to fight old enemies: novel strategies for the (bio) control of bacterial biofilms in the food industry[J]. Front Microbiol, 2016, 7: 1641.

[187] Akbas M Y, Cag S. Use of organic acids for prevention and removal of *Bacillus subtilis* biofilms on food contact surfaces[J]. Food Sci and Technol Int, 2016, 22(7): 587 -597.

[188] Salimena A P, Lange C C, Camussone C, et al. Genotypic and phenotypic detection of capsular polysaccharide and biofilm formation in *Staphylococcus aureus* isolated from bovine milk collected from Brazilian dairy farms [J]. Veterinary Research Communications, 2016, 40 (3 - 4): 97 -106.

[189] Cha M, Hong S, Lee S Y, et al. Removal of different-age biofilms using carbon dioxide aerosols [J]. Biotechnology & Bioprocess Engineering, 2014, 19(3): 503 -509.

[190] Shustanova T A, Bondarenko T I, Miliutina N P. Free radical mechanism of the cold stress development in rats[J]. Ross Fiziol Zh Im I M Sechenova, 2004, 90(1) : 73 -82.

[191] Chamberian J S, Gibbs R A, Ranier J E, et al. Detection screening of the Duchenne muscular dystrophy locus via multiplex DNA amplification[J]. Nucl Acids Res, 1988, 16: 1141 -1156.

[192] 陈明洁，方倜，柯涛，等．多重 PCR——一种高效快速的分子生物学技术[J]．武汉理工大学学报，2005，27(10)：33 -36.

[193] Fang F C, McClelland M, Guiney D G, et al. Value of molecular epidemiologic analysis in a nosocomial methicillin resistant *Staphylococcus aureus* outbreak[J]. JAMA, 1993, 270(1): 132.

[194] Kreiswirth B, Kornblum J, Albeit R D, et al. Evidence for a clonal origin of methicillin resistance in *Staphylococcus aureus*[J]. Science, 1993, 259(5092): 227.

[195] Wichelhaus T A, Hunfeld K P, Boddinghaus B, et al. Rapid molecular typing of methicillin-resistant *Staphylococcus aureus* by PCR-RFLP[J]. Infect Control Hosp Epidemio, 2001, 22(5): 294 -298.

[196] Shorr A F. Epidemiology of staphylococcal resistance[J]. J Clin Infect Dis, 2007, 45(Suppl 3): S171 -S176.

[197] Diekema D J, Pfaller M A, Schmitz F J, et al. Survey of infections due to *Staphylococcus* species: frequency of occurrence and antimicrobial susceptibility of isolates collected in the United States, Canada, Latin America, Europe, and the Western Pacific Region for the SENTRY antimicrobial surveillance program, 1997 -1999[J]. Clin Infect Dis, 2001, Suppl 2: 114 -132.

[198] 李红玉，李国成，潘昆贻，等．2000—2003 年广州地区耐甲氧西林金黄色葡萄球菌耐药变迁及治疗对策[J]．广东药学，2005，15(6)：31 -33.

[199] 徐小平，高霞，池晓霞，等．葡萄球菌属和肠球菌属耐药性监测研究[J]．中华医院感染学杂志，2006，16 (3)：324.

[200] 汪复，朱德妹．上海地区细菌耐药性监测[J]．中国抗感染化疗杂志，2002，2 (1)：129.

[201] 朱德妹，汪复，胡付品，等．2002 年上海地区医院细菌耐药性监测[J]．中华传染病杂志，2004，22(3)：154 -159.

[202] 朱德妹，汪复，张婴元．2003 年上海地区细菌耐药性监测[J]．中国感染与化疗杂志，2005，5(1)：4 -12.

[203] 申正义，孙自镛，王洪波．湖北地区临床细菌耐药性监测[J]．中华医院感染学杂志，2002，12(2)：9.

[204] 吕星，郭文学，王淑香，等．天津市某医院 2002—2003 年临床分离金黄色葡萄球菌耐药

谱及 MRSA 流行趋势分析[J]. 中国感染控制杂志, 2006, 5(2): 172 - 173.

[205] Saiki R K, Gelfand D H, Stofel S, et al. Primer-directed enzymatic amplification of DNA with a thermostable DNA polymerase[J]. Science, 1988, 239 (4839): 487 - 491.

[206] Brakstad O G, Aasbakk K, Maeland J A. Detection of *Staphylococcus aureus* by polymerase chain reaction amplification of the *nuc* gene. [J]. Journal of Clinical Microbiology, 1992, 30(7): 1654 - 1660.

[207] Chakravorty S, Helb D, Burday M, et al. A detailed analysis of 16S ribosomal RNA gene segments for the diagnosis of pathogenic bacteria[J]. Journal of Microbiological Methods, 2007, 69(2): 330.

[208] Nath K, Sarosy J W, Hahn J, et al. Effects of ethidium bromide and SYBR Green I on different polymerase chain reaction systems[J]. Journal of Biochemical & Biophysical Methods, 2000, 42 (1 - 2): 15 - 29.

[209] Bania J, Dabrowska A, Bystron J, et al. Distribution of newly described enterotoxin-like genes in *Staphylococcus aureus* from food[J]. Int J Food Microbiol, 2006, 108(1): 36 - 41.

[210] Marrack P, Kapple J. The staphylococcal enterotoxin and their relatives[J]. Science, 1990, 248 (4956): 705 - 711.

[211] Lando P A, Olsson C, Kalland T, et al. Regulation of superantigen-induced T cell activation in the absence and the presence of MHC class Ⅱ[J]. The Journal of Immunology, 1996, 157(7): 2857 - 2863.

[212] 龙军, 贾思远. 烧伤病人耐甲氧西林金黄色葡萄球菌及其肠毒素的检测和耐药性分析[J]. 中国烧伤创疡杂志, 2006, 18(4): 259 - 261.

[213] Kotzin B L. Super antigens and their potential role in human disease[J]. Ady Immunol, 1993, 54: 99 - 166.

[214] Kalland T, Hedlund G, Dohlsten M, et al. Staphylococcal enterotoxin-dependent cell-mediated cytotoxicity[M]//Borek F. Superantigens (current topics in microbiology and immunology, vol. 174). Berlin-Heidelberg: Springer-Verlag, 1991.

[215] 李红云, 姚均明, 施志国. 金黄色葡萄球菌肠毒素 B 单克隆抗体对烫伤脓毒症大鼠脏器功能的影响[J]. 中华医学杂志, 2000, 80(11): 872 - 873.

[216] Shulman S T, Rowley A H. Kawasaki disease: insights into pathogenesis and approaches to treatment[J]. Nature Reviews Rheumatology, 2015, 11 (8): 475.

[217] Curti B D, Longo D L, Ochoa A L, et al. Treatment of cancer patients with ex vivo anti-CD3-activated killer cells and interleukin-2[J]. Clin Oncol, 1993, 11(4): 652 - 654.

[218] 余德彰, 高中度. 肺动脉持续滴注高聚金葡素治疗中晚期肺癌疗效观察[J]. 肿瘤防治研究, 1996, 23(3): 194 - 195.

[219] 朱正中. 高聚金葡素的免疫增强及抗肿瘤作用[J]. 中华肿瘤杂志, 1995, 17(6): 477 - 478.

[220] Johnson W M, Tyler S D, Ewan E P, et al. Detection of genes for enterotoxins, exfoliative toxins and toxic shock syndrome toxin1 in *Staphylococcus aureus* by the polymerase chain reaction[J]. Journal of Clinical Microbiology, 1991, 29(3): 426 - 430.

[221] Schmitz F J, Steiert M, Holmann B, et al. Development of a multiplex-PCR for direct detection of the genes for entertoxin B and C, and toxic shock syndrome toxin-1 in *Staphylococcus aureus* isolates[J]. MedMicrobiol, 1998, 47(4): 335 - 340.

[222] Goto M, Hayashidani H, Takatori K, et al. Rapid detection of enterotoxigenic *Staphylococcus aureus*, harbouring genes for four classical enterotoxins, SEA, SEB, SEC and SED, by loop-mediated isothermal amplification assay[J]. Letters in Applied Microbiology, 2007, 45(1): 100 - 107.

[223] Chen S, Yee A, Griffiths M, et al. The evaluation of a fluorogenic polymerase chain reaction assay for the detection of *Salmonella* species in food commodities[J]. Int J Food Microbiol, 1997, 35(3) : 239 - 250.

[224] Andreas Fischer, Christof von Eiff, Thorsten Kuczius, et al. A quantitative real-time immuno-PCR approach for detection of staphylococcal enterotoxins[J]. Journal of Molecular Medicine, 2007, 85(5): 461 - 469.

[225] 彭雁，吴守芝，栾阳，等. 2006—2011 年西安市食品及食物中毒中金黄色葡萄球菌毒素基因分布及分型研究[J]. 中国食品卫生杂志，2013，25(5)：413 - 416.

[226] 张严峻，张俊彦，梅玲玲，等. 金黄色葡萄球菌肠毒素基因的分型和分布[J]. 中国卫生检验杂志，2005，15(6)：682 - 684.

[227] Nada T, Ichiyama S, Osada Y, et al. Comparison of DNA fingerprinting by PFGE and PCR-RFLP of the coagulase gene to distinguish MRSA isolates[J]. J Hosp Infect, 1996, 32(4): 305.

[228] Jevons M P. "Celbenin"-resistant staphylococci [J]. British Medical Journal. 1961, 1(5219): 124 - 125.

[229] Hiramatsu K, Hanaki H, Ino T, et al. Methicillin-resistance *Staphylococcus aureus* clinical strain with reduced vancomycin susceptibility[J]. J Antimicrob Chemother, 1997, 40: 135 - 146.

[230] Centers for Disease Control and Prevention. Update: *Staphylococcus aureus* with reduced susceptibility to vancomycin—United States, Sept. 1997[J]. Morb Mortal Weekly Rep, 1997, 46: 813 - 815.

[231] Siever D M, Boulton M L, Stoltman G, et al. *Staphylococcus aureus* to vancomycin-United States, 2002[J]. Morbid Mortal Weekly Rep, 2002, 51(26): 565 - 567.

[232] Smith T L, Pearson M L, Wilcox K R, et al. Emergence of vancomycin resistance in *Staphylococcus aureus*[J]. N Engl J Med. 1999, 340(7): 493 - 501.

[233] Fridkin S K. Vancomycin-intermediate and resistant *Staphylococcus aureus*: what the infectious disease specialist needs to know[J]. Clin Infect Dis, 2001, 32: 108 - 115.

[234] Kim M N, Pai C H, Woo J H, et al. Vancomycin-intermediate *Staphylococcus aureus* in Korea [J]. J Clin Microbiol, 2000, 38(10): 879 - 881.

[235] Ploy M C, Grelaud C, Martin C, et al. First clinical isolate of vancomycin-intermediate *Staphylococcus* in a French hospital[J]. Lancet, 1998, 351: 1212.

[236] Chang S, Sievert D M, Hageman J C, et al. Infection with vancomycin-resistant *Staphylococcus aureus* containing the *vanA* resistance gene[J]. N Engl J Med, 2003, 348: 1342 - 1347.

[237] Centers for Disease Control and Prevention (CDC). Vancomycin-resistant *Staphylococcus aureus*-Pennsylvania, 2002[J]. Morb Mortal Wkly Rep, 2002, 51(40): 902.

[238] Centers for Disease Control and Prevention (CDC). Vancomycin-resistant *Staphylococcus aureus*-New York, 2004[J]. Morb Mortal Wkly Rep, 2004, 53: 322 – 323.

[239] Clinical and Laboratory Standards Institute(CLSI). Methods for dilution antimicrobial susceptibility tests for bacteria that grow aerobically: approved standard[M]. Ninth edition. Pennsylvania: CLSI, 2013.

[240] Sader H S, Jones R N. Antimicrobial susceptibility of Gram-positive bacteria isolated from US medical centers: results of the daptomycin surveillance program (2007 – 2008) [J]. Diagn Microbiol Infect Dis, 2009, 65: 158 – 62.

[241] Sader H S, Moet G J, Jones R N. Antimicrobial resistance among Gram-positive bacteria isolated in Latin American hospitals[J]. J Chemother, 2009, 21(6): 611 – 620.

[242] Sun H, Wang H, Chen M, et al. An antimicrobial resistance surveillance of Gram-positive cocci isolated from 12 teaching hospitals in China in 2009[J]. Chinese Journal of Internal Medicine, 2010, 49: 735 – 740.

[243] Sun H, Wang H, Chen M, et al. Antimicrobial resistant surveillance of Gram-positive cocci isolated from 12 teaching hospitals in China in 2008[J]. Chinese Journal of Internal Medicine, 2010, 33: 224 – 230.

[244] Tosaka M, Yamane N, Okabe H. Isolation and antimicrobial susceptibility of methicillin-resistant *Staphylococcus aureus* (MRSA) at Kumamoto University Hospital[J]. Nippon Rinsho Japanese Journal of Clinical Medicine, 1992, 50(5): 975 – 980.

[245] 肖玉玲，刘钰琪，杨扬，等. 四川大学华西医院金黄色葡萄球菌临床分离株的分布及耐药变迁情况[J]. 中国循证医学杂志，2015(7): 781 – 785.

[246] Zhao C, Sun H, Wang H, et al. Antimicrobial resistance trends among 5608 clinical Gram-positive isolates in China: results from the Gram-positive cocci resistance surveillance program (2005 – 2010)[J]. Diagnostic Microbiology and Infectious Disease, 2012, 73(2): 174 – 182.

[247] Westh H, Zinn C S, Rosdahl. Vain international multicenter study of antimicrobial consumption and resistance in *Staphylococcus aureus* isolates from 15 hospitals in 14 countries[J]. Ial Drug Resistance-mechanisms Epidemiology and Disease, 2004, 10(2): 169 – 176.

[248] Kristiansen M M, Leandro C, Ordway D, et al. Phenothiazines alter resistance of methicillin-resistant strains of *Staphylococcus aureus* (MRSA) to oxacillin in vitro[J]. International Journal of Antimicrobial Agents, 2003, 22(3): 250 – 253.

[249] Hardy k J, Hawkey P M, Gao F, et al. Methicillin resistant *Staphylococcus aureus* in the critically ill[J]. British Journal of Anaesthesia, 2004, 92(1): 121 – 130.

[250] Lee J H. Occurrence of methicillin-resistant *Staphylococcus aureus* strains from cattle and chicken, and analyses of their *mecA*, *mecR1* and *mecI* genes[J]. Veterinary Microbiology, 2006, 114(1): 155 – 159.

[251] Labischinski H. Consequences of the interaction of beta-lactam antibiotics with penicillin binding proteins from sensitive and resistant *Staphylococcus aureus* strains[J]. Medical Microbiology and Immunology, 1992, 181(5): 241 – 265.

[252] Stenholm T, Hakanen A J, Salmenlinna S, et al. Evaluation of the TPX MRSA assay for the

detection of methicillin-resistant *Staphylococcus aureus* [J]. European Journal of Clinical Microbiology & Infectious Diseases, 2011, 30(10): 1237 – 1243.

[253] Hartman B J, Tomasz A. Expression of methicillin resistance in heterogeneous strains of *Staphylococcus aureus*[J]. Antimicrobial Agents and Chemotherapy, 1986, 29(1): 85 – 92.

[254] Hall R M, Collis C M, Kim M I J, et al. Mobile gene cassettes and integrons in evolution[J]. Annals of the New York Academy of Sciences, 1999, 870(1): 68 – 80.

[255] Hall R M, Stokes H W. Integrons: novel DNA elements which capture genes by site-specific recombination[J]. Genetica, 1993, 90(2 – 3): 115 – 132.

[256] Wang L, Li Y, Chu J, et al. Development and application of a simple loop-mediated isothermal amplification method on rapid detection of *Listeria monocytogenes* strains[J]. Molecular Biology Reports, 2012, 39(1): 445 – 449.

[257] Recchia G D, Hall R M. Origins of the mobile gene cassettes found in integrons[J]. Trends in Microbiology, 1997, 5(10): 389 – 394.

[258] Xu Z, Shi L, Alam M J, et al. Integron-bearingmethicillin-resistant coagulase-negative staphylococci in South China, 2001 – 2004[J]. FEMS Microbiology Letters, 2008, 278(2): 223 – 230.

[259] Xu Z, Li L, Alam M J, et al. First confirmation of integron-bearing methicillin-resistant *Staphylococcus aureus*[J]. Current Microbiology, 2008, 57(3): 264 – 268.

[260] Xu Z, Li L, Shirtliff M E, et al. Occurrence and characteristics of class 1 and 2 integrons in *Pseudomonas aeruginosa* isolates from patients in Southern China[J]. J of Clinical Microbiology, 2009, 47(1): 230 – 234.

[261] Xu Z, Li L, Shirtliff M E, et al. First report of class 2 integron in clinical *Enterococcus faecalis* and class 1 integron in *Enterococcus faecium* in South China[J]. Diagnostic Microbiology and Infectious Disease, 2010, 68(3): 315 – 317.

[262] Felten A, Grandry B, Lagrange P H, et al. Evaluation of three techniques for detection of low-level methicillin-resistant *Staphylococcus aureus* (MRSA): a disk diffusion method with cefoxitin and moxalactam, the Vitek 2 system, and the MRSA-screen latex agglutination test[J]. Journal of Clinical Microbiology, 2002, 40(8): 2766 – 2771.

[263] Mathews A A, Thomas M, Appalaraju B, et al. Evaluation and comparison of tests to detect methicillin resistant *S. aureus* [J]. Indian Journal of Pathology & Microbiology, 2010, 53(1): 79.

[264] Boutiba Ben Boubaker I, Ben Abbes R, Ben Abdallah H, et al. Evaluation of a cefoxitin disk diffusion test for the routine detection of methicillin-resistant *Staphylococcus aureus*[J]. Clinical Microbiology and Infection, 2004, 10(8): 762 – 765.

[265] Felten A, Grandry B, Lagrange P H, et al. Evaluation of three techniques for detection of low-level methicillin-resistant *Staphylococcus aureus* (MRSA): a disk diffusion method with cefoxitin and moxalactam, the Vitek 2 system, and the MRSA-screen latex agglutination test[J]. Journal of Clinical Microbiology, 2002, 40(8): 2766 – 2771.

[266] Rohrer S, Tschierske M, Zbinden R, et al. Improved methods for detection of methicillin-resistant *Staphylococcus aureus* [J]. European Journal of Clinical Microbiology and Infectious

Diseases, 2001, 20(4): 267 - 270.

[267] Swenson J M, Williams P P, Killgore G, et al. Performance of eight methods, including two new rapid methods, fordetection of oxacillin resistance in a challenge set of *Staphylococcus aureus* organisms[J]. Journal of Clinical Microbiology, 2001, 39(10): 3785 - 3788.

[268] Diederen B, van Duijn I, van Belkum A, et al. Performance of CHROMagar MRSA medium for detection of methicillin-resistant *Staphylococcus aureus* [J]. Journal of Clinical Microbiology, 2005, 43(4): 1925 - 1927.

[269] Thomas R, Kuriakose T, George R. Towards achieving small-incision cataract surgery 99.8% of the time[J]. Indian Journal of Ophthalmology, 2000, 48(2): 145.

[270] van Leeuwen W B, van Pelt C, Luijendijk A D, et al. Rapid detection of methicillin resistance in *Staphylococcus aureus* isolates by the MRSA-screen latex agglutination test[J]. Journal of Clinical Microbiology, 1999, 37(9): 3029 - 3030.

[271] Verma S, Joshi S, Chitnis V, et al. Growing problem of methicillin resistant staphylococci-Indian scenario[J]. Indian Journal of Medical Sciences, 2000, 54(12): 535.

[272] Udo E E, Mokadas E M, Al-Haddad A, et al. Rapid detection of methicillin resistance in staphylococci using a slide latex agglutination kit [J]. International Journal of Antimicrobial Agents, 2000, 15(1): 19 - 24.

[273] Xu Z, Li L, Zhao X, et al. Development and application of a novel multiplex polymerase chain reaction (PCR) assay for rapid detection of various types of staphylococci strains [J]. Afr J Microbiol Res, 2011, 5(14): 1869 - 1873.

[274] Warren D K, Liao R S, Merz L R, et al. Detection of methicillin-resistant *Staphylococcus aureus* directly from nasal swab specimens by a real-time PCR assay [J]. Journal of Clinical Microbiology, 2004, 42(12): 5578 - 5581.

[275] Oh A C, Lee J K, Lee H N, et al. Clinical utility of the Xpert MRSA assay for early detection of methicillin-resistant *Staphylococcus aureus* [J]. Molecular Medicine Reports, 2013, 7(1): 11 - 15.

[276] Liu Y H, Wang C H, Wu J J, et al. Rapid detection of live methicillin-resistant *Staphylococcus aureus* by using an integrated microfluidic system capable of ethidium monoazide pre-treatment and molecular diagnosis[J]. Biomicrofluidics, 2012, 6(3): 2179 - 2190.

[277] Stenholm T, Hakanen A J, Salmenlinna S, et al. Evaluation of the TPX MRSA assay for the detection of methicillin-resistant *Staphylococcus aureus* [J]. European Journal of Clinical Microbiology & Infectious Diseases, 2011, 30(10): 1237 - 1243.

[278] Notomi T, Okayama H, Masubuchi H, et al. Loop-mediated isothermal amplification of DNA [J]. Nucleic Acids Res, 2000, 28(12): e63.

[279] Nagamine K, Watanabe K, Ohtsuka K, et al. Loop-mediated isothermal amplification reaction using a nondenatured template[J]. Clin Chem, 2001, 47(9): 1742 - 1743.

[280] Su J, Liu X, Cui H, et al. Rapid and simple detection of methicillin-resistance *Staphylococcus aureus* by *orfX* loop-mediated isothermal amplification assay[J]. BMC Biotechnology, 2014, 14(1): 8.

[281] Zhao X H, Park M S, Zhang Y H. Loop-mediated isothermal amplification assay targeting the *femA gene for rapid detection of Staphylococcus aureus* from clinical and food samples[J]. Journal of Microbiology and Biotechnology, 2013, 23(2): 246 – 250.

[282] Hiramatsu K. Vancomycin-resistant *Staphylococcus aureus*: a new model of antibiotic resistance [J]. Lancet Infect Dis, 2001, 1: 147 – 155.

[283] Steinkraus G, White R, Friedrich L. Vancomycin MIC creep in non-vancomycin-intermediate *Staphylococcus aureus* (VISA), vancomycin susceptible clinical methicillin-resistant *S. aureus* (MRSA) blood isolates from 2001 – 2005 [J]. J of Antimicrob Chemother, 2007, 60 (4): 788 – 794.

[284] Wang G, Hindler J K, Bruckner D. Increased vancomycin MICs for *Staphylococcus aureus* clinical isolates from a university hospital during a 5-years period[J]. J Clin Microbiol, 2006, 44(11): 3883 – 3886.

[285] Sakoulas G, Moisebroder P A, Schentag J, et al. Relationship of MIC and bactericidal activity to efficacy of vancomycin for treatment of methicillin-resistant *Staphylococcus aureus* bacteremia [J]. J Clin Microbiol, 2004, 42(6): 2398 – 2402.

[286] Moise P A, Smyth D S, EI-Fawal N, et al. Microbiological effects of prior vancomycin use in patients with methicillin-resistant *Staphylococcus aureus* bacteremia[J]. J Antimicrob Chemother, 2008, 61(1): 85 – 90.

[287] Clinical and Laboratory Standards Institute. Performance standards for antimicrobial susceptibility testing: sixteenth informational supplement CLSI document M100-S16 (Vol 26) [C]. Pennsylvania: Clinical and Laboratory Standards Institute, 2006: 1 – 177.

[288] Chnical and Laboratory Standards Institute. Performance standards for antimicrobial susceptibility testing: nineteenth informational supplement. CLSI document M100-S19 (Vol 29) [C]. Pennsylvania: Clinical and Laboratory Standards Institute, 2009: 1 – 149.

[289] Song J H, Hiramatsu K, Suh J Y, et al. Emergence in Asian countries of *Staphylococcus aureus* with reduced susceptibility to vancomycin[J]. Antimicrob Agents Chemother, 2004, 48(12): 4926 – 4928.

[290] Ma Xiao-ling, Wang Jing-hua, Li Hua, et al. *Staphylococcus* hetero-resistance to vancomycin: detection and biological characteristics[J]. Chinese Journal of Microbiology and Immunology, 2004, 24(7): 583 – 586.

[291] Yu Fang-you. Survey on resistance of the isolates of *Staphylococcus aureus* to Vancomycin in vitro [J]. Chinese Journal of Microecology, 2006, 18: 240 – 242.

[292] 廖康, 陈冬梅, 曾燕, 等. 异质性万古霉素中介金黄色葡萄球菌的检测与分析[J]. 中华临床实用医学, 2008, 2(12): 4 – 5.

[293] Abstracts of the 18th European Congress of Clinical Microbiology and Infectious Diseases. Barcelona, Spain, April 19 – 22, 2008[J]. Clin Microbiol Infect, 2008, 14 (Supp 7).

[294] Maor Y, Rahav G, Belausov N, et al. Prevalence and characteristics of heteroresistant vancomycin-intermediate *Staphylococcus aureus* bacteremia in a tertiary care center[J]. J Clin Microbiol, 2007, 45(5): 1511 – 1514.

[295] Matsuhashi M, Song M D, Ishino F, et al. Molecular cloning of the gene of a penicillin binding protein supposed to cause high resistance to beta-lactam antibiotics in *Staphylococcus aureus*[J]. J Bacteriol, 1986, 167 (3): 975.

[296] Hurlimann-Dalei R L, Ryffel C, Kayser F H, et al. Survey of the methicillin resistance-associated genes *mecA*, *mecR1-mecI*, and *femA-femB* in clinical isolates of methicillin-resistant *Staphylococcus aureus*[J]. Antimicrob Agents Chemother, 1992, 36(12): 2617.

[297] Suzuki E, Hiramatsu K, Yokot T. Survey of methicillin-resistant clinical strains of coagulase-negative staphylococci for *mecA* gene distribution[J]. Antimicrob Agents Chemother, 1992, 36 (2): 429.

[298] Ploy M C, Lambert T, Couty J P, et al. Integrons: an antibiotic resistance gene capture and expression system[J]. Clin Chem Lab Med, 2000, 38(6): 483 –487.

[299] Recchia G D, Hall R M. Origin s of the mobile gene cassettes found in integrons[J]. Trends Microbiol, 1997, 5(10) : 389 –394.

[300] 徐振波，石磊．葡萄球菌属中交换基因的载体——SCC*mec*[J]．中国抗生素杂志，2007，32(8)：449 –453.

[301] Depardieu F, Podglajen I, Leclercq R, et al, Modes and modulations of antibiotic resistance gene expression[J]. Clin Microbial Rev, 2007, 20(1): 79 –84.

[302] Collis C M, Hall R M. Expression of antibiotic resistance genes in the integrated cassettes of integrons[J]. Antimicrob Agents Chemother, 1995, 39(1) : 155 –162.

[303] Rowe-Magnus D A, Mazel D. Integrons: natural tools for bacterial genome evolution[J] . Curr Opin Microbiol, 2001, 4(5): 565 – 569.

[304] Hall R M, Collis C M. Mobile gene cassettes and integrons: capture and spread of genes by site-specific recombination[J]. Mol Microbiol, 1995, 15(4) : 593 –600.

[305] Mazel D. Integrons agents of bacterial evolution[J]. Nat Rev Microbiol, 2006, 4(8): 608 –620.

[306] Correia M, Boavida F, Grosso F, et al. Molecular characterization of a new class 3 integron in *Klebsiella pneumoniae*[J]. Antimicrob Agents Chemother, 2003, 47(9) : 2838 –2843.

[307] Milheirico C, Oliveira D C, De L H. Update to the multiplex PCR strategy for assignment of *mec* element types in *Staphylococcus aureus*[J]. Antimicrobial Agents & Chemotherapy, 2007, 51 (9): 3374.

[308] Oliveira D C, Tomasz A, Lencastre H. The evolution of pandemic clones of methicillin-resistant *Staphyloccous aureus* identification of two ancestral genetic backgrounds and the associated *mec* elements[J]. Microbial Drug Resistance, 2001, 7(4): 349 –361.

[309] Ma X X, Ito T, Tiensasitorn C , et al. Novel type of staphylococcal cassette chromosome *mec* identified in community-acquired methicillin-resistant *Staphylococcus aureus* strains [J]. Antimicrob Agents Chemother, 2002 , 46(4): 1447.

[310] Witte W. Antibiotic resistance in Gram-positive bacteria epidemiological aspects[J]. J Antimicrob Chemother, 1999, 44(1): 1.

[311] Katayama Y , Ito T , Hiramatsu K . A new class of genetic element, *Staphylococcus* cassette chromosome *mec*, encodes methicillin resistance in *Staphylococcus aureus*[J]. Antimicrob Agents

Chemother, 2000, 44(6): 1549.

[312] Ito T , Katayama Y , Hiramatsu K . Cloning and nucleotide sequence determination of the entire *mec* DNA of pre-methicillin-resistant *Staphylococcus aureus* N315 [J] . Antimicrob Agents Chemother, 1999, 43(6): 1449.

[313] O' Brien F G, Coombs G W, Pearson C, et al. Type V staphylococcal cassette chromosome *mec* in community staphylococci from Australia [J] . Antimicrob Agents Chemother, 2005, 49 (12): 5129.

[314] Piriyaporn C, Ito T, Ma X , et al. Staphylococcal cassette chromosome *mec* (SCC*mec*) typing of methicillin-resistant *Staphylococcus aureus* strains isolated in 11 Asian countries: a proposal for a new nomenclature for SCC*mec* elements[J]. Antimicrob Agents Chemother, 2006, 50(3): 1001.

[315] Katayama Y, Ito T, Hiramatsu K. Genetic organization of the chromosome region surrounding *mecA* in clinical staphylococcal strains: role of IS*431*-mediated *mecI* deletion in expression of resistance in *mecA*-carrying, low-level methicillin-resistant *Staphylococcus haemolyticus* [J]. Antimicrob Agents Chemother, 2001, 45(46): 1955.

[316] Katayama Y, Takeuchi F, Ito T, et al. Identification in methicillin-susceptible *Staphylococcus hominis* of an active primordial mobile genetic element for the staphylococcal cassette chromosome mec of methicillin-resistant *Staphylococcus aureus*[J]. J Clin Mircobiol, 2003, 185(9): 2711.

[317] Hisata K , Kuwahara-Arai K , Yamanoto M, et al. Dissemination of methicillin-resistant staphylococci among healthy japanese children[J]. J Clin Mircobiol , 2005, 43(7): 3364.

[318] Ito T, Ma X, Takeuchi F, et al. Novel type V staphylococcal cassette chromosome mec driven by a novel cassette chromosome recombinase, *ccrC*[J]. Antimicrob Agents Chemother, 2004, 48 (7): 2637.

[319] Enright M C, Robinson D A, Randle G, et al. The evolutionary history of methicillin-resistant *Staphylococcus aureus* (MRSA)[J]. Proc Natl Acad Sci USA, 2002, 99(11): 7687.

[320] Rowe-Magnus D A, Guerout A M, Mazel D. Super-integrons[J]. Res Microbiol, 1999, 150(9 - 10): 641 - 657.

[321] Recchia G D, Hall R M. Gene cassettes: a new class of mobile element[J]. Microbiol, 1995, 141(Pt 12): 3015 - 3027.

[322] Partridge S R, Recchia G D, S caramuzzi C, et al. Definition of the *attI1* site of class 1 integrons [J]. Microbiol, 2000, 146(Pt 11): 2855 - 2864.

[323] Rowe-Magnus D A, Mazel D. Resistance gene capture[J]. Curr Opin Microbiol, 1999, 2(5): 483 - 488.

[324] Wang L, Shi L, Alam M J, et al. Specific and rapid detection of food-borne *Salmonella* by loop-mediated isothermal amplification method[J]. Food Res Int, 2008, 41(1): 69 - 74.

[325] Collis C M, Hall R M. Site-specific deletion and rearrangement of integron insert genes catalyzed by the integron DNA integrase[J]. J Bacteriol, 1992, 174(5): 1574 - 1585.

[326] Collis C M, Recchia G D, Kim M J, et al. Efficiency of recombinant ion reactions catalyzed by class 1 integron int egrase IntI1[J]. J Bacteriol, 2001, 183(8): 2535 - 2542.

[327] Barlow R S, Pemberton J M, Desmarchelier P M, et al. Isolation and characterization of integron-

containing bacteria without antibiotic selection[J]. Antimicrob Agents Chemother, 2004, 48(3): 838-842.

[328] Lawrence J R, Korber D R, Hoyle B D, et al. Caldwell optical sectioning of microbial biofilms [J]. J Bacteriol, 1991, 173(20): 6558-6567.

[329] Petersson K, Pettersson H, Skartved N J. Staphylococcal enterotoxin H induces V alpha-specific expansion of T cells[J]. J Immunol, 2003, 170(8): 4148-4154.

[330] Obayashi Y, Fujita J, Ichiyama S, et al. Investigation of nosocomial infection caused by arbekacin-resistant, methicillin-resistant[J]. Diagn Microbiol Infect Dis, 1997, 28(2): 53-59.

[331] Van B A, Kluytmans J, Van L W, et al. Multicenter evaluation of arbitrarily primed PCR for typing of *Staphylococcus aureus* strains[J]. J Clin Microbio, 1995, 33(6): 1537-1547.

[332] Atshan S S, Shamsudin M N, Thian Lung L T, et al. Comparative characterisation of genotypically different clones of MRSA in the production of biofilms[J]. Journal of Biomedicine and Biotechnology, 2012, 2012: 1-7.

[333] Feil E J, Cooper J E, Grundmann H, et al. How clonal is *Staphylococcus aureus*? [J]. Journal of Bacteriology, 2003, 185(11): 3307-3316.

[334] Enright M C, Robinson D A, Randle G, et al. The evolutionary history of methicillin-resistant *Staphylococcus aureus* (MRSA)[J]. Proceedings of the National Academy of Sciences of the United States of America, 2002, 99(11): 7687-7692.

[335] de Sousa M A, Sanches I S, Ferro M L, et al. Intercontinental spread of a multidrug-resistant methicillin-resistant *Staphylococcus aureus* clone[J]. Journal of Clinical Microbiology, 1998, 36(9): 2590-2596.

[336] Deurenberg R H, Stobberingh E E. The molecular evolution of hospital- and community-associated methicillin-resistant *Staphylococcus aureus*[J]. Current Molecular Medicine, 2009, 9(2): 100-115.

[337] Deleo F R, Otto M, Kreiswirth B N, et al. Community-associated meticillin-resistant *Staphylococcus aureus* reply[J]. Lancet, 2010, 376(9743): 767.

[338] Mizan M F R, Jahid I K, Ha S-D. Microbial biofilms in seafood: a food-hygiene challenge [J]. Food microbiology, 2015, 49: 41-55.

[339] Meira Q G D S, Barbosa I D M, Athayde A J A A, et al. Influence of temperature and surface kind on biofilm formation by *Staphylococcus aureus* from food-contact surfaces and sensitivity to sanitizers[J]. Food Control, 2012, 25(2): 469-75.

[340] Simoes, Simoes L C, Vieira M J. A review of current and emergent biofilm control strategies [J]. LWT-Food Science and Technology, 2010, 43(4): 573-83.

[341] Christensen G D, Simpson W A, Younger J J, et al. Adherence of coagulase-negative staphylococci to plastic tissue culture plates: a quantitative model for the adherence of staphylococci to medical devices[J]. Journal of Clinical Microbiology, 1985, 22(6): 996.

[342] Honraet K, Goetghebeur E, Nelis H J. Comparison of three assays for the quantification of *Candida* biomass in suspension and CDC reactor grown biofilms[J]. Journal of Microbiological Methods, 2005, 63(3): 287-95.

[343] O 'Neill E, Pozzi C, Houston P, Smyth D, et al. Association between methicillin susceptibility and biofilm regulation in *Staphylococcus aureus* isolates from device-related infections[J]. Journal of Clinical Microbiology, 2007, 45(5): 1379 – 1388.

[344] Scudiero D A, Shoemaker R H, Paull K D, Evaluation of a soluble tetrazolium/formazan assay for cell growth and drug sensitivity in culture using human and other tumor cell lines[J]. Cancer Research, 1988, 48(17): 4827 – 4833.

[345] Da Silva, W J, Seneviratne, J, Parahitiyawa, N, et al. Improvement of XTT assay performance for studies involving *Candida* albicans biofilms[J]. Brazilian Dental Journal, 2008, 19(4): 364 – 369.

[346] Lim Y, Shin H J, Kwon A S, et al. Predictive genetic risk markers for strong biofilm-forming *Staphylococcus aureus*: *fnbB* gene and SCC*mec* type Ⅲ[J]. Diagnostic Microbio, 2013, 76(4): 539 – 541.

[347] Cramton, S E, Gerke C, Schnell N F, et al. The intercellular adhesion (*ica*) locus is present in *Staphylococcus aureus* and is required for biofilm formation[J]. Infection and Immunity, 1999, 67(10): 5427 – 5433.

[348] Cucarella C, Solano C, Valle J, et al. Bap, a *Staphylococcus aureus* surface protein involved in biofilm formation[J]. Bacteriology, 2001, 183(9): 2888 – 2896.

[349] Corrigan R M, Rigby D, Handley P, et al. The role of *Staphylococcus aureus* surface protein SasG in adherence and biofilm formation[J]. Microbiology, 2007, 153(8): 2435 – 2446.

[350] Kong K F, Vuong C, Otto M. *Staphylococcus* quorum sensing in biofilm formation and infection [J]. International Medical Microbio, 2006, 296(2 – 3): 133 – 139.

[351] Claessens J, Roriz M, Merckx R, et al. Inefficacy of vancomycin and teicoplanin in eradicating and killing *Staphylococcus epidermidis* biofilms in vitro[J]. Antimicrobial Agents, 2015, 45(4): 368 – 375.

[352] Molina A, Campo R D, Maiz L, et al. High prevalence in cystic fibrosis patients of multiresistant hospital-acquired methicillin-resistant *Staphylococcus aureus* ST228-SCC*mec*I capable of biofilm formation[J]. Journal of Antimicrobial Chemotherapy, 2008, 62(5): 961 – 967.

[353] Smith K, Perez A, Ramage G, et al. Biofilm formation by Scottish clinical isolates of *Staphylococcus aureus*[J]. Journal of Medical Microbiology, 2008, 57(8): 1018 – 1023.

[354] Abee T, Kovacs A T, Oscar P, et al. Biofilm formation and dispersal in Gram-positive bacteria [J]. Current Opinion in Biotechnology, 2011, 22(2): 172 – 179.

[355] Can H Y, Celik T H. Detection of enterotoxigenic and antimicrobial resistant *S. aureus* in Turkish cheeses[J]. Food Control, 2012, 24(1 – 2): 100 – 103.

[356] Fux C A, Wilson S, Stoodley P. Detachment characteristics and oxacillin resistance of *Staphylococcus aureus* biofilm emboli in an in vitro catheter infection model[J]. J Bacteriol, 2004, 186(14): 4486 – 4491.

[357] Parsek M R, Fuqua C. Biofilms 2003: emerging themes and challenges in studies of surface-associated microbial life[J]. J Bacteriol, 2004, 186(14): 4427 – 4440.

[358] Molin S, Tolker-Nielsen T. Gene transfer occurs with enhanced efficiency in biofilms and induces

enhanced stabilisation of the biofilm structure [J]. Curr Opin Biotechnol, 2003, 14(3): 55-261.

[359] Sutherland I W. The biofilm matrix-an immobilized but dynamic microbial environment [J]. Trends in Microbiology, 2001, 9(5): 222-227.

[360] Mack D. Molecular mechanisms of *Staphylococcus epidermidis* biofilm formation [J]. Journal of Hospital Infection, 2000, 43(Suppl 4): S113-S125.

[361] Rogers K, Rupp M, Fey P. The presence of *icaADBC* is detrimental to the colonization of human skin by *Staphylococcus epidermidis* [J]. Applied and Environmental Microbiology, 2008, 74(19): 6155-6157.

[362] Christiance G, Angelika K, Roderich S, et al. Characterization of the *N*-acetylglucosaminyltransferase activity involved in the biosynthesis of the *Staphylococcus epidermidis* polysaccharide intercellular adhesin [J]. The Journal of Biological Chemistry, 1998, 273(29): 18586-18593.

[363] Frebourg N B, Lefebvre S, Baert S, et al. PCR-based assay for discrimination between invasive and contaminating *Staphylococcus epidermidis* strains [J]. J Clin Microbiol, 2000, 38(2): 877-880.

[364] Rohde H, Burdelski C, Bartscht K, et al. Induction of *Staphylococcus epidermidis* biofilm formation via proteolytic processing of the accumulation-associated protein by staphylococcal and host proteases [J]. Molecular Microbiology, 2005, 55(6): 1883-1895.

[365] Chantler P D, Sung J M L. Accessory gene regulator locus of *Staphylococcus intermedius* [J]. Infection and Immunity, 2006, 74(5): 2947-2956.

[366] Otto M. Virulence factors of the coagulase-negative staphylococci [J]. Front Biosci, 2004, 9(71): 841-863.

[367] Periasamy S, Joo H S, Duong A C, et al. How *Staphylococcus aureus* biofilms develop their characteristic structure [J]. Proceedings of the National Academy of Sciences of the United States of America, 2012, 109(4): 1281-1286.

[368] Boles B R, Horswill A R. *agr*-mediated dispersal of *Staphylococcus aureus* biofilms [J]. Plos Pathogens, 2008, 4(4): e1000052.

[369] Miao J, Liang Y, Chen L, et al. Formation and development of *Staphylococcus* biofilm: with focus on food safety [J]. Journal of Food Safety, 2017(7): e12358.

[370] 李冰，刘晓晨，李琳，等. 金黄色葡萄球菌生物被膜基因型的分子鉴定[J]. 现代食品科技, 2015(7): 74-79.

[371] Gad G F M, El-Feky M A, El-Rehewy M S, et al. Detection of *icaA*, *icaD* genes and biofilm production by *Staphylococcus aureus* and *Staphylococcus epidermidis* isolated from urinary tract catheterized patients [J]. Journal of Infection in Developing Countries, 2009, 3(5): 342-351.

[372] Svetlana K, Michael E O, Paul D F, et al. Clonal analysis of *Staphylococcus epidermidis* isolates carrying or lacking biofilm-mediating genes by multilocus sequence typing [J]. Journal of Clinical Microbiology, 2005, 43(9): 4751-4757.

[373] Hennig S, Sun N W, Ziebuhr W. Spontaneous switch to PIA-independent biofilm formation in an *ica*-positive *Staphylococcus epidermidis* isolate [J]. Int J Med Microbiol, 2007, 297(2):

117 - 122.

[374] Parsek M R, Greenberg E P. Sociomicrobiology: the connections between quorum sensing and biofilms[J]. Trends in Microbiology, 2005, 13(1): 27 - 33.

[375] Lim K T, Hanifah Y A, Yusof M M, et al. Comparison of methicillin-resistant *Staphylococcus aureus* strains isolated in 2003 and 2008 with an emergence of multidrug resistant ST22: SCC*mec* Ⅳ clone in a tertiary hospital, Malaysia[J]. Journal of Microbiology, Immunology and Infection, 2013, 46(3): 224 - 233.

[376] Mack D, Fischer W, Krokotsch A, et al. The intercellular adhesin involved in biofilm accumulation of *Staphylococcus epidermidis* is a linear beta-1, 6-linked glycosaminoglycan: purification and structural analysis[J]. Journal of Bacteri-ology, 1996, 178(1): 175 - 183.

[377] Dittrich R, Hoffmann I, Stahl P, et al. Concentrations of *N*-epsilon-carboxymethyllysine in human breast milk, infant formulas, and urine of infants[J]. Agricultural and Food Chem, 2006, 54 (18): 6924 - 6928.

[378] Murakami K, Minamide W, Wada K, et al. Identification of methicillin-resistant strains of staphylococci by polymerase chain reaction[J]. Journal of Clinical Microbiology, 1991, 29(10): 2240.

[379] Ito T, Katayama Y, Asada A, et al. Structural comparison of three types of staphylococcal cassette chromosome *mec* integrated in the chromosome in methicillin-resistant *Staphylococcus aureus* [J]. Antimicrob Agents Chemother, 2001, 45(5): 1323.

[380] Ito T, Okuma K, Ma X X, et al. Structural comparison of three types of staphylococcal cassette genome: genomic island SCC[J]. Drug Resist Update, 2003, 6(1): 41.

[381] Werner G, Klare I, Witte W. The current MLVA typing scheme for *Enterococcus faecium* is less discriminatory than MLST and PFGE for epidemic-virulent, hospital-adapted clonal types [J]. BMC Microbiology, 2007, 7(1): 1 - 13.

[382] Lynch M, Milligan B G. Analysis of population genetic structure with RAPD markers[J]. Molecular Ecology, 1994, 3(2): 91.

[383] Williams J G, Kubelik A R, Livak K J, et al. DNA polymorphisms amplified by arbitrary primers are useful as genetic markers[J]. Nucleic Acids Res, 1990, 18(22): 6531 - 6535.

[384] Mazurier S I, Wernars K. Typing of *Listeria* strains by random amplification of polymorphic DNA [J]. Research in Microbiology, 1992, 143(5): 499 - 505.

[385] Byun D E, Kim J H, Ryang D W, et al. Molecular epidemiologic analysis of *Staphylococcus aureus* isolated from clinical specimens[J]. J Korean Med Sci, 1997, 12(3): 190 - 198.

[386] Maiden M C J, Bygraves J A, Feil E, et al. Multilocus sequence typing: a portable approach to the identification of clones within populations of pathogenic microorganisms[J]. Proc Natl Acad Sci USA, 1998, 95(6): 3140 - 3145.

[387] Enright M C, Spratt B G. Multilocus sequence typing[J]. Trends in Microbiology, 1999, 7 (12): 482 - 487.

[388] Maiden M, Bygraves J A, Feil E, et al. Multilocus sequence typing: A portable approach to the identification of clones within populations of pathogenic microorganisms[J]. Proc Natl Acad Sci

USA, 1998, 95(6): 3140 - 3145.

[389] Enright M C, Day C E, Peacock S J, et al. Multilocus sequence typing for characterization of methicillin-resistant and methicillin-susceptible clones of *Staphylococcus aureus*[J]. Journal of Clinical Microbiology, 2000, 38(3): 1008 - 1015.

[390] Pickenhahn P, Lenz W, Schaal K P. Comparison of two newly developed forms of an enzyme-linked immunosorbent assay for the detection of staphylococcal toxic shock syndrome toxin-1 (TSST-1)[J]. Zentralblatt für Bakteriologie, Mikrobiologie und Hygiene. Series A: Medical Microbiology, Infectious Diseases, Virology, Parasitology, 1987, 267(2): 206 - 216.

[391] Tang Yi-Wei, Waddington M D, Manahan J, et al. Comparison of protein A gene sequencing with pulsed-field gel electrophoresis and epidemiologic data for molecular typing of methicillin-resistant *Staphylococcus aureus*[J]. Journal of Clinical Microbiology, 2000, 38(4): 1347 - 1351.

[392] Frénay H M, Theelen J P, Schouls L M, et al. Discrimination of epidemic and nonepidemic methicillin-resistant *Staphylococcus aureus* strains on the basis of protein A gene polymorphism [J]. Journal of Clinical Microbiology, 1994, 32(3): 846 - 847.

[393] Shopsin B, Gomez M, Montgomery S O, et al. Evaluation of protein A gene polymorphic region DNA sequencing for typing of *Staphylococcus aureus* strains[J]. Journal of Clinical Microbiology, 1999, 37(11): 3556 - 3563.

[394] Koreen L, Ramaswamy S V, Graviss E A, et al. *spa* typing method for discriminating among *Staphylococcus aureus* isolates: implications for use of a single marker to detect genetic micro-and macrovariation[J]. Journal of Clinical Microbiology, 2004, 42(2): 792.

[395] Frénay H M E, Bunschoten A E, Schouls L M, et al. Molecular typing of methicillin-resistant *Staphylococcus aureus* on the basis of protein A gene polymorphism[J]. European Journal of Clinical Microbiology and Infectious Diseases : Official Publication of the European Society of Clinical Microbiology, 1996, 15(1): 60 - 64.

[396] 崔俊昌, 刘又宁, 王睿. 金黄色葡萄球菌的蛋白 A 基因多态性分型[J]. 中国现代医学杂志, 2006, 16(14): 2129 - 2131.

[397] Lindsay J A. Genomic variation and evolution of *Staphylococcus aureus*[J]. International Journal of Medical Microbiology. 2010, 300(2 - 3): 98 - 103.

[398] Shore A C, Coleman D C. Staphylococcal cassette chromosome *mec*: recent advances and new insights[J]. Int J Med Microbiol, 2013, 303(6): 350 - 359.

[399] Kwon A S, Park G C, Ryu S Y, et al. Higher biofilm formation in multidrug - resistant clinical isolates of *Staphylococcus aureus*[J]. International journal of antimicrobial agents, 2008, 32(1): 68 - 72.

[400] Oliveira D C, Miheirico C, Lencastre H D. Redefining a structural variant of staphylococcal cassette chromosome *mec*, SCC*mec* type Ⅵ[J]. Antimicrob Agents Chemother, 2006, 50(10): 3457 - 3459.

[401] Mediavilla J R, Chen L, Mathema B, et al. Global epidemiology of community-associated methicillin resistant *Staphylococcus aureus* (CA-MRSA)[J]. Current Opinion in Microbiology,

2012, 15(5): 588 - 595.

[402] Cha J, Yoo J I, Yoo J S, et al. Investigation of biofilm formation and its association with the molecular and clinical characteristics of methicillin-resistant *Staphylococcus aureus* [J]. Osong Public Health and Research Perspectives, 2013, 4(5): 225 - 232.

[403] Rohde H, Burdelski C, Bartscht K, et al. Induction of *Staphylococcus epidermidis* biofilm formation via proteolytic processing of the accumulation-associated protein by staphylococcal and host proteases[J]. Molecular Microbiology, 2005, 55(6): 1883 - 1895.

[404] Amaral M M, Coelho L R, Flores R P, et al. The predominant variant of the Brazilian epidemic clonal complex of methicillin-resistant *Staphylococcus aureus* has an enhanced ability to produce biofilm and to adhere to and invade airway epithelial cells[J]. Journal of Infectious Diseases, 2005, 192(5): 801 - 810.

[405] Vanhommerig E, Moons P, Pirici D, et al. Comparison of biofilm formation between major clonal lineages of methicillin resistant *Staphylococcus aureus*[J]. Plos One, 2014, 9(8): e104561.

[406] Croes S, Deurenberg R H, Boumans M L, et al. *Staphylococcus aureus* biofilm formation at the physiologic glucose concentration depends on the *S. aureus* lineage[J]. Bmc Microbiology, 2009, 9: 229.

[407] Mirzaee M, Najar-Peerayeh S, Behmanesh M, et al. Relationship between adhesin genes and biofilm formation in vancomycin-intermediate *Staphylococcus aureus* clinical isolates[J]. Current Microbiology, 2015, 70(5): 665 - 670.

[408] Sr G, De F, Gl A, et al. Insights on evolution of virulence and resistance from the complete genome analysis of an early methicillin-resistant *Staphylococcus aureus* strain and a biofilm-producing methicillin-resistant *Staphylococcus epidermidis* strain[J]. J Bacteriol, 2005, 187(7): 2426 - 2438.

[409] Li J, Weinstein A J, Yang M, et al. Surveillance of bacterial resistance in China (1998 - 1999) [J]. National Medical Journal of China, 2001, 81(1): 8 - 16.

[410] 熊祝嘉. 我国多中心耐甲氧西林金黄色葡萄球菌 MRSA 的分子流行病学及耐药性研究[D]. 北京: 北京协和医学院, 2012.

[411] Harris S R, Feil E J, Holden M T G, et al. Evolution of MRSA during hospital transmission and intercontinental spread[J]. Science, 2010, 327(5964): 469 - 474.

[412] Ko K S, Lee J Y, Suh J Y, et al. Distribution of major genotypes among methicillin-resistant *Staphylococcus aureus* clones in Asian countries[J]. Journal of Clinical Microbiology, 2005, 43(1): 421 - 426.

[413] Song J H, Hsueh P R, Chung D R, et al. Spread of methicillin-resistant *Staphylococcus aureus* between the community and the hospitals in Asian countries: an ANSORP study[J]. Journal of Antimicrobial Chemotherapy, 2011, 66(5): 1061 - 1069.

[414] Williamson D A, Roberts S A, Ritchie S R, et al. Clinical and molecular epidemiology of methicillin-resistant *Staphylococcus aureus* in New Zealand: rapid emergence of sequence type 5 (ST5)-SCC*mec*-Ⅳ as the dominant community-associated MRSA clone[J]. Plos one, 2013, 8(4): e62020.

[415] Aires-De-Sousa M, Correia B, de Lencastre H. Changing patterns in frequency of recovery of five methicillin-resistant *Staphylococcus aureus* clones in Portuguese hospitals: surveillance over a 16-year period[J]. Journal of Clinical Microbiology, 2008, 46(9): 2912 - 2917.

[416] Lianou A, Koutsoumanis K P. Strain variability of the behavior of foodborne bacterial pathogens: a review[J]. International Journal of Food Microbiology, 2013, 167(3): 310 - 321.

[417] Donlan R M. Biofilms and device-associated infections[J]. Emerg Infect Dis, 2001, 7(2): 277 - 281.

[418] Parsek M R, Greenberg E P. Sociomicrobiology: the connections between quorum sensing and biofilms[J]. Trends in Microbiology, 2005, 13(1): 27 - 33.

[419] Kregiel D. Advances in biofilm control for food and beverage industry using organo-silane technology: a review[J]. Food Control, 2014, 40(1): 32 - 40.

[420] 段韵涵，韩北忠，杨葆华，等. 培养条件对金黄色葡萄球菌生物被膜生长的影响[J]. 中国酿造，2008(3): 17 - 20.

[421] Clutterbuck A, Woods E, Knottenbelt D, et al. Biofilms and their relevance to veterinary medicine [J]. Veterinary microbiology, 2007, 121(1): 1 - 17.

[422] Rohde H, Burandt E C, Siemssen N, et al. Polysaccharide intercellular adhesin or protein factors in biofilm accumulation of *Staphylococcus epidermidis* and *Staphylococcus aureus* isolated from prosthetic hip and knee joint infections[J]. Biomaterials, 2007, 28(9): 1711 - 1720.

[423] Lasa I, Penad S J R. Bap: a family of surface proteins involved in biofilm formation [J]. Research in Microbiology, 2006, 157(2): 99 - 107.

[424] Oliveira M, Nunes S, Carneiro C, et al. Time course of biofilm formation by *Staphylococcus aureus* and *Staphylococcus epidermidis* mastitis isolates[J]. Veterinary Microbiology, 2007, 124 (1): 187 - 91.

[425] Hiby N, Bjarnsholt T, Givskov M, et al. Antibiotic resistance of bacterial biofilms [J]. International Journal of Antimicrobial Agents, 2010, 35(4): 322 - 32.

[426] Keren I, Shah D, Spoering A, et al. Specialized persister cells and the mechanism of multidrug tolerance in *Escherichia coli*[J]. Journal of Bacteriology, 2004, 186(24): 8172 - 8180.

[427] Otto M. Staphylococcal biofilms[M]//Romeo T. Bacterial biofilms. Berlin: Springer, 2008: 207 - 228.

[428] Giaouris E, Chorianopoulos N, Nychas G-J. Effect of temperature, pH, and water activity on biofilm formation by *Salmonella enterica* enteritidis PT4 on stainless steel surfaces as indicated by the bead vortexing method and conductance measurements[J]. Journal of Food Protection, 2005, 68(10): 2149 - 54.

[429] Sanley N R, Lazazzera B A. Environmental signals and regulatory pathways that influence biofilm formation[J]. Molecular Microbiology, 2004, 52(4): 917 - 24.

[430] Rode T M, Langsrud S, Holck A, et al. Different patterns of biofilm formation in *Staphylococcus aureus* under food-related stress conditions[J]. International Journal of Food Microbiology, 2007, 116(3): 372 - 383.

[431] Waller G R, Feather M S, Milton S. The Maillard reaction in foods and nutrition[M].

Washington D C, USA: ACS, 1983: 1 - 15.

[432] Hernández-Ledesma B, Dávalos A, Bartolomé B, et al. Preparation of antioxidant enzymatic hydrolysates from alpha-lactalbumin and beta-lactoglobulin. Identification of active peptides by HPLC - MS/MS[J]. Journal of Agricultural & Food Chemistry, 2005, 53(3): 588.

[433] Hodge J E J. Chemistry of browning reactions in model systems[J]. J Agricultural and Food Chemistry, 1953, 1(15): 928 - 943.

[434] Swedish national food administration (SNFA). Information about acrylamide in food[EB/OL]. [2002 - 4 - 34]. http://www.slv.se.

[435] 文徽. 第40届国际食品添加剂法典委员会(CCFA)会议在京召开[J]. 中国食品添加剂, 2008(3): 32 - 33.

[436] Hesham A, Hoda H M, Brahim G E. Thiol containing compounds as controlling agents of enzymatic browning in some apple products[J]. Food Research International, 2006, 39(8): 855 - 863.

[437] Osada Y, Bamoto T. Antioxidative activity of volatile extracts from Maillard model system [J]. Food Chemistry, 2006, 98(3): 522 - 528.

[438] Benjakul S, Lertittikul W, Bauer F. Antioxidant activity of Maillard reaction products from a porcine plasma protein-sugar model system[J]. Food Chemistry, 2005, 93(2): 189 - 196.

[439] Yilmaz Y, Toledo R. Antioxidant activity of water-soluble Maillard reaction products[J]. Food Chemistry, 2005, 93(2): 273 - 278.

[440] Hofmann T. Studies on the relationship between molecular weight and the color potency of fractions obtained by thermal treatment of glucose/amino acid and glucose/protein solutions by using ultracentrifugation and color dilution techniques[J]. Agricultural and Food Chemistry, 1998, 46(10): 3891 - 3895.

[441] Hofmann T, Schieberle P. Quantitative model studies on the effectiveness of different precursor systems in the formation of the intense food odorants 2-furfurylthiol and 2-methyl-3-furanthiol [J]. Agricultural and Food Chemistry, 1998, 46(1): 235 - 241.

[442] Tressl R, Wondrak G T, Kruger R P, et al. New melanoidin-like Maillard polymers from 2-deoxypentoses[J]. Agricultural and Food Chemistry, 1998, 46(1): 104 - 110.

[443] Cammerer B, Kroh L W. Investigation of the influence of reaction conditions on the elementary composition of melanoidins[J]. Food Chemistry, 1995, 53(1): 55 - 59.

[444] Cammerer B, Alyschko W, Kroh L W. Intact carbohydrate structures as part of the melanoidin skeleton[J]. Agricultural and Food Chemistry, 2002, 50(7): 2083 - 2087.

[445] Gu F L, Kim J M, Hayat K, et al. Characteristics and antioxidant activity of ultrafiltrated Maillard reaction products from a casein-glucose model system[J]. Food Chemistry, 2009, 117 (1): 48 - 54.

[446] 龚巧玲, 张建友, 刘书来, 等. 食品中的美拉德反应及其影响[J]. 食品工业科技, 2009, 30(2): 330 - 334, 338.

[447] Martins S I F S, Jongen W M F, van Boekel M A J S. A review of Maillard reaction in food and implications to kinetic modeling[J]. Trends in Food Science and Technology, 2000, 11(9 - 10): 364 - 373.

[448] Jing H, Kitts D D. Antioxidant activity of sugar-lysine Maillard reaction products in cell free and cell culture systems[J]. Archives of Biochemistry and Biophysics, 2004, 429(2): 154 - 163.

[449] Friedman M. Food browning and its prevention[J]. Journal of Agricultural and Food Chemistry, 1996, 44(3): 631 - 648.

[450] 尤新. 氨基酸和糖类的美拉德反应——开发新型风味剂和食品抗氧剂的新途径[J]. 食品工业科技, 2004, 25(7): 138 - 139.

[451] Laura J C, Mar V, Pedro J M, et. al. Effect of the dry-heating conditions on the glycosylation of β-lactoglobulin with dextran through the Maillard reaction[J]. Food Hydrocolloids, 2005, 19(5): 831 - 837.

[452] Hao Jing, David D, Kitts. Antioxidant activity of sugar-lysine Maillard reaction products in cell free and cell culture systems[J]. Archives of Biochemistry and Biophysics, 2004, 429(2): 154 - 163.

[453] Ide N, Lau B H S, Ryu K, et al. Antioxidant effects of fructosyl arginine, a Maillard reaction product in aged garlic extracts[J]. Nutritional Biochemistry, 1999, 10(6): 372 - 376.

[454] Hayase F, Takahashi Y. Indentification of blue pigment formed in a D-xylose-glycine reaction system[J]. Biosci Biotechnol Biochem, 1999, 63(8): 1512.

[455] Wang Huiying, Sun Tao. Progress in research of antioxidative activity of maillard reaction products [J]. Food Science and Technology, 2007(8): 12 - 15.

[456] Xu Q P, Tao W Y, Ao Z H. Antioxidant activity of vinegar melanoidins[J]. Food Chemistry, 2007, 102(3): 841 - 849.

[457] Ahmed N, Mirshekar-Syahkal B, Kennish L, et al. Assay of advanced glycation endproducts in selected beverages and food by liquid chromatography with tandem mass spectrometric detection [J]. Molecular Nutrition and Food Research, 2005, 49(7): 691 - 699.

[458] Medzhitov R. Origin and physiological roles of inflammation[J]. Nature, 2008, 454(203): 428 - 435.

[459] Fu M X, Requena J R, Jenkins A J, et al. The advanced glycation end product, N^{ε}-(carboxymethyl) lysine, is a product of both lipid peroxidation and glycoxidation reactions [J]. Biological Chemistry, 1996, 271(17): 9982 - 9986.

[460] Sebekova K, Somoza V. Dietary advanced glycation endproducts (AGEs) and their health effects -PRO [J]. Molecular Nutrition and Food Research, 2007, 51(9), 1079 - 1084.

[461] Mottram D S, Wedzicha B L, Dodson A T. Acrylamide is formed in the Maillard reaction [J]. Nature, 2002, 419: 448 - 449.

[462] Stadler R H, Blank I, Varga N, et al. Acrylamide from Maillard reaction products[J]. Nature, 2002, 419: 449 - 450.

[463] Yaylayan V A, Wnorowski A, Locas C P. Why asparagine needs carbohydrate to generate acrylamide[J]. Agricultural and Food Chemistry, 2003, 51(6): 1753 - 1757.

[464] Vattem D A, Shetty K. Acrylamide in food: a model for mechanism of formation and its reduction [J]. Innovative Food Science and Emerging Technologies, 2003, 4(3): 331 - 338.

[465] Vlassara H, Brownlee M, Cerami A. Accumulation of diabetic rat peripheral nerve myelin by

macrophages increases with the presence of advanced glycosylation endproducts[J]. The Journal of Experimental Medicine, 1984, 160(1): 197-207.

[466] Gengjun C, Ronald L M, Scott S J. Inhibition of advanced glycation endproducts in cooked beef patties by cereal bran addition [J]. Food Control, 2017(73): 847-853.

[467] Poulsen M W, Hedegaard R V, Andersen J M, et al. Advanced glycation endproducts in food and their effects on health[J]. Food & Chemical Toxicology An International Journal Published for the British Industrial Biological Research Association, 2013, 60(10): 10.

[468] Suchal K, Malik S, Khan S, et al. Protective effect of mangiferin on myocardial ischemia-reperfusion injury in streptozotocin-induced diabetic rats: role of AGE-RAGE/MAPK pathways [J]. Scientific Reports, 2017, 7: 42027.

[469] Hansen L M, Gupta D, Joseph G, et al. The receptor for advanced glycation end products impairs collateral formation in both diabetic and non-diabetic mice [J]. Lab Invest, 2017, 97(1): 34.

[470] Kislinger T, Fu C, Huber B, et al. N^{ε}-(carboxymethyl)lysine adducts of proteins are ligands for receptor for advanced glycation end products that activate cell signaling pathways and modulate gene expression[J]. Journal of Biological Chemistry, 1999, 274(44): 31740-31749.

[471] Dei R, Taleda A, Niwa H, et al. Lipid peroxidation and advanced glycation end products in the brain in normal aging and in Alzheimer's disease[J]. Acta Neuropathologica, 2002, 104(2): 113-122.

[472] Nerlich A G, Schleicher E D. N^{ε}-(carboxymethyl)lysine in atherosclerotic vascular lesions as a marker for local oxidative stress[J]. Atherosclerosis, 1999, 144(1): 41-47.

[473] Bar J, Franke S, Wenda B. Pentosidine and N^{ε}-(carboxymethyl)lysine in Alzheimer's disease and vascular dementia[J]. Neurobiol Aging, 2003, 24(2): 333-338.

[474] Frankre S, Muller A, Sommer M, et al. Serum levels of total homocysteine, homocysteine metabolites and of advanced glycation end-products (AGEs) in patients after renal transplantation [J]. Clinical Nephrology, 2003, 59(2): 88-97.

[475] Horie K, Miyata H, Maeda K, et al. Immunohistochemical colocalization of glycoxidation products and lipid peroxidation products in diabetic renal glomerular lesions [J]. Clinical Investigation, 1997, 100(12): 2995-3004.

[476] Shibayama R, Araki N, Nagai R, et al. Autoantibody against N^{ε}-(carboxymethyl) lysine: an advanced glycation end product of the maillard reaction [J]. Diabetes, 1999, 48(9): 1842-1849.

[477] Uesugi N, Sakata N, Nagai R, et al. Glycoxidative modification of AA amyloid deposits in renal tissue[J]. Nephrol Dial Transplant, 2000, 15(3): 355-365.

[478] Uesugi N, Sakata N, Horiuchi S, et al. Glycoxidation modified macrophages and lipid peroxidation products are associated with the progression of human diabetic nephropathy[J]. American Journal of Kidney Diseases, 2001, 38(5): 1016-1025.

[479] Dunn J A, Ahmed M U, Murtiashaw M H, et al. Reaction of ascorbate with lysine and protein under autoxidizing conditions: formation of N^{ε}-(carboxymethyl)lysine by reaction between lysine

and products of autoxidation of ascorbate[J]. Biochemistry, 1990, 29(49): 10964 - 10970.

[480] Yan S D, Schmidt A M, Anderson G M, et al. Enhanced cellular oxidant stress by the interaction of advanced glycation end products with their receptors/binding proteins [J]. Biological Chemistry, 1994, 269(13): 9889 - 9897.

[481] Misur I, Zarkovic K, Barada A, et al. Advanced glycation endproducts in peripheral nerve in type 2 diabetes with neuropathy[J]. Acta Diabetologica, 2004, 41(4): 158 - 166.

[482] Lindenmeier M, Faist V, Hofmann T. Structural and functional characterization of pronyl-lysine, a novel protein modification in bread crust melanoidins showing in vitro antioxidative and phase Ⅰ/Ⅱ enzyme modulating activity[J]. Agricultural and Food Chemistry, 2002, 50(24): 6997 - 7006.

[483] Yamagishi S, Matsui T, Nakamura K. Possible link of food-derived advanced glycation end products (AGEs) to the development of diabetes[J]. Medical Hypotheses, 2008, 71(6): 876 - 878.

[484] Miyata T, Wada Y, Cai Z, et al. Implication of an increased oxidative stress in the formation of advanced glycation end products in patientes with end-stage renal failure[J]. Kideny International, 1997, 51(4): 1170 - 1181.

[485] Bierhaus A, Haslbeck K M, Humpert P M, et al. Loss of pain perception in diabetes is dependent on a receptor of the immunoglobulin superfamily[J]. Clinical Investigation, 2004, 114(12): 1741 - 1751.

[486] Uribarri J, Woodruff S, Goodman S, et al. Advanced glycation end products in foods and a practical guide to their reduction in the diet[J]. Journal of the American Dietetic Association, 2010, 110(6): 911 - 916.

[487] Vlassara H. Diabetes and advanced glycation end products[J]. Journal of Internal Medicine, 2002, 251(2): 87 - 101.

[488] Singh R, Barden A, Mori T, et al. Advanced glycation end-products: a review [J]. Diabetologia, 2001, 44(2): 129 - 146.

[489] Miyata T, Kurokawa K, Van Y D S C. Advanced glycation and lipoxidation end products: role of reactive carbonyl compounds generated during carbohydrate and lipid metabolism[J]. Journal of the American Society of Nephrology, 2000, 11(9): 1744 - 1752.

[490] Palimeri S, Palioura E, Diamanti-Kandarakis E. Current perspectives on the health risks associated with the consumption of advanced glycation end products: recommendations for dietary management[J]. Diabetes Metabolic Syndrome & Obesity Targets & Therapy, 2015, 8: 415 - 426.

[491] Nedić O, Rattan S I S, Grune T, et al. Molecular effects of advanced glycation end products on cell signalling pathways, ageing and pathophysiology[J]. Free Radic Res, 2013, 47(Supp 1): 28 - 38.

[492] Prasad A, Bekker P, Tsimikas S. Advanced glycation end products and diabetic cardiovascular disease[J]. Cardiology in Review, 2012, 20(4): 177 - 183.

[493] Li L, Yang H, Liu D C, et al. Analysis of biofilm formation and associated gene detection in

Staphylococcus isolates from bovine mastitis[J]. African Journal of Biotechnology, 2012(8): 2113 – 2118.

[494] 孙凤军，枉前，夏培元. 临床分离金黄色葡萄球菌生物膜相关基因的 PCR 分析[J]. 第三军医大学学报, 2009, 31(15): 1447 – 1449.

[495] Artini M, Papa R, Scoarughi G L, et al. Comparison of the action of different proteases on virulence properties related to the staphylococcal surface[J]. Journal of Applied Microbiology, 2013, 114(1): 266 – 277.

[496] Becker K, Heilmann C, Peters G. Coagulase-negative staphylococci[J]. Clinical microbiology reviews, 2014, 27(4): 870 – 926.

[497] T M, A K, C A, et al. Immunochemical properties of the staphylococcal poly-*N*-acetylglucosamine surface polysaccharide[J]. Infect Immun, 2002, 70(8): 4433 – 4440.

[498] Du X L, Edelstein D, Rossetti L, et al. Hyperglycemia-induced mitochondrial superoxide overproduction activates the hexosamine pathway and induces plasminogen activator inhibitor-1 expression by increasing Sp1 glycosylation[J]. Proceedings of the National Academy of Sciences of the United States of America, 2000, 97(2): 12222 – 12226.

[499] Brownlee M. The pathobiology of diabetic complications: a unifying mechanism[J]. Diabetes, 2005, 54(6): 1615 – 1625.

[500] Arribas-Lorenzo G, Morales F J. Analysis, distribution, and dietary exposure of glyoxal and methylglyoxal in cookies and their relationship with other heat-induced contaminants [J]. Agricultural and Food Chemistry, 2010, 58(5): 2966 – 2972.

[501] Singh R, Barden A, Mori T, et. al. Advanced glycation end-products: a review [J]. Diabetologia, 2001, 44(2): 129 – 146.

[502] Urios P, Sternberg M. Flavonoids inhibit the formation of the cross-linking AGE pentosidine in collagen incubated with glucose, according to their structure[J]. European Journal of Nutrition, 2007, 46(3): 139 – 146.

[503] Poulsen M W, Hedegaard R V, Andersen J M, et al. Advanced glycation endproducts in food and their effects on health[J]. Food and Chemical Toxicology, 2013, 60: 10 – 37.

[504] Somoza V, Wenzel E, Weiss C, et al. Dose-dependent utilisation of casein-linked lysinoalanine, *N*(epsilon)-fructoselysine and *N*(epsilon)-carboxymethyllysine in rats[J]. Molecular Nutrition and Food Research, 2006, 50(9): 833 – 841.

[505] Ames J M. Determination of N^{ε}-(Carboxymethyl) lysine in foods and related systems[J]. Annals of the New York Academy of Sciences, 2008, 1126(1): 20 – 24.

[506] Gopalkrishnapillai B, Nadanathangam V, Karmakar N, et al. Evaluation of autofluorescent property of hemoglobin-advanced glycation end product as a long-term glycemic index of diabetes [J]. Diabetes, 2003, 52(4): 1041 – 1046.

[507] Mitsuhashi T, Vlassara H, Founds H W, et al. Standardizing the immunological measurement of advanced glycation endproducts using normal human serum[J]. Immunological Methods, 1997, 207(1): 79 – 88.

[508] Odetti P, Fogarty J, Sell D R, et al. Chromatographic quantitation of plasma and erythrocyte

pentosidine in diabetic and uremic subject[J]. Diabetes, 1992, 41(2): 153 -159.

[509] Kislinger T, Humeny A, Peich C C, et al. Relative quantification of N^{ε}-(carboxymethyl) lysine, imidazolone A, and the Amadori product inglycated lysozyme by MALDI-TOF mass spectrometry [J]. Journal of Agricultural and Food Chemistry, 2003, 51(1): 51 -57.

[510] Lin C Y, Chen C S, Shieh M S, et al. Development of an automated immunoassay for advanced glycosylation end products in human serum[J]. Clin Biochem, 2002, 35(3): 189 -195.

[511] Uhlemann A C, Otto M, Lowy F D, et al. Evolution of community-and healthcare-associated methicillin-resistant *Staphylococcus aureus*[J]. Infection, Genetics and Evolution, 2014, 21: 563 -574.

[512] Beaulieu L P, Harris C S, Saleem A, et al. Inhibitory effect of the Cree traditional medicine wiishichimanaanh (*Vaccinium vitis-idaea*) on advanced glycation endproduct formation: identification of active principles[J]. Phytotherapy Research, 2010, 24(5): 741 -747.

[513] Alamdari D H, Kostidou E, Paletas K, et al. High sensitivity enzyme-linked immunosorbent assay (ELISA) method for measuring protein carbonyl in samples with low amounts of protein [J]. Free Radical Biology & Medicine, 2005, 39(10): 1362 -1367.

[514] Nico C, Mentink C J, Hendriks G, et al. Liquid chromatographic method for the quantitative determination of N^{ε}-carboxymethyllysine in human plasma proteins[J]. Journal of Chromatography B, 2004, 808(2): 163 -168.

[515] Charissou A, Ait-Ameur L, Birlouez-Aragon I. Evaluation of a gas chromatography/mass spectrometry method for the quantification of carboxymethyllysine in food samples[J]. Journal of Chromatography A, 2007, 1140(1 -2): 189 -194.

[516] Assar S H, Moloney C, Lima M, et al. Determination of N^{ε}-(carboxymethyl) lysine in food systems by ultra performance liquid chromatography-mass spectrometry[J]. Amino Acids, 2009, 36(2), 317 -326.

[517] Fenaille F, Parisod V, Visani P, et al. Modifications of milk constituents during processing: a preliminary benchmarking study[J]. International Dairy Journal, 2006, 16(7), 728 -739.

[518] Birlouez-Aragon I, Pischetsrieder M, Leclere J, et al. Assessment of protein glycation markers in infant formulas[J]. Food Chemistry, 2004, 87(2): 253 -259.

[519] Drusch S, Faist V, Erbersdobler H F. Determination of N^{ε}-carboxymethyllysine in milk products by a modified reversed-phase HPLC method[J]. Food Chemistry, 1999, 65(4): 547 -553.

[520] Delgado Andrade C, Seiquer I, Navarro M P, et al. Maillard reaction indicators in diets usually consumed by adolescent population[J]. Molecular Nutrition and Food Research, 2007, 51(3): 341 -351.

[521] Goldberg T, Cai W, Peppa M, et al. Advanced glycoxidation end products in commonly consumed foods[J]. Journal of the American Dietetic Association, 2004, 104(8): 1287 -1291.

[522] Yaacoub R, Saliba R, Nsouli B, et al. Formation of lipid oxidation and isomerization products during processing of nuts and sesame seeds[J]. Journal of Agricultural & Food Chemistry, 2008, 56(16): 7082.

[523] Chao P C, Hsu C C, Yin M C. Analysis of glycative products in sauces and sauce- treated foods

[J]. Food Chemistry, 2009, 113(1): 262 - 266.

[524] Zhang Q B, Ames F M, Smith R D, et al. A perspective on the Maillard reaction and the analysis of protein glycation by mass spectrometry: probing the pathogenesis of chronic disease [J]. Journal of Proteome Research, 2009, 8(2): 754 - 769.

[525] Namiki M, Hayashi T. The Maillard reaction in foods[M]. Washington D C, USA: ACS, 1983: 21 - 46.

[526] Wolff S P, Dean R T. Glucose autoxidation and protein modification the potential role of autoxidative glycosylation in diabetes[J]. Biochemical Journal, 1987, 245(1): 243 - 250.

[527] Bengmark S. Advanced glycation and lipoxidation end products amplifiers of inflammation: the role of food[J]. Journal of Parenteral and Enteral Nutrition, 2007, 31(5): 430 - 440.

[528] Ruttkat A, Erbersdobler H F. N^{ε}-carboxymethyllysine is formed during heating of lysine with ketoses[J]. Journal of Agricultural and Food Chemistry, 1995, 68(2): 261 - 263.

[529] Lima M, Assar S H, Ames J M. Formation of N^{ε}-(carboxymethyl) lysine and loss of lysine in casein glucose-fatty acid model systems[J]. Agricultural and Food Chemistry, 2010, 58(3), 1954 - 1958.

[530] Ikeda K, Higashi T, Sano H, et al. N (epsilon) - (carboxymethyl) lysine protein adduct is a major immunological epitope in proteins modified with advanced glycation end products of the Maillard reaction[J]. Biochemistry, 1996, 35(24): 8075.

[531] Wagner Z, Molnar M, Molnar G A, et al. Serum N^{ε}-(carboxymethyl) lysine predicts mortality in hemodialysis patients[J]. AnnJKidney Dis, 2006, 47(2): 294 - 300.

[532] Rogers K L, Rupp M E, Fey P D. The presence of *icaADBC* is detrimental to the colonization of human skin by *Staphylococcus epidermidis*[J]. Applied and Environmental Microbiology, 2008, 74(19): 6155 - 6157.

[533] Laura B R, Luciana R S, Vinicius Z C, et al. Quantification of biofilm production on polystyrene by *Listeria*, *Escherichia coli* and *Staphylococcus aureus* isolated from poultry slaughterhouse [J]. Brazilian Journal of Microbiology, 2010, 41(4): 1082 - 1085.

[534] Reischl U, Frick J, Hoermansdorfer S, et al. Single-nucleotide polymorphism in the SCC*mec-orfX* junction distinguishes between livestock-associated MRSA CC398 and human epidemic MRSA strains [J]. Euro surveillance: bulletin Européen sur les maladies transmissibles = European communicable disease bulletin, 2009, 14(49): 19 - 26.

[535] Shopsin B, Gomez M, Waddington M, et al. Use of Coagulase gene (*coa*) repeat region nucleotide sequences for typing of methicillin-resistant *Staphylococcus aureus* strains[J]. Journal of Clinical Microbiology, 2000, 38(9): 3453 - 3456.